Reprint Publishing

FÜR MENSCHEN, DIE AUF ORIGINALE STEHEN.

www.reprintpublishing.com

Die

Systematik des Völkerrechts

von

Dr. August Bulmerincq,

ö. a. Professor des Staats- und Völkerrechts und der Politik

an der Kaiserl. Universität Dorpat.

Erster Theil.

Die Systematik des Völkerrechts

von

Hugo Grotius

bis auf die Gegenwart

von

Dr. *August Bulmerincq.*

Dorpat, 1858.

E. J. Karow, Universitätsbuchhändler.

Den

Lehrern . des Völkerrechts.

Inhalt.

Viertes Capitel.

Die Forschungen und Entwürfe zu Gunsten der Systematisirung
des positiven Völkerrechts.

Vorwort.

***

System und Princip einer Wissenschaft stehen im entschiedensten Zusammenhange, dieses erfüllt und bedingt jenes. Hat nun der Verf. in einer früheren Schrift [1]) das Princip des Völkerrechts erörtert, so hat er mit der Darlegung des Systems nur eine Ergänzungsarbeit liefern wollen. Auch mit dieser Arbeit glaubt derselbe einem wissenschaftlichen Bedürfniss entgegen zu kommen. Hatte seiner Ueberzeugung nach die Völkerrechtswissenschaft bisher kein der Natur des Völkerrechts selbst entstammendes Princip aufzuweisen, so lag die Beurtheilung der bisherigen Forschungen

***

1) *De natura principiorum iuris inter gentes positivi.* **Dorpati Livonorum 1856.**

und Ermittelung des fehlenden Grundgedankens nahe. In wie weit nun der Verf. in dem „internationalen Rechtsprincip" [2]) das Richtige traf, ist ihm aus den, übrigens dankbar anerkannten, Beurtheilungen seiner genannten Schrift zu entnehmen nicht möglich gewesen [3]). Ohne etwaige empfangene Berichtigung oder Zustimmung zu seiner Ansicht muss er somit zu der doch wesentlich durch das Princip bedingten Systematik übergehen. Auch bei der Behandlung dieser hat er dieselbe äussere Anordnung beibehalten. Zunächst wird auch hier eine Beurtheilung bisheriger Forschungen und Ausführungen und sodann erst Eigenes gegeben. Die Arbeit hat dem entsprechend zwei Haupttheile. Ungleich geringere Mühe hätte die Darstellung nur des zweiten Theiles geursacht, aber erst durch Voraussendung des ersten wird jener gerechtfertigt. Nur indem Bisheriges sich als ungenügend aufweist, scheint Neues als Ersatz berechtigt.

Es will der Verf., so wie mit seiner ersten Arbeit, auch mit dieser nur Anregung zu weiterer Forschung geben und ist weit entfernt von der Anmassung, die eine oder andere oder gar beide Fragen zum Abschluss bringen zu

---

[2]) A. a. O. S. 7.

[3]) Vergl. v. Kaltenborn in Schletter's Jahrbüchern f. d. Gesetzg. u. Rechtsw. 1857. III, S. 141 und Pözl in d. Münchener krit. Ueberschau f. Gesetzg. u. Rechtsw. 1857.

können. Ja es scheint ihm Solches überhaupt zur Zeit unmöglich. Die Natur des völkerrechtlichen Grundgedankens
ist zunächst nur anzudeuten und nicht auszuführen. Gleiche
Andeutung ist daher auch nur möglich für die durch das
Princip bedingte Systematik. Denn wo liegt eine genügende
geschichtliche Entwickelung des völkerrechtlichen Grundgedankens vor? Und wo andersher soll die Eigenthümlichkeit
desselben nachgewiesen werden? Wurde freilich die Nothwendigkeit einer solchen Geschichte schon vor Jahren [4]) erkannt,
so ist doch die geforderte That noch immer nicht geschehen. Und so ist wohl kaum zu bezweifeln, was anderweitig schon, noch früher, angedeutet ward [5]), dass die
nächste Aufgabe für die Völkerrechtswissenschaft eine Völkerrechtsgeschichte sei. Indess bleibt trotz dieser Forderung die Vereinbarung einer übereinstimmenden Systematik
insbesondere ein Lehr- und Lernbedürfniss, und so mag
denn hiermit das, nach dem Vorherbemerkten scheinbar
unzeitige, Unternehmen entschuldigt sein.

4) v. Kaltenborn sagte 1847, also vor zehn Jahren, in seiner
„Kritik des Völkerrechts" S. 14: „Zuvörderst wäre eine historische Entwickelung der völkerrechtlichen Idee, also eine Geschichte des Völkerrechtslebens
zu versuchen, um darauf alles Uebrige zu basiren".

5) „Die nächste Aufgabe der Bearbeitung des Völkerrechts ist ohne
Zweifel, eine vollständige Geschichte desselben zu liefern. Erst auf dieser
Grundlage wird sich ein vollständiges System des heutigen europäischen
Völkerrechts erheben können." Hälschner in Eberty's Zeitschrift für
volksthüml. Recht. 1844. S. 65.

Diese Veranlassung der Schrift diene auch der Widmung zur Erklärung. In dankbarer Rückerinnerung an die über den Gegenstand der Schrift von geehrten Collegen auf deutschen, holländischen und belgischen Universitäten gewährten Besprechungen entsendet denselben dieses Zeichen seines Strebens

der Verfasser.

Erster Theil.

Kritik der bisherigen Ausführungen und Forschungen zu Gunsten der Systematisirung des positiven Völkerrechts.

Erstes Capitel.

Die durch den Gegenstand der Untersuchung gebotene Begrenzung und Vertheilung der Aufgabe.

Die wissenschaftliche Behandlung des positiven Völkerrechts war schon in ihren ersten Anfängen keine der positiven Natur des Gegenstandes entsprechende. Schon in Bezug auf die erste umfassende Bearbeitung ist man im Zweifel, ob eine Behandlung des philosophischen oder positiven Völkerrechts gewollt war. Ist nun zwar auch für das Letztere seit Ompteda und durch v. Kaltenborn [6]) entschieden worden, so ist doch die gleichzeitige Behandlung in beiden Auffassungen nicht in Abrede genommen und auch nicht zu nehmen gewesen. Die nächsten Nachfolger des s. g. Vaters der Völkerrechtswissenschaft leugneten das

---

6) Ompteda, Liter. d. Völkerr. I, §§ 54, 55, v. Kaltenborn, Krit, d, Völkerr. S, 37 ff,

positive Völkerrecht gänzlich. Zouchy und Rachel begründeten und erwiesen dessen Existenz, aber Johann Jacob
Moser blieb es vorbehalten, die ganz positive Natur desselben zum Bewusstsein zu bringen [7]. Die schmucklose
Form seiner überzeugungstreuen Auffassung beeinträchtigte
deren Wirkung und führte die grosse Mehrheit zur alten
Anschauung zurück. Und so ist es auch noch heutzutage
eine weit verbreitete und von angesehenen Autoren getheilte
Meinung: als könne ein System des positiven Völkerrechts
ohne Beimischung des philosophischen gar nicht bestehen [8]).
Es beruht aber diese Ansicht auf einem Verkennen der allgemeinsten Natur und des Zweckes des positiven Völkerrechts.

Diese Natur kann keine andere als eine rein positive sein und der Zweck ist offenbar nicht der, einer in
allen Theilen vollständigen wissenschaftlichen Darstellung zum
Vorwurf zu dienen, sondern wirkliche Geltung im Leben zu

---

[7] Hälschner (a. a. O. S. 43) will daher Moser, gar nicht mit Unrecht, den Vater der prakt. europ. Völkerrechtswissenschaft genannt wissen.

[8] v. Mohl (Gesch. d. Staatsw. I, S. 391) sagt: „Wohl kann ein
ausschliessend philosophisches Lehrgebäude gegeben werden, allein blos positives internationales Recht genügt nicht zu einem wissenschaftlich organischen Ganzen".

Pütter, Beitr. z. Völkerrechtsgesch. u. W. S. 14: „Nur beides zusammen, das allgemeine oder Vernunft-Völkerrecht in seiner unzertrennlichen
Einheit — bilden das praktische Völkerrecht".

Müller Jochmus (d. allgem. Völkerr. § 6) kömmt sogar zu folgender,
den Begriff des Positiven doch etwas zu sehr in den Gegensatz versetzenden
Behauptung: „Positiv ist nicht das äusserlich Bestehende und Gesetzte im
Gegensatz zu dem, welches der natürliche Sinn der Völker noch zu erschliessen hat, sondern das innerlich Nothwendige, welches ihnen die Wege für
ihre Entwickelung vorzeigt. Das Vernünftige, wahrhaft Historische ist das
Positive und die Forschung, welche den wahren historischen Sinn der Thatsachen an der Hand der Philosophie auszulegen weiss, die rechte Wissenschaft des Völkerrechts". Demnach wäre der philosophische Grundgedanke
das Positive und der Inhalt des Völkerrechts. Es gäbe somit gar keine Wissenschaft des positiven, sondern nur eine Philosophie des positiven Rechts.

beanspruchen. Daher kann auch ein System, die wissenschaftliche Darstellung des positiven Völkerrechts, nur
solch positives Recht darstellen, sonst fehlt hier ausnahmsweise jede Unterscheidung zwischen geltendem und gelten
sollendem Rechte, zwischen positivem und philosophischem.
Man hat vielfach über die Leugner des Völkerrechts ge-
klagt [9]), aber die wesentlichste Schuld trägt die Wissenschaft, denn an ihr war es: das positive Völkerrecht geschichtlich nachzuweisen und hierdurch unangreifbar darzustellen [10]).
Nur als eine eigenthümliche Prätension vermögen wir die
Forderung zu bezeichnen, dass auch philosophisch gewünschte,
jedoch noch nicht gültige Gesetze, sofort als Bestandtheil
des positiven Rechts sollen anerkannt werden. Die Wissenschaft baut nur aus, sie baut nicht auf, sie hat nur wiederzufinden, was das Leben bereits gefunden.

Indess verschuldete die Wissenschaft nicht zu aller Zeit
die begründete Leugnung des positiven Völkerrechts. Ge-
leugnet konnte es mit Recht zu einer Zeit werden, wo es,

---

9) v. Kaltenborn polemisirt in seinem gegen die Leugner des
Völkerrechts gerichteten Schlusscapitel (Krit. d. Völkerr. S. 306 f.) hauptsächlich gegen die von ihnen, namentlich in neuerer Zeit auch von Puchta
(Gewohnheitsrecht I, S. 142) und von Wippermann (Beitr. z. Staatsr. I,
§ 15, S. 168 ff.) behauptete mangelnde Erzwingbarkeit des Völkerrechts und
weist treffend die des positiven nach, aber unseres Erachtens hätte er auch
den oben erwähnten, für die Leugner sprechenden Grund anführen müssen
und dann wäre die Aburtheilung derselben vielleicht eine etwas mildere
geworden.

10) v. Mohl (a. a. O. S. 399) stimmt dem bei, wenn er sagt: „Ein
praktisch zuverlässiges, positives Völkerrecht kann nur der geschichtlich nachweisbare Ausdruck des gemeinsamen Rechtsbewusstseins der christlichen Völker der Neuzeit über das Rechtsverhalten unabhängiger Staaten zu einander,
sein. Wie sollte da aber der Beweis dieses und der Inhalt desselben gegeben werden durch die Aufstellung irgend welcher beliebiger rechtsphilosophischer Sätze und eine eben so willkührliche Beifügung von einzelnen
Thatsachen".

wie zu der von Hugo Grotius und seiner Nachfolger, nur
erst in leisen Anfängen oder fast gar nicht bestand, oder
wo die Quellen der Erkenntniss desselben nirgends gesammelt und vereinigt waren. Damals war auch die philosophische Darstellung für den ganzen Umfang des Völkerrechts
die einzig mögliche, und die von Hugo Grotius insofern
keine positive, wenigstens nicht der Gegenwart, als er solches Recht ausdrücklich (s. d. iur. belli ac pac. Proleg.
und unsere Ausführung über den Grundcharacter des Grotianischen Werkes) nicht darstellen wollte und durch seine
Belege aus einer vorvölkerrechtlichen Zeit die philosophischen Sätze zu positiven nicht erhob. Als man aber der
einen wesentlichen Quelle in den Verträgen immer deutlicher ansichtig wurde [11]), da hätte von diesen zur Widerlegung der Leugner schon längst ein weit grösserer Gebrauch
gemacht werden können, als bis jetzt geschah.

Wurde nun daneben auch im weiteren Verlauf der Zeit
das Herkommen der Völker immer deutlicher erkennbar, so
waren die zwei Hauptquellen des positiven Völkerrechts,
aus welchen das System desselben seinen Inhalt zu schöpfen
hatte, unbedingt da. Wozu also, wo positive Satzungen
vorhanden waren, philosophische setzen? Man gab vor, nur
die unter den ersteren fehlenden durch letztere ersetzen
zu wollen. Aber erstens fehlten sie oft nicht, sondern
waren lediglich noch nicht aus den Quellen geschöpft, man
scheute nur die dazu erforderliche Arbeit; und zweitens
ist ja dort, wo eine positive Satzung fehlt, auch noch kein

---

11) Die erste, umfassende, allgemeine Vertragssammlung erschien
schon 1700 zu Amsterdam unter dem Titel „Recueil des traités de paix etc.".
vergl. Miruss, Europ. Gesandtschaftsr. I, S. 24.

positives Recht vorhanden. Denn dadurch, dass man einen
philosophischen Lückenbüsser in ein positives System hinein
drängt, wird er doch noch nicht zur positiven Satzung.
Aber ist es wohl ferner denkbar, dass für ein positives
Verhältniss keine Satzung besteht? Uns scheint nur das
Eine gewiss, dass nicht jede sofort bei ihrem Entstehen der
höheren Aufgabe des Völkerrechts: der sichtbaren Darstellung einer Weltrechtsordnung entspricht, aber bestehend ist
sie gewiss, denn es giebt kein Rechtsverhältniss ohne eine
Rechtssatzung. Für das Recht des neutralen Seehandels
haben z. B. eine lange Zeit hindurch andere Sätze bestanden, als in neuester Zeit vereinbart und später fast von
allen civilisirten Staaten angenommen wurden, aber die früher
bestehenden waren vorher nicht weniger positiv, als es die
jetzigen sind.

Hat nun bisher das philosophische Völkerrecht, trotz der
Zurückdrängung desselben durch die neueren Bearbeiter,
noch immer einen zu grossen Einfluss auf das System des
positiven Völkerrechts geübt, so scheint es uns jetzt an der
Zeit, um diesem seine Natur und Zweckerfüllung zu sichern,
dass es sich in vollständig reiner Positivität erhebe.

Wenn wir daher daran gehen, die Systematik eines
gegenwärtig positiven Völkerrechts darzustellen, so werden
wir nur auf dieses positive Recht und das in ihm sich offen-
barende Rechtsverhältniss Rücksicht zu nehmen haben und
diese Systematik, eben weil sie die einem positiven Stoff
allein angemessene ist, als die tonangebende bezeichnen
müssen. Kein anderes positives Rechtsgebiet entlehnt in
seiner wissenschaftlichen Darstellung seine Anordnung philosophischem Recht und so möge auch dem positiven Völker-

recht, damit es lebensfrisch und naturwüchsig dastehe, diese Entlehnung nicht weiter zugemuthet werden.

Die historische Richtung in der Rechtswissenschaft, welche in anderen Gebieten das Naturrecht siegreich überwunden hat, möge auch im positiven Völkerrecht den rein positiven Stoff zur Geltung bringen und, so wie dort, auch hier das philosophische Recht durch die Philosophie des Rechts ersetzen. Dann wird und muss die Systematisirung des letzteren auch die des ersteren sein. Aber ehe freilich der Stoff des positiven Völkerrechts geschichtlich ermittelt ist, kann über denselben auch nicht philosophirt werden, sonst möchte wiederum die Rechtsphilosophie selbst Stoff bereiten wollen [12]).

In wie fern nun aber die Behandlungen des philosophischen Völkerrechts, in richtiger Vorahnung der Gestalt des positiven, fruchtbringende Andeutungen für das System desselben gaben, wird auch hier ihrer gedacht werden, aber nur in dieser Beschränkung.

Andererseits muss zur Vermeidung aller Missverständnisse erklärt werden, dass ein System des positiven Völkerrechts zu seiner vollendeten Anordnung des philosophischen Gedankens nicht entbehren kann und soll, denn nicht blos Stoff soll plan- und zusammenhangslos in demselben dargestellt werden, sondern es soll sein ein harmonisch gegliedertes und durchdachtes Ganzes [13]). „Das System des

---

12) Auch v. Kaltenborn vertritt eine ähnliche Richtung im Völkerrecht. Vergl. dessen Krit. d. Völkerr. S. 131. Insbesondere aber auch Hälschner a. a. O. S. 65: „Möge die Philosophie bedenken, dass mit dem positiven Völkerrecht auch wieder das Object eines natürlichen gegeben ist".

13) Aehnlich sprachen wir uns schon früher über das Verhältniss des positiven und philosophischen Völkerrechts und den Einfluss der Philosophie

Positiven wird in seiner Vollendung sich zu einer pincipiellen Ergründung und Organisirung des positiven Stoffes erheben müssen, indem aus dem innersten Wesen der positiven Verhältnisse und Grundsätze gewisse oberste Principien gewonnen werden, nach welchen sich alle Details zu einem lebensvollen Organismus gliedern und zusammenschliessen" [14]).

Nicht minder als für die Beschränkung des Gegenstandes auf die rein positive Auffassung, müssen wir uns auch dafür aussprechen, dass hier nur die Systematik des Völkerrechts, nicht auch die der Völkerpolitik oder der äusseren Staatskunst geboten werden kann. Was daher in den Bearbeitungen des positiven Völkerrechts nicht rein rechtlicher Natur ist, wird aus ihnen auszuweisen sein und bei unserer Systematisirung als nicht hingehörig übergangen werden.

Wenn aber die Reinheit des positiven Völkerrechts nicht blos durch Beimischung philosophischer Sätze, sondern auch durch Hineintragung rein politischer Sätze und Institute getrübt worden ist, so kann von einer Berücksichtigung der Stellung des Völkerrechts in der Reihe der Wissenschaften des äusseren Staatslebens um so weniger abgesehen werden, als nur dadurch, dass einem jeden Gebiete das Seine zugewiesen wird, auch das Völkerrecht in seinem ihm eigenthümlichen Bestande gesichert und erkannt wird.

Uns scheint der Organismus der wissenschaftlichen Gestaltung des äusseren Staatenlebens hauptsächlich auf zwei

---

auf das Völkerrecht aus. Vergl. unsere Schrift: „*De natura princip. iuris inter gentes positiv.*" S. 62.

14) v. Kaltenborn a. a. O. S. 245.

in diesem Leben sichtbar sich bewegenden und hervorragenden Grundgedanken, denen des Rechts und der Klugheit zu ruhen. Das bezügliche Recht erscheint aber, wie alles und jedes, als materielles und formelles. Hiernach zerfällt auch das gesammte, auf das äussere Staatenleben sich beziehende Recht in Völkerrecht und Völkerprocess oder richtiger Staatenrecht und Staatenprocess. Das Völkerrecht systematisirt sich in drei Hauptabschnitte: 1) von den Subjecten, 2) Objecten, und 3) Acten, durch welche die Subjecte zu den Objecten in Beziehung treten. Der Völkerprocess enthält die Lehre von den Organen und dem Verfahren. Das dritte diesen an die Seite zu stellende Ganze ist die äussere Politik oder die Staatenklugheit, deren wissenschaftliche Gestaltung zur Zeit noch problematisch ist.

Diese Andeutungen mögen zuvörderst genügen, um einige unserer kritischen Ausstellungen von vorneherein zu erklären, denn ohne bestimmte eigene Anschauung können wir uns an die Kritik einer anderen nicht machen, ohne Massstab ist das Messen unmöglich.

Es erübrigt uns nun, nach Feststellung der Natur, Einreihung und Skizzirung des Systems des positiven Völkerrechts die Hauptrichtungen in der Systematisirung des Völkerrechts zu ergründen und characterisiren. Wir haben dem Wesen der Darstellung nach hier Ausführungen und Forschungen zu unterscheiden. Die ersteren sind der Zeit nach die früheren; die letzteren beginnen mit Rachel. Diese werden desshalb getrennt zu behandeln sein, weil die Durchführung der Systematik nach einem ganz anderen Massstab beurtheilt werden muss, als die blosse, in der Forschung enthaltene Andeutung, wenn gleich diese für die

Beurtheilung der vorliegenden eigentlichen Frage uns mehr
Anhaltspunkte bietet, indem sie diese selbst übernimmt,
aber eben desshalb ist sie auch an unsere eigenen Aufstellungen so nahe als möglich hinanzurücken gewesen. Endlich
sollen blosse systematische Entwürfe den Forschungen an-
gereiht werden, denn als Ausführungen sind sie nicht zu
betrachten.

Bei den Ausführungen ist aber blos eine Unterscheidung möglich. Ein dem Grundgedanken des Völkerrechts
entsprechendes und in Anleitung desselben durchgeführtes
System besteht bis jetzt nicht [15]), von einem Unterschiede
zwischen verschiedenen Systemen kann also auch nicht die
Rede sein. Denn unter Systemen verstehen wir nicht ein
beliebig, sondern ein dem Geist des behandelten Stoffes
entsprechend geordnetes Ganzes. Das zur Erklärung, wesshalb wir das Wort „System" vermieden. Dagegen können
wir unter den Bearbeitungen des positiven Völkerrechts in
seinem ganzen Umfange solche unterscheiden, bei welchen
überhaupt eine ganz willkührliche Anordnung stattfindet, und auch gar keine andere beabsichtigt wird, und
solche, welche dem Bewusstsein von der Nothwendigkeit einer Systematik entstammen. Eine strenge Scheidung
würde aber auch hier Inconvenienzen herbeiführen, da auch
auf die letzteren Bearbeitungen häufig solche der ersteren
Gattung folgen, welche jener, wenn auch nicht die ganze,

---

15) Vergl. v. Kaltenborn S. 228: „Die Versuche über die obersten Principien des Völkerrechtslebens und der Völkerrechtswissenschaft sind
noch unbedeutend zu nennen, viel weniger hat eine Anwendung derselben stattgefunden, noch stattfinden können zum Behufe der Construi-
rung eines wahrhaft wissenschaftlichen Systems". Vergl. auch
v. Mohl a. a. O. S. 468.

so doch theilweise Systematik unbewusst nachgebildet haben,
und wo daher der Mangel jeglichen Bewusstseins der ge-
dachten Nothwendigkeit schwer nachzuweisen wäre.

Es ist nicht zu verkennen, dass gewisse Mängel in der
Systematik mehreren Bearbeitern des positiven Völkerrechts
gemeinsam sind, aber als ausschliessliche und wesentlich
characterisirende können sie nicht hervorgehoben werden.
Wenn daher an v. Kaltenborn's Kritik des Völkerrechts
ausgestellt wird [16], „dass er die Untersuchung der bisher
im Völkerrecht aufgestellten Lehren an die einzelnen Bücher
gebunden, anstatt sie nach ihrer inneren Bedeutung und
dem organischen Zusammenhang vorzunehmen", so scheint
uns dieser Vorwurf wol widerlegt durch die Darstellung
selbst, indem v. Kaltenborn nicht nur auf dieselben
Schriftsteller in verschiedenen Capiteln zurückkömmt; nicht
nur mehrere Perioden der Völkerrechtswissenschaft unterscheidet [17], sondern auch schliesslich die Resultate aus
allen unter bestimmte Gemeinsamkeiten zusammenfasst.
Sodann aber möchten wir dem Verfasser den entgegenge-

---

16) v. Mohl a. a. O. S. 380.

17) Berücksichtigen wir die Periodisirung v. Kaltenborn's blos in
Bezug auf das positive Recht, so ergeben sich schon folgende zahlreiche Abschnitte: 1. Anfänge der Wissenschaft des positiven Völkerrechts.

2. Die positive Richtung nach Grotius.
3. Die Quellensammlungen des positiven Völkerrechts.
4. Die Begründung der positiven Völkerrechtswissenschaft mit J. J.
   Moser.
5. Uebergänge zu einer höhern Auffassung der Völkerrechtswissenschaft.
6. Die willkürliche Systematik des Positiven.
7. Principielle Bearbeitung des positiven Völkerrechts.
8. Reflectirte Systematik des Positiven.
9. Uebergang. v. Gagern's Kritik des Völkerrechts.
10. Philosophische Systematik des Positiven.

setzten Vorwurf machen. Wir sind wenigstens durch Studium der Völkerrechtsliteratur zu der Ueberzeugung gelangt, dass solche Unterscheidungen auf eine sehr bescheidene Zahl zurückzuführen sind und zwar, unter Trennung der Entwickelung des philosophischen und positiven Völkerrechts, in Bezug auf letzteres im Wesentlichen nur auf drei: die philosophisch-positive, die rein positive und positiv-philosophische Richtung. Die erstere würde mit Grotius, die zweite mit J. J. Moser und die dritte mit G. F. Martens beginnen. Die vierte, wenn sie sich überhaupt wird Bahn brechen können, wäre wiederum die rein positive und diese würde mit dem ersten harmonisch gegliederten, rein positiven System ihren Anfang nehmen. Zur Zeit aber stehen wir noch in der dritten Periode.

Diese Periodisirung auf die Untersuchung anzuwenden, haben wir aber Bedenken getragen, denn diese steht mit jenen Richtungen in keinem directen Zusammenhange. Es bezieht sich die Periodisirung nur auf die Auffassungsweise des dargestellten Gegenstandes, nicht auf die Anordnung desselben und findet sich auch nur in jener begründet. Bei der Systematisirung können wir, wie fast bei jeder Wissenschaft, zunächst im Grossen und Ganzen nur zwei Abschnitte unterscheiden. Zuerst die vorsystematische Zeit, und das ist die von Hugo Grotius bis G. F. Martens, und sodann das Erwachen des Bewusstseins von der Nothwendigkeit einer Systematik. Erst mit dem ersten und weiteren abweichenden gelungenen Versuchen einer durchgehend geordneten Systematik beginnt diese selbst, und ihr folgen demnächst die besonders zu characterisirenden Richtungen derselben. Unserer Ansicht nach stehen wir erst

in der zweiten bezeichneten Periode, und desshalb haben
wir auch unsere Aufgabe nur mit Berücksichtigung dieser
und der ersteren lösen können. Unsere Anforderungen und
Urtheile über den gegenwärtigen Zustand der Völkerrechtswissenschaft überhaupt und der Systematik insbesondere
werden um so weniger streng erscheinen, als sie im Ganzen
mit denen Anderer übereinstimmen [18]).

Gehen wir aber auf die oben schon angezogenen Mängel der Systematik ein, so dienen diese ebensowenig einer
detaillirteren Unterscheidung, da sie fast von allen Autoren
mehr oder weniger getheilt werden, also für keinen besonders characteristisch sind und ihre Abstellung grösstentheils der bezeichneten dritten Zukunftsperiode vorbehalten
bleibt.

Diese Mängel sind wesentlich:

1) die ausser bei den Positivisten fehlende strenge Unterscheidung philosophischen und positiven Rechts;

2) die ungehörige Vermischung des Völker- und Staatsrechts und der Politik;

18) v. Kaltenborn (Krit. d. Völkerr. S. 228) erklärt die bisherige
Systematik für einen mehr oder weniger willkührlichen Schematismus. v. Mohl
(a. a. O. S. 381) will dagegen, dass auf die Systematik keine zu minutiöse
Rücksicht genommen werde. Er äussert bei Beurtheilung der v. Kaltenborn-
schen Krit. d. Völkerr., woselbst auf die Systematik und, wie es uns scheint
mit Recht, eingehend Rücksicht genommen wird: „Ob der Kritik der Systematik nicht zu viel Werth und zu viel Raum eingeräumt worden ist, mag
dahin gestellt bleiben. Wenn nur die Eintheilung des Stoffes dem Grundgedanken der Wissenschaft im Wesentlichen entspricht, so liegt schliesslich an
dieser oder jener Einzelheit oder Eigenthümlichkeit nicht viel". Wir glauben
auch, dass mit dem Ersteren das Wichtigste erfüllt sei, aber auch das Letztere scheint doch mit Rücksicht auf das Lehr- und Lernbedürfniss nicht unwichtig. Da indess jetzt alle Systematik, besonders aber die im Einzelnen,
bis zur allseitigen Ergründung des wahrhaft positiven Völkerrechtsstoffes nur
provisorisch ist, so scheinen auch diese Einzelheiten vorläufig von keiner
grossen Bedeutung.

3) die fast überall fehlende und nirgends vollständig ausgeführte Scheidung des materiellen und formellen Rechts;

4) die auf rein äusseren Zuständen begründete Eintheilung in Friedens- und Kriegs-Völkerrecht;

5) die Nachbildung der privatrechtlichen Systematik;

6) die fast überall fehlende richtige Construction des völkerrechtlichen Rechtsverhältnisses.

Haben wir demnach, trotz alles Suchens und trotz aller Versuche, keine weitere charakteristische, durchgehende Unterscheidung der bisherigen völkerrechtlichen Ausführungen, als die eine angeführte auffindig machen können, so war es an uns, daran ein Genügen zu finden. Denn wo keine ausschliessliche oder sehr vorherrschende Richtung indicirt war, wäre es unsererseits willkührlich gewesen, in die Willkühr Gesetz hinein zu interpretiren und charakteristische Kennzeichen blos desshalb zu simuliren, weil wir sie postuliren. Zwar verkennen wir nicht, dass wir durch eine solche Schematisirung unserer Leistung mehr Uebersichtlichkeit vindicirt hätten, aber wo keine Unterscheidung von den Autoren angestrebt ward, war auch Seitens des Kritikers. keine möglich, denn er beurtheilt nur und hat nicht zu ordnen, wenn gleich er den entdeckten Mangel in der Anordnung zu rügen berufen bleibt.

Zweites Capitel.

Die willkührliche Anordnung des positiv-völkerrechtlichen Stoffes.

Von Hugo Grotius bis G. F. v. Martens.

§ 1.

Hugo Grotius.

Wenn wir mit Hugo Grotius beginnen, so geschieht es nicht desshalb, weil wir glauben, dass seine Leistungen auf das Völkerrecht der Gegenwart noch irgend welchen nachhaltigen Einfluss üben können. Dass er zu seiner Zeit den Gedanken von der Nothwendigkeit eines Völkerrechts für den Krieg anregte und die Grundzüge eines solchen Kriegsvölkerrechts entwarf, wird zu jeder Zeit die Nachwelt dankbar anzuerkennen haben. Aber die Art: wie er sein positives Völkerrecht begründete, ist der positiven Natur desselben nicht entsprechend. Denn darüber, dass im System des positiven Völkerrechts das heutzutage geltende Recht darzustellen sei, ist wohl kaum ein Zweifel vorhanden [19]), und gerade gegen dieses Hauptrequisit fehlte Grotius. *„Iniuriam mihi faciet, si quis me ad ullas nostri seculi controversias, aut natas, aut quae nasciturae praevideri possunt, respexisse arbitratur. Vere enim profiteor, sicut Mathematici figuras a corporibus semotas considerant, ita me in iure tractando ab omni*

---

19) Heffter stellte das Völkerrecht der Gegenwart dar. Vergl. auch v. Kaltenborn a. a. O. S. 243 und v. Mohl a. a. O. S. 399.

singulari facto abduxisse animum" [20]). Man kann nun
zwar diese Stelle so auslegen, als hätte der Verfasser, durch
diese Nichtberücksichtigung der Gegenwart, sich Unpartheilichkeit sichern wollen, aber bestehen bleibt doch, dass nach
diesem Ausspruch und nach dem ihm entsprechenden ganzen
Inhalt des Buches das Grotianische Völkerrecht als ein
solches seiner Zeit nicht angesehen werden kann. Wenn
er ferner durch den Zusatz *nasciturae*, auch Rücksichtsnahme auf die Zukunft in Abrede stellt, so bleibt nur
übrig, sein Völkerrecht für ein solches der Vergangenheit
zu halten. Aber ob es das nach der früheren Natur der
internationalen Verhältnisse und nach den Grotianischen
übrigen Aussprüchen und der Art der Bearbeitung überhaupt
hat sein können, ist mehr als fraglich. Sind auch die internationalen Beziehungen der Völker für die ältere Zeit reich-
haltiger als für die spätere, insbesondere durch Müller-
Jochmus, Laurent u. A. bearbeitet worden, so ist doch
weder für jene Zeit, noch für das Mittelalter durch Ward,
Pütter und Laurent das vielfältige Vorkommen moderner völkerrechtlicher Institutionen oder gar moderner
Völkerrechtsbegriffe nachgewiesen worden. Es möchte wohl
auf die ganze vorgrotianische Zeit der Ausspruch anzuwenden sein: „es hat Jahrtausende lang internationale
Beziehungen und Verhältnisse gegeben, ehe dieselben,
auf die eigentliche Rechtsbasis gestellt, ein Völker-

---

20) *De iur. bell. ac pac. proleg.* 58. Hinrichs (Gesch. d. Rechts-
u. Staatsprincip. I, 66) sagt über Hugo Grotius: „Aber H. Grotius abstra-
hirt seine Forschungen nicht vom Leben, er setzt dieses für jene nicht voraus, sondern erklärt ausdrücklich, dass er seinen Gegenstand rein wissenschaftlich, abgesehen von den Aeusserlichkeiten des Lebens, behandelt habe".

rechtsleben im wahren Sinne constituirten"[21]). Ein Zusammenhang zwischen dem vorgrotianischen, vermeintlichen
Völkerrecht und dem heutigen ist daher, unserer Ansicht
nach, nur nach dem Gesetze allmäliger Entwickelung vorhanden. Wie in einem einzelnen Volke das Recht in seiner
vollkommeneren Gestaltung der vollkommeneren Entwickelung
des Rechtsbewusstseins desselben entspricht, so bedingt
die fortschreitende Ausgleichung der verschiedenen Rechtsanschauungen der Völker die fortschreitende Entwickelung des Völkerrechts[22]). Ohne jene Ausgleichung ist
aber auch diese Entwickelung nicht möglich, und wenn in
vorgrotianischer Zeit die erstere nur sehr unmerklich, wol
kaum sichtbar vor sich ging, so hat auch deren Wirkung
nicht allzu bemerkbar sein können.

Grotius' Aussprüche aber sprechen keineswegs, weder
dafür, dass er ein positives Völkerrecht einer wissenschaftlichen Gestalt fähig gehalten, noch dafür, dass er in letzter
Instanz seine Sätze anders, als auf das Naturrecht habe
basiren' wollen. Als Beleg des Ersteren diene folgende
Beweisführung: *„nam naturalia, cum semper eadem sint,*
facile possunt in artem colligi: illa autem quae ex con-
stituto veniunt, cum et mutentur saepe, et alibi alia

---

21) v. Kaltenborn, Krit. d. Völkerr. S. 23.
22) Savigny (Syst. d. d. röm. Rechts. I, S. 33) sagt: „Indessen
kann auch unter verschiedenen Völkern eine ähnliche Gemeinschaft des
Rechtsbewusstseins entstehen, wie sie in einem Volk das positive Recht
erzeugt". Dass diese Gemeinschaft nur durch die oben erwähnte Ausgleichung vor sich gehen könne, scheint, da ein jedes Volk seine Rechtsanschau-
ung ursprünglich hat und mitbringt, selbstverständlich. Ein allumfassendes
röm. *jus gentium* wird aber, indem bei dieser Ausgleichung lediglich die
internationalen Beziehungen in Betracht kommen, aus derselben nicht
entstehen. Vergl. auch meine Schrift „de natur. princip. iur. inter gentes"
S. 45 ff.

sint, extra artem posita sunt, ut aliae rerum singularium perceptiones" [23]). Hätte wol deutlicher erklärt werden können, dass nur das philosophische Völkerrecht einer wissenschaftlichen Anordnung unterliegen könne? Unsere zweite Annahme ist nicht minder klar belegt durch den Satz: *„Superest ut quibus ego auxiliis et qua cura hanc rem aggressus sim breviter exponam. Primum mihi cura haec fuit, ut eorum quae ad ius naturae pertinent probationes referrem ad notiones quasdam tam certas ut eas nemo negare possit, nisi sibi vim inferat"* [24]). Auch die Zeugnisse der Philosophen und Geschichtschreiber, Poeten und Redner [25]) zieht Grotius wenigstens theilweise desshalb an, weil, wenn mehrere zu verschiedenen Zeiten und an verschiedenen Orten dasselbe als gewiss behaupten, Solches auf einen allgemeinen Grund, nemlich eine *recta illatio ex naturae principiis procedens* zurückgeführt werden müsse oder auf einen *communis consensus.* Indess unterscheidet er hier Natur und Völkerrecht, denn jene *illatio* zeige das Naturrecht, der *consensus* das Völkerrcht an. Der Unterschied beider sei indess nicht aus den Zeugnissen selbst, denn häufig hätten die Schriftsteller beide Gebiete vermengt, sondern aus der Beschaffenheit der Materie zu entnehmen [26]).

Nach unserer Auffassung hat nun Grotius sich überhaupt nur einer Quelle des positiven Völkerrechts wirk-

---

23) *Proleg.* 30.
24) *Proleg.* 39.
25) An einer andern Stelle (*Proleg.* 47) treten Poeten und Redner geständigermassen nur *ornamenti causa* auf.
26) *Proleg.* 40.

lich bedient, nemlich des Herkommens, aber freilich aus nicht völkerrechtlichen Zeiten, der griechischen und römischen, seiner Ansicht nach die besten und die der besten Völker. Zur Feststellung des Herkommens berücksichtigt er die Geschichte aber in einer die Positivität seines Systems nicht verbürgenden Weise, seine Sätze entspringen nicht aus den geschichtlichen Thatsachen, sondern es werden zunächst jene aufgestellt und dann diese als Beleg angezogen. „*Historiae duplicem habent usum qui nostri sit argumenti: nam et exempla suppeditant et iudicia. Exempla quo meliorum sunt temporum ac populorum, eo plus habent auctoritatis: ideo Graeca et Romana vetera caeteris praetulimus. Nec spernenda iudicia, praesertim consentientia: ius enim naturae ut diximus, aliquo modo inde probatur: ius vero gentium non est ut aliter probetur*"[27]). Dass die Geschichte *exempla* und *iudicia* liefern solle, Das anzustreiten liegt uns fern. Dass aber jene für das 17. Jahrhundert aus der Geschichte einer, auf ganz anderen Voraussetzungen, ruhenden Vorzeit entnommen werden können, und doch die Existenz eines positiven Völkerrechts für diese weitabliegende Zeit begründen sollen, Das scheint uns widersinnig. Eben so wenig ist durch die Uebereinstimmung mehrerer Urtheile (*iudicia*)[28]) das positive Völkerrecht zu begründen, und wenn Grotius gar kein anderes Mittel als dieses kennen will, so

---

27) *Proleg.* 46.

28) Vergl. auch die oben referirte Stelle *Proleg.* 40, wo der *consensus* der Philosophen, Geschichtschreiber, Redner und Poeten zur Begründung des Völkerrechts herangezogen wird, was noch unpassender erscheint. Die hier erwähnten, geschichtlich begründeten *indicia* mögen dagegen noch den Vorzug verdienen,

verräth er eine Unkenntniss seiner eigenen Aussprüche. Denn in dem einen ist die Uebereinstimmung der Staaten zur Begründung des Völkerrechts ausgesprochen: *„Sed sicut cujusque civitatis iura utilitatem suae civitatis respiciunt, ita inter civitates aut omnes, aut plerasque ex consensu iura quaedam nasci potuerunt"* [29]); in dem andern die Uebereinstimmung der Völker: *„Optime enim dictum est a Dione Prusaeensi, inter hostes scripta quidem iura, id est civilia, non valere, at valere non scripta, id est ea quae natura dictat aut gentium consensus constituit"* [30]).

Ist nun, trotz dieser im Ganzen richtigen Begründung des Völkerrechts, die Darstellung desselben bei Grotius keine die Positivität verbürgende, so ist auch für unsere vorliegende Aufgabe: die Systematik des positiven Völkerrechts, keine Ausbeute zu erwarten. Die Versicherung des Verf., dass er sich in seinem Werke [31]) einer bestimmten Anordnung bedient habe, kann, da dem guten Vorhaben keine entsprechende Ausführung gefolgt ist, nur als *captatio benevolentiae* erscheinen. Wenn wir dessen unerachtet die Grotianische Anordnung in Betracht ziehen, so geschieht es nur, um die bei anderen späteren Autoren sich vorfindenden Mängel aus denen des s. g. Vaters der Wissenschaft, wenigstens zum grössten Theil, zu erklären.

Wir können nicht zweifelhaft darüber sein, in welcher

---

29) *Proleg.* 17.

30) *Proleg.* 26.

31) *Proleg.* 56: *„In toto opere tria maxime mihi proposui: ut definiendi rationes redderem quam maxime evidentes, et ut quae erant tractanda, ordine certo disponerem"* etc.

Veranlassung das unserer Beurtheilung vorliegende Werk:
de iure belli ac pacis geschrieben wurde. Der Verfasser
giebt zwei Gründe an. Erstens die schimpfliche, bei Chri-
sten und Nichtchristen herrschende, zügellose Licenz in Führung des Krieges *(pudendam bellandi licentiam)* [32]. Zweitens
die Ueberzeugung, der Jurisprudenz durch Anwendung einer
Kunstform *(artis formam)* einen Dienst erweisen zu können.
Letzteres hätten freilich schon vorher Mehrere beabsichtigt,
aber nicht vollkommen ausgeführt, weil sie nicht richtig das
ex constituto Begründete von dem *a naturalibus* trennten [33]. Somit wollte also Grotius gleichzeitig einem Lebens-
und Wissenschaftsbedürfniss genügen.

Die Behandlung aller einzelnen Fragen geht vom Kriege
aus, dieser ist der Mittelpunct des Werkes. Schon die Ueberschriften der Capitel, insbesondere aber Grots eigene,
weiter folgende Inhaltsangaben weisen Das aus.

Die Capitel sind überschrieben:

Lib. I. Cap. I. Quid bellum, quid ius?

Cap. II. An bellare unquam iustum sit.

Cap. III. Belli partitio in publicum et privatum. Summi imperii
explicatio.

Cap. IV. De bello subditorum in Superiores.

Cap. V. Qui bellum licite gerant.

Lib. II. Cap. I. De belli causis et primum de defensione sui et
rerum.

Cap. II. De his quae hominibus communiter competunt.

Cap. III. De acquisitione originaria rerum ubi de mari et flu-
minibus.

---

32) *Proleg.* 28.
33) *Proleg.* 30.

Grotius behandelt im ersten Buch den Ursprung des
Rechts und die Rechtsbegründung des Krieges (Cap. I, II
u. V), hierauf die Macht der höchsten Gewalt, aber lediglich zur Erklärung des Unterschiedes zwischen öffentlichen
und Privatkriegen (C. III), während das vierte Capitel ein

rein staatsrechtliches Thema erörtert [34]); im zweiten die
Gründe zum Kriege (C. I, XXII, XXIII, XXIV, XXV u.
XXVI) [35]), in Veranlassung welcher die Natur der *res communes* und *propriae* (C. II, III, IV), die Rechte von Personen an Personen (C. V), die dem Eigenthum entstammende
obligatio (C. X), die Norm für die *successiones regiae* (C.
VI, VII, VIII, IX), das *ex pacto* oder *contractu* herzuleitende Recht (C. XI, XII, XIV), die Kraft und die Interpretation der Bündnisse und des privaten, so wie publiquen
Eides (C. XIII, XIV, XV, XVI), sowie die Art der Schadloshaltung (C. XVII), die Heiligkeit der Gesandten (C. XVIII),
das Recht die Todten zu begraben (C. XIX), und die Natur
der Strafen (C. XX u. XXI) auseinandergesetzt werden [36]);
im dritten, was im Kriege erlaubt ist, die Arten des
Friedens und alle *bellicae conventiones* [37]).

Das erste Buch behandelt demnach, bis auf das vierte
Capitel, nur auf den Krieg bezügliche Gegenstände, das
zweite auch andere, aber in Veranlassung des Krieges, wogegen das dritte dem Kriege und Friedensschluss direct
gewidmet ist.   Der Frieden erscheint hier nur als Anhängsel
des Krieges.   Er wird überhaupt als der Hauptzustand von
Grotius nicht aufgefasst.   Auch alle übrigen, sonst etwa
dem Friedensrechte angehörigen Fragen werden in das Kriegsrecht versetzt, oder wenigstens nur in Rücksicht auf ihren

---

34) *Proleg.* 33.

35) Dieses Buch beginnt und schliesst mit den Gründen zum Kriege.
Zum Erweise, dass Grotius das Eigenthumsrecht nur in Anlass der Gründe
zum Kriege behandelt habe, dienen die Lib. II, Cap. II, § 1 enthaltenen, einleitenden Worte.

36) *Proleg.* 34.

37) *Proleg.* 35.

Zusammenhang mit dem Kriege behandelt. Es kam Grotius nur darauf an, die möglichen völkerrechtlichen Verhältnisse zu erschöpfen, aber er bezog sie alle nur auf einen äussern Zustand, ohne sie in ihrer Wesenheit zu systematisiren. So ist denn sein Werk wesentlich ein durch den Krieg veranlasster Tractat über das Völkerrecht, da er alle Gegenstände dieses vollständiger behandeln will [38]), als frühere Bearbeiter des Rechts des Krieges [39]).

Von einer eigentlichen Anordnung, geschweige denn von einer Systematik kann bei Grotius gar nicht die Rede sein. Zwar versuchte schon Gronovius, wenigstens theilweise, die Institutionen-Systematik hinein zu interpretiren, aber auch er konnte nur vergleichen Lib. II, Cap. II mit dem Tit. *Institut. d. rerum divisione,* (II, 1) Cap. V mit *de iure personarum,* (*Institut.* I, 3) *de patria potestate* (I, 9) und *per quas personas nobis acquiritur* (II, 9), VI—IX mit den Titt. *de testamentis, legatis, fideicommissis, hereditatibus ab intestato* und *bonorum possessionibus* (*Institut.* Lib. II, 10—25 u. Lib. III, 1—10), Cap. XI mit der *materia obligationum* (*Institut.* Lib. III, 10—30), Cap. XVII mit *Lex Aquil. et Oblig. ex delicto* (*Institut.* Lib. IV, 1—4). Wir haben uns darauf beschränken müssen, wie oben geschehen, zur Grotianischen Inhaltsangabe die entsprechenden Capitel zu setzen.

Zunächst war es wol nur philosophisches, durch ungehörige Citate aus der heiligen Schrift, Geschichtschreibern, Poeten und Rednern belegtes Recht und zwar nicht blos

---

38) *Proleg.* 36.
39) *Proleg.* 38.

Völkerrecht, sondern auch philosophisches Privat-, Straf-
und Staatsrecht [40]). Dagegen tadelt Grotius an andern Autoren, dass sie Römisches Recht hineinmischen [41]) und nach
diesem allein oder zugleich nach dem Canonischen Völkerstrei-
tigkeiten entscheiden wollen [42]). Auch sieht er wol ein, dass
das Völkerrecht sowol vom Civilrecht [43]), als der Politik [44])
zu unterscheiden sei. Er vindicirt demselben somit schon
einen rechtlichen und eigenthümlich publicistischen Character.
Die fehlende Scheidung materiellen und formellen Rechts
wollen wir ihm, da überhaupt diese Theile damals auch
auf anderen Rechtsgebieten noch nicht streng geschieden
waren, nicht hoch anrechnen, indess damit doch andeuten,
dass er auch in dieser Beziehung Vater der Mängel war.
Sein ganzes Völkerrecht ist eigentlich, dem Gesichtspuncte
nach, von welchem aus er die übrigen Fragen behandelte,
nur formelles Recht, denn der Krieg kann richtigerweise,
was später, wie wir nachweisen, auch wiederholt geschah,
nur aufgefasst werden als ein internationales Rechtsmittel,
somit als ein formeller Rechtsbestandtheil. Eine Systematisirung auf der Grundlage zweier äusserer Zustände, des
Krieges und Friedens, — wie wir sie bei späteren Völker-
rechtsautoren entdecken, — kann bei Grotius desshalb,

---

40) In das natürliche Privatrecht gehören ausschliesslich oder nur
hauptsächlich Lib. II, Cap. II, III, V (zum Theil), VII (z. Th.), VIII, X, XI,
XII, XIII, XVII u. XIX; in das Strafrecht Cap. XX u. XXI; in das Staatsrecht Lib. I, Cap. V; Lib. II, Cap. V (z. Th.), VI, VII (z. Th.), IX, XIV
und XXVI.
41) *Proleg.* 55.
42) *Proleg.* 54.
43) *Proleg.* 41.
44) *Proleg.* 57.

weil er den Krieg als etwas das Ganze Beherrschendes auffasste, nicht angetroffen werden, wol aber verleitete er durch
seinen Titel *de iure belli ac pacis* zu der nach ihm üblich
gewordenen Vertheilung des Stoffs in die rein äusseren Kategorien des Krieges und Friedens. Auch die später stattfindende Nachbildung privatrechtlicher Systematik kann aus
gleichem Grunde Grotius nicht zur Last gelegt werden.
Denn wie Gronovius' Versuche nachweisen, liegt eine nur
partielle Aehnlichkeit und nur im zweiten Buche vor. Wol
aber fehlt ihm vollständig die richtige Construction des völkerrechtlichen Verhältnisses. Ueberhaupt hat er bei seinem
planlosen Schreiben über verschiedene Fragen des Völkerrechts den ehrenden Zunamen des Vaters, wenigstens einer
systematischen Darstellung, in keiner Weise verdient.

So bleibt denn an seinem Werke in völkerrechtlicher
Beziehung nichts weiter hervorzuheben: als dass er, gegenüber den Greueln des Krieges, Humanität walten lassen
und diese durch ein seinen Gedanken entsprechendes Recht
sichern wollte. Aber auch das war für seine Zeit nicht
wenig. Und so wollen wir mit aller Achtung für ein solches, der Zeit voraneilendes Streben, da er über den Geist
derselben hinaus in edlen Gedanken sich erging und sie
ausdrückte, sein Verdienst erstrebter Menschlichkeit nicht
schmälern, das aber für die Wissenschaft auf ein sehr be-
scheidenes, freilich für jene Zeit auch nicht geringes, reduciren: dass er das Völkerrecht als ein nach Uebereinkunft
der Völker und Staaten für sie geltendes Recht auffasste,
das vom allumfassenden *ius gentium* der Römer weit verschieden war.

Wenn nun aber trotz dieser so eben unternommenen

Beschränkung des Werthes, dennoch das Grotianische Werk in der Theorie und Praxis, ja in Bezug auf letztere bis in die neueste Zeit hinein, eine so eminente Stellung erhielt und bis auf den heutigen Tag behauptete, so ist der Grund wol in dem Dankgefühl der Pietät gegen den ersten Begründer der Wissenschaft, in dem anregenden Geist des Buchs, der Gemeinverständlichkeit desselben und in einem, alte Schriften oft, in nebelhaften Umrissen, umgebenden Nimbus zu suchen, sodann aber wohl hauptsächlich darin, dass wesentlich Besseres, namentlich wesentlich Positiveres erst in allerneuester Zeit an den Tag trat und gleich weiter Verbreitung, als das Grotianische in zahlreichen Ausgaben und in mehrere Sprachen übertragene Werk, sich nicht erfreuen konnte. Wir schliessen unsere, wie wir sehr wohl wissen, nicht erschöpfende Beurtheilung, unter Verweisung auf ältere und neuere Commentatoren, mit des Verf. eigenen Schlussworten, welche, da er in seiner Zeit Grosses leistete, seiner Anspruchslosigkeit zum Zeugniss dienen können: *„Atque hic finire me posse arbitror, non quod omnia dicta sint quae dici poterant, sed quod dictum satis sit ad iacienda fundamenta, quibus si quis velit superstruere, speciosora opera, adeo me invidentem non habebit, ultro et gratiam referet“* [45]).

---

45) Lib. III, Cap. XXV, I, 1.

§ 2.

Die näheren und weiteren Nachfolger des Hugo Grotius bis G. F. v. Martens.

Zouchy, Textor, Ickstadt, Wolff, Réal, Vattel, J. J. Moser, Bielefeldt, Schrodt, Achenwall, Maillardière, Mably, Neyron, Günther und *Roemer.*

Bei Grotius nächsten naturrechtlichen Nachfolgern können wir für die Systematik des positiven Völkerrechts wenig erwarten, da sie dasselbe grösstentheils leugneten. Wir übergehen daher Samuel von Pufendorf und Christian Thomasius [46]). Auch Hobbes und Spinoza gewannen durch ihre rechsphilosophischen Arbeiten nur auf das s. g. natürliche Völkerrecht Einfluss [47]).

Von Thomasius' Zeiten an wurden längere Zeit hindurch die Ausdrücke: *ius naturae* und *ius gentium* synonym und mit einander verbunden zu Titeln rein naturrechtlicher Werke gebraucht. Das *ius naturae* verschlang das *ius gentium,* oder es verdrängte vielmehr jenes wieder dieses, nachdem es eine kurze Zeit durch seine ersten Vorkämpfer sich eine selbstständige oder wenigstens nebenhergehende Existenz zu sichern gesucht hatte. Nur ausnahmsweise behandelte Griebner in seinen *principia iurisprudentiae naturalis* (1710) im · dritten Buche auch das natürliche Völkerrecht. Die Anordnung ist nicht besonders bemerkenswerth, aber wenigstens übersichtlich, theilweise beruhend auf dem Unterschiede des Friedens (Cap. II—VI) und Kriegsrechts (C. VII—XIV), theilweise privatrechtlich

---

46) Vergl. über dieselben v. Kaltenborn, Krit. d. Völkerr. S. 48 ff.

47) Vergl. Hälschner a. a. O. S. 34 ff. über Spinoza gegen Ompteda und Wheaton.

(C. II *de statu* [Personenrecht], C. III *de proprietate* [Sachenrecht], C. V *de foederibus et sponsionibus* [Obligationenrecht]), theilweise die allgemein naturrechtliche (C. IV *de officiis absolutis,* C. V *de officiis hyppotheticis*). Fehlte nun wenigstens bei Griebner keine Hauptmaterie, so handelt Glafey (Vernunft- und Völkerrecht, 1723) zunächst nur vom formellen Völkerrechte (Krieg und Gesandte) und fügte erst später (Völkerrecht 1752) noch die Bündnisse hinzu. Auch Köhler übergeht in dem siebenten, das Völkerrecht behandelnden, *specimen* seiner *iuris socialis et gentium ad ius naturae revocati specimina* (1735) das Recht des Friedens und der Gesandten gänzlich. Laurenz Reinhard ordnet in seinem Natur und Völkerrecht (1736) letzteres wenigstens in Kürze an in fünf Hauptstücken: 1) Zustand der Völker unter sich; 2) Pflichten der Völker gegen einander zu Friedenszeiten; 3) Streitigkeiten der Völker; 4) Recht des Krieges, und 5) Recht des Sieges. Bei Stapf (*ius nat. et gent.* 1735) ist dagegen wieder nur formelles Recht (Kriegs- und Gesandtenrecht) zu finden. Dass nun abgesehen davon, dass alle diese Werke rechtsphilosophischen Inhalts sind, aus ihrer Anordnung für die Systematik des Positiven nichts gewonnen wurde, ist klar und nur zu bemerken, dass nur Griebner das Völkerrecht in allen seinen Hauptmaterien, demnächst am vollständigsten Reinhard, Glafey fast nur und Stapf nur das formelle und Köhler selbst nur einen Theil dieses, nemlich den Krieg, behandelte.

Unter Benutzung von Gentilis [48]) und Grotius bear-

48) Es könnte uns vielleicht zum Vorwurf gereichen, dass wir hier

3

beitete das Völkerrecht Richard Zouchy *(iuris et iudicii fecialis sive iuris inter gentes et quaestionum de eodem explicatio, qua quae ad Pacem et Bellum inter diversos Principes aut Populos spectant, ex praecipuis Historico-iure-peritis exhibentur. Opera R. Z. 1651.).* Mit der Ersetzung des *ius gentium* durch *ius inter gentes* bahnte er, indem später daraus *droit international, international law,* internationales Recht entstand, eine richtigere Bezeichnung für das Völkerrecht an [49]. Es war nicht mehr ein Recht der Völker, sondern zwischen den Völkern. Er erhebt entschieden Krieg und Frieden zu

---

Gentilis *(de iure belli* 1588*)* erwähnen, ohne ihn früher, vor Grotius, einer Beurtheilung unterworfen zu haben. Indess ist er, wenn auch Grotius ihn geständigermassen *(Proleg.* 38) vielfach in seiner Anordnung benutzt hat, da dieser das Angefangene im grösseren Umfange ausführt, nicht zu erörtern gewesen und auch Grotius' Werk nicht der Anordnung halber, sondern hauptsächlich wegen seiner umfassenderen Bearbeitung und weiterer Verbreitung besprochen worden. Vergl. übrigens v. Kaltenborn, Krit. d. Völkerr § 4.

49) Wenn Zachariä (40 B. v. Staat V, S. 5) behauptet, dass das deutsche Wort Völkerrecht den Gegenstand der Wissenschaft des Völkerrechts richtiger bezeichnet als die Worte: *Ius gentium, droit des gens, inter national law* ihrer Etymologie nach, so können wir ihm nur in Beziehung auf den ersten Ausdruck beistimmen. Denn zunächst ist der letzte Ausdruck mit den beiden ersten keineswegs in eine Linie zu stellen, in ihm ist vielmehr allein das zwischen den Völkern geltende Recht treffend ausgedrückt. Ausserdem ist der französische Ausdruck: „*droit des gens*" doch offenbar nichts anderes als der deutsche: „Völkerrecht", kann daher auch nicht besser als dieser, sondern nur ebenso gut sein. Den rechten Sinn unseres heutigen Völkerrechts lässt überhaupt nur: „*ius gentium*" im Zweifel, weil dieses bei den Römern ein *terminus technicus* für einen Inbegriff ganz anderer Rechtssätze, als der des modernen Völkerrechts war. Auch Heffter (d. europ. Völkerr. d. Gegenw. 1844, Vorrede S. V) erklärt sich für Beibehaltung der Bezeichnung „Völkerrecht" und gegen die „internationales Recht", indem er demselben eine Substanz vindicirt, welche unter den alttechnischen Begriff des Völkerrechts, des *ius gentium* der Alten, passt, nemlich die allgemeinen Menschenrechte. Gegen die Hineintragung dieser Substanz in das moderne Völkerrecht haben sich aber fast alle Kritiker Heffter's und mit Recht erklärt. Heffter's Opposition ist nur motivirt durch das Verkennen des wahren Umfangs des modernen Völkerrechts.

Hauptabtheilungen seines Werkes, indem er jede Frage aus beiden Gesichtspuncten behandelt, womit er denn, im Gegensatz zu Hugo Grotius, Frieden und Krieg in gleichem Maasse berücksichtigt, jenen somit nicht blos schliesslich in Veranlassung oder als Anhängsel dieses erörternd.

Das Werk zerfällt in zwei Haupttheile. Die Gegenstände sind in beiden dieselben. Während sie in dem ersten, in die Form bestimmt ausgesprochener Sätze gekleidet, die Dogmatik des Völkerrechts darstellen, erscheinen sie in dem zweiten als controverse Fragen. Nur der Inhalt des ersten Theils wird als *ius*, der des zweiten nur als *iudicium* qualificirt.

In Bezug auf Quellen und Systematik bewährt Zouchy grosse Vorliebe für Römische Institutionen und Römisches Recht. In ersterer Rücksicht will er das Römische Fecialrecht reconstruiren *ex literis sacris, ex pandectis, ex Codice iuris Romani, ex autoribus Graecis, Latinis, aliisque.* In letzterer ahmt er die Systematik des Römischen Privatrechts nach. Eine Vergleichung der Systematik der Justinianeischen Institutionen und des Zouchy'schen Compendiums ergiebt eine, wenn auch nur theilweise, Nachbildung. Nicht nur bleiben mehrere Hauptabschnitte bei Zouchy unerörtert, z. B. das Erbrecht und die *actiones*, sondern es werden auch die erörterten nicht in derselben Vollständigkeit und in gleicher Anordnung abgehandelt.

Das erste Buch der Institutionen geht, nach Erörterung einiger allgemeiner Begriffe über die Gerechtigkeit und das Recht, über das Natur-, Völker- *(ius gentium)* und Civilrecht auf das Personenrecht ein. Das zweite ist dem Sachenrecht und dem testamentarischen Erbrecht, das dritte dem Intestaterbrecht und den Obligationen *ex contractu* und *quasi ex contractu,* das vierte den Obligationen *ex delicto* und *quasi ex delicto* und den *actiones* gewidmet.

Auch Zouchy erörtert im ersten Theil zunächst Allgemeines, denn die erste Sectio ist dem *ius inter gentes* und dem *ius pacis* gewidmet. Die zweite Sect. behandelt den *status inter eos, quibuscum pax est,* das *imperium civile,* die *amici* und *socii,* entspricht also gewissermaassen dem im ersten Buche der Institutionen enthaltenen Personenrecht. Die dritte dem *dominium inter eos quibuscum pax est* gewidmete Sect. handelt *de acquisitione civili mobilium et immobilium,* entspricht demnach gewissermaassen dem, den theilweisen Inhalt des zweiten Buchs bildenden Sachenrecht; die vierte: *debitum civile inter eos, quibuscum pax est,* bespricht, mit Voranstellung der, gewissermaassen die *oblig. quasi ex contractu* repräsentirenden *congressus et legationes,* das *foedus civile,* und entspricht demnach gewissermaassen dem theilweisen Inhalt des dritten Buchs: dem Obligationenrecht. Die fünfte handelt, entsprechend dem vierten Buch der Institutionen, *de delicto inter eos quibuscum pax est, utpote circa personas, res aut debita.* Hierauf werden, nach einer allgemeinen Charakterisirung des Kriegsrechts in der VI. Sect., dieselben Fragen unter dem Gesichtspunct des Krieges und mit der durch diesen gebotenen Modification behandelt. Bei dem *status* (Sect. 7) wird nicht vom *imperium civile* sondern *militare,* nicht von *amici et socii,* sondern *inimici et hostes* gehandelt. Das *dominium* (Sect. 8) wird unter Bezugnahme auf die *acquisitio militaris,* das *debitum* (Sect. 9) nicht nur mit Rücksicht auf den *congressus* und die *legatio,* sondern auch das *foedus militare*, anstatt des *civile*, das *delictum* endlich *ex causa, prosecutione vel executione iniusta* erörtert. Dass Zouchy hiermit die völkerrechtliche Nachbildung privatrechtlicher Systematik zuerst anbahnte, wollen wir ihm nicht gerade zum grossen Vorwurfe machen. Zu seiner Zeit liess sich weder das vollkommen Eigenthümliche des völkerrechtlichen, noch der Unterschied des civilrechtlichen Rechtsverhältnisses klar erkennen. Daher war es denn dem früheren Civilisten [50]) nicht zu verargen, dass er den neuen Stoff in die alte bewährte Form kleidete. Gleichzeitig war mit der von Zouchy gewählten Anordnung schon so ziemlich auch die Scheidegränze zwischen materiellem und formellem Rechte gezogen, indem von der sechsten Sect. an wesentlich Processualistisches, wenn gleich mehr zufällig als bewusst, behandelt wird.

Die sehr oberflächliche Wheaton'sche Charakteristik [51]) wiederholt zum Theil das von Ompteda [52]) früher Gesagte. Während Ersterer nemlich das Hauptgewicht auf die neue Benennung *inter gentes* legt, hebt Letzterer zugleich die Heranziehung von Beispielen aus neuerer Zeit hervor. In Bezug auf die Systematik bemerken Beide nichts, denn die blosse, durch Ompteda geschehene, Ausschreibung der Ueberschriften ist doch nur ein der Verarbeitung harrendes Material. v. Kaltenborn deutete die Thatsache privatrechtlicher Nachbildung nur an [53]). Wir waren bestrebt, die Art und das Maass derselben zu ermitteln.

---

50) Vergl. Zouchy's Vorrede.
51) Wheaton, *hist. des progr. d. droit d. gens.* I, S. 141 ff.
52) Ompteda a. a. O. I, § 64.
53) v. Kaltenborn a. a. O. S. 57.

Zouchy, anzuerkennen in seinem Bestreben, ein geformtes
Lehrbuch zu liefern, führte durch seine privatrechtlich nach-
gebildete Systematik einen neuen Mangel in die Wissenschaft ein, milderte den alten Grotianischen des einseitigen
Ausgehens vom Kriege, rief aber dagegen abermals einen
neuen, durch Erhebung des Friedens und Krieges zu Hauptabschnitten des Völkerrechts, hervor. Endlich verkannte
die wahre positive Natur des Völkerrechts auch er, indem
er es als ein zu seiner Zeit geltendes nicht darstellte und
ein durch nicht völkerrechtliche Grundpfeiler gestütztes Ge-
bäude aufführte. Sätze, gestützt durch mannigfache Beispiele, welche grösstentheils dem Geist des Rechts zwischen
den Völkern nicht entsprachen, konnten kein positives
Völkerrecht darstellen [54]).

Gegen einige der oben bezeichneten Leugner des Völkerrechts traten für die Existenz des positiven Völkerrechts in
die Schranken mehrere Verfasser darauf bezüglicher Disser-
tationen, welche wir im vierten Capitel bei den Forschungen
näher zu besprechen haben werden. In ihrer Anleitung
ward gegen den Schluss des siebenzehnten Jahrhunderts

[54) Oke Manning (*Comment. on the law of nat.* S. 27) erwähnt
noch eines anderen Werkes von Zouchy: *De iure Feciali* (Haag 1659),
dessen erste Hälfte: *de iure inter gentes*, die allgemeinen Verpflichtungen
des Völkerrechts, und die zweite: *de iudicio inter gentes*, verschiedene Fragen des Gesandtschaftsrechts, Handels und Krieges behandelte. Man ersieht schon hieraus, dass das von uns und auch durch Ompteda und v.
Kaltenborn berücksichtigte Werk vollständigeren Inhalts und demnach zur
Beurtheilung des Verf. geeigneter ist. Hätten wir dasselbe zu Gesicht be-
kommen, so wäre uns aus dem dort vielleicht vollständig ausgeschriebenen
Namen möglich gewesen zu ermitteln: ob der Verf. Zouchy (wie bei
Ompteda und v. Kaltenborn) oder Zouch (wie bei Wheaton, Manning und Heffter) geheissen habe. Für Ersteres scheint zu sprechen, dass
die Endung y englischer ist, freilich schreiben aber der Engländer Manning
und der Anglo-Amerikaner Wheaton Zouch und nicht Zouchy.

(1680) ein erneuter Versuch zur Darstellung des positiven Völkerrechts von Johann Wolfgang Textor in einer *synopsis iuris gentium* gemacht. Schon die Ueberschriften der XXX Capitel weisen an, dass blos völkerrechtlicher Inhalt hier nicht gegeben wird. So handelt z. B. das dritte Capitel über das Connubium, das vierte über die Erzeugung und Erziehung der Kinder, das fünfte von der Selbstvertheidigung gegen einen gewaltsamen Angriff, das sechste von der Gottesverehrung, das siebente von dem Gehorsam gegen Eltern und Vaterland, das achte über das Eigenthum und dessen Eintheilung und Erwerbung. Hiermit wird die Erörterung grösstentheils als allgemein menschliche zu charakterisirender Fragen, welche vom Verfasser, im Geschmack der derzeitigen planlosen Darstellung des Naturrechts, als Gegenstände dieses bezeichnet werden[55]), geschlossen. Cap. IX—XIII behandeln Fragen aus dem s. g. öffentlichen Recht, d. h. wenn man nach Savigny[56]) nicht nur das Staatsrecht einerseits, sondern andererseits auch den Civilprocess und das Criminalrecht darunter begreift. Denn es handeln Cap. IX, X u. XI von dem Ursprung der Reiche, *de rebus publicis earumque iuribus* und den Reichsgrundgesetzen, und Cap. XII einerseits *de magistratibus* und andererseits *de praemiis et poenis.* Nur Cap. I u. II behandeln allge-

---

55) Vergl. die Vorrede Textor's.

56) Vergl. Savigny, System d. heutig. Röm. Rechts. I, § 9. Savigny stellt voran, dass nach der Auffassung der Römer Civilprocess, Criminalrecht und Criminalprocess Theile des Staatsrechts seien, was auch dem inneren Wesen dieser Rechtsdisciplinen entspreche. Da indess diese Zuordnung den heutigen praktischen Beziehungen nicht mehr entspräche, so sei es zweckmässig, Civilprocess und Criminalprocess unter dem allgemeineren Namen des öffentlichen zu begreifen.

mein Völkerrechtliches und Cap. IX, neben dem Ursprung
der Reiche, auch die Art der Erwerbung derselben nach
Völkerrecht. Sonst beginnen völkerrechtliche Materien erst
Cap. XIII. In dem letztgenannten Capitel wird *de com-
merciis et conventionibus gentium*, Cap. XIV von den Gesandten, C. XV von dem Begräbnissrecht, C. XVI—XIX vom
Kriege, C. XX—XXIII von dem Abschluss und Bruch des
des Friedens, C. XXIII—XXV über die *foedera*, C. XXVI
über das Recht der Neutralität, C. XXVII über die Eide,
C. XXVIII u. XIX über das Recht und Verfahren des Siegers
und C. XXX von der Art des Aufhörens und der Succession
in ein vacant gewordenes Reich, gehandelt. Aus dieser
Uebersicht ergiebt sich, dass ein rein völkerrechtliches
Compendium nicht vorliegt. Mit Völkerrecht wird begonnen
(Cap. I u. II), sodann zum natürlichen Privatrecht (C. III bis
VIII), hierauf zum Staatsrecht (C. IX—XII) übergegangen,
wobei auch (C. IX) Völkerrecht berücksichtigt wird und
endlich C. XII Staatsrecht *(de magistratibus)* und Criminalrecht *(de poenis)* zusammen behandelt. Von C. XIV—XXX
findet dann wieder eine Rückkehr zum Völkerrecht statt.

In den völkerrechtlichen Theilen des Buchs ist nun
offenbar der Krieg vorwiegend und alles Uebrige nur mit
Rücksicht auf ihn behandelt. Wenn nun der Verf. die Verbindung des Natur- und Völkerrechts Hugo Grotius nachgeahmt haben will, und zur Begründung seines Titels genügend findet, dass der grösste Theil des Buchs vom Völkerrecht handle, so sind diese von Ompteda [57]) acceptirten
Rechtfertigungsgründe durch v. Kaltenborn mit Recht

---

[57]) Ompteda a. a. O. I, S. 292.

für nichtig erkannt worden. Auch möchte des letztgenannten Autors Bemerkung, dass das Buch selbst als ein ver-
besserter oder verschlechterter Grotius erscheine, ganz
zutreffend erscheinen [58]).

Positives Völkerrecht sollte auch durch dieses Buch
dargestellt werden, aber die Belegung abstracter Sätze durch
Beispiele, wenn auch aus der neueren Geschichte und das
Römische Recht [59]), kann eine auf das lebensvolle positive
Recht gestützte Darstellung nicht ersetzen. Auch Ompteda
giebt zu, dass Textor keine durchaus reinen Begriffe vom
eigentlichen Umfange des Völkerrechts und dessen eigentlicher Beschaffenheit gehabt habe.

Ompteda referirt über ein von Burchard Gotthard
Struv (1671—1738) unvollendet, handschriftlich zurück-
lassenes *corpus iuris gentium sive iurisprudentia heroica
etc.*, von welchem indess nur der Plan herausgegeben wurde,
wesshalb wir dasselbe bei den Entwürfen zu berücksichtigen
haben werden.

Dagegen gehören hierher Joh. Adam Ickstadt's *Elementa iuris gentium* (1740), welche jedoch nur im sechsten
Buch vom positiven Völkerrecht und zwar unter der ausdrücklichen Ueberschrift: *de iure gentium positivo* handeln. Die Systematik richtet sich zunächst nach den Quellen
des Völkerrechts, indem das erste Capitel das Vertragsrecht, das zweite das Gewohnheitsrecht erörtert. In un-

---

58) v. Kaltenborn, Krit. d. Völkerr. S. 61 ff.

59) Ompteda (a. a. O.) lobt Ersteres und tadelt Letzteres, v. Kaltenborn (a. a. O.) tadelt mit Recht Beides, da das wahrhaft positive Völkerrecht die aus dem Positiven principiell entwickelten Sätze enthalten muss,
nicht aber philosophische Sätze, welche durch geschichtliche Beispiele gar
aus beliebiger Zeit belegt werden.

passender, nicht zu coordinirender Weise, wird alsdann in
dem dritten Capitel das Ceremonialrecht angeschlossen. Auf
ein solches Bruchstück ist wol kaum weiter einzugehen.

Der berühmte Philosoph Christian Freiherr v. Wolff
(*Ius gentium*, 1749) behandelt zwar auch das Völkerrecht
vom philosophischen Standpuncte [60]), aber dennoch hat er
einen, auch für die Systematik des positiven, sehr frucht-
bringenden Gedanken angeregt. An die Stelle der Abtheilung
in ein Kriegs- und Friedens-Völkerrecht ist bei ihm, wenn
er auch das nicht ausdrücklich angedeutet hat, der Unterschied des materiellen und formellen Rechts getreten.
Denn unserer Ansicht nach zerfällt eigentlich das Wolff-
sche Werk in zwei Theile. Der als erster zu bezeich-
nende erörtert im Cap. I die Pflichten der Völker gegen sich
und die daraus abzuleitenden Rechte, im Cap. II die Pflichten und Rechte der Völker untereinander, im Cap. III
das *dominium gentium*, im Cap. IV die *foedera* und die
pactiones und *sponsiones* der Völker. Hierin ist wol die
Nachbildung der römischen privatrechtlichen Systematik nicht
zu verkennen. Denn Cap. I u. II würden das Personenrecht,
Cap. III das Sachenrecht und Cap. IV das Obligationenrecht
repräsentiren. Der von uns als zweiter bezeichnete Theil
enthält nur Processualistisches. Es geht ein Capitel (V)
über die Art der Beilegung der Streitigkeiten der Völker voraus und folgt nun das Kriegsrecht (C. VI, VII u. VIII),
und hierauf das Gesandtschaftsrecht (C. IX). Indess wäre
das Gesandtschaftsrecht an die Spitze der Materien des formellen Rechts zu stellen gewesen. Sie sind die Organe

---

60) Vergl. v. Kaltenborn a. a. O. S. 70.

für den Völkerprocess, mussten also dem auf diesen bezüglichen Verfahren vorausgehen. Vor Beginn der Erörterung des Verfahrens muss die der in demselben thätigen Organe abgeschlossen sein. Die Medien müssen der durch sie zu vollziehenden Action vorausgehen.

Grotius erhob den Krieg zum Ausgangs- und Mittelpuncte des Völkerrechts, Zouchy liess dem Frieden und Kriege gleiche Berücksichtigung zu Theil werden, Wolff ordnete den Krieg dem Processualistischen unter, erörterte unmittelbar vor und nach demselben die übrigen formellen Bestandtheile und bahnte hierdurch die zur Hauptvertheilung des völkerrechtlichen Stoffes erforderliche Scheidung materiellen und formellen Rechts an. Ueberschätzend spricht sich Ompteda gleichzeitig über Grotius und Wolff aus: „Grotius erhob das natürliche Völkerrecht zur Würde einer Wissenschaft, Wolff gab dieser eine vollständige Ordnung und brachte sie in ein System" [61]. Nach dieser Erhebung Wolff's hätte wenigstens das natürliche Völkerrecht in der Systematik mit Wolff, da er dieses behandelte, nach Ompteda sogar die Wissenschaft desselben überhaupt, Alles erreicht. Wir haben uns aber hier auf die Betrachtung der wissenschaftlichen Gestaltung des positiven Völkerrechts beschränkt, räumen indess gerne ein, dass Wolff durch seine, dem philosophischen Völkerrecht gewidmete Systematik auch dem positiven den richtigen Weg der Anordnung indicirte. Nur im Vorübergehen haben wir hier Réal's und Vattel's, des verflachten Wolff's zu gedenken, denn beide sind für die Systematik des Völkerrechts von keiner Wichtigkeit.

---

61) Ompteda a. a. O. l, § 95.

Réal verfehlt schon die Stellung des Völkerrechts, indem er es als fünften Theil der *Science du gouvernement* (1754) auffasst. Seine Anordnung ist vollständig willkührlich. Denn das erste Capitel behandelt die Gesandtschaften, das zweite den Krieg, das dritte die Verträge und das vierte die Titel, Prärogative, Prätensionen und gegenseitigen Rechte der Souveraine. Weder ist unter diesen Ueberschriften der gesammte Inhalt des Völkerrechts zu begreifen, noch in die gewählte Reihenfolge ein Zusammenhang hineinzubringen. Denn zwei persönliche Verhältnisse, Gesandtschaften und Souveraine, werden durch ein gewaltsames Rechtsmittel, den Krieg und durch friedliche Acte (die Verträge), getrennt und in weder einander coordinirten, noch subordinirten, sondern willkührlich herausgegriffenen Kategorien ein Tractat über Gegenstände des Völkerrechts geliefert.

Der an Wolff sich anlehnende Vattel *(droit des gens, 1758)* ist nur, weil er trotz dem, dass er keine Bearbeitung des positiven Völkerrechts herausgab, doch vielfach von Praktikern gebraucht wurde und noch wird, nicht zu übergehen. Auch insbesondere desshalb nicht, weil er den Versuch machte, philosophisches und positives Völkerrecht zu einen und so gewissermaassen einerseits den von Grotius überkommenen Dualismus weiter fortbildete, andererseits durch seine *quasi* Autorität die später allgemeiner werdende Ansicht von der nothwendigen Verbindung beider stützte. v. Kaltenborn (S. 79) charakterisirt seine Arbeit ganz vortrefflich, wenn er sagt: „Das Positive ist ihm die magere Glosse, welche den willkührlich aufgeworfenen Sätzen nur als nachträglicher, gleichsam handgreiflicher Beweis dienen soll."

Vattel macht sich zunächst schuldig der Vermischung des Staats- und Völkerrechts und der Politik. Diesen disparaten Stoff vertheilt er nun in vier Bücher. Das erste handelt von der *nation considérée en elle même*, das zweite von der *nation considérée dans ses relations avec les autres*, das dritte vom Kriege und das vierte von der Wiederherstellung des Friedens und den Gesandten. Diese Anordnung weicht von der Wolff'schen insofern ab, als hier das *dominium* und die *foedera*, sowie die dem Kriege vorhergehende Erörterung der Art der Beilegung der Streitigkeiten der Völker fehlen. Die aus Wolff's Anordnung ersichtliche Scheidung des materiellen und formellen Rechts fehlt hier gänzlich, überhaupt ist es unmöglich, in dieser Anordnung eine durchdachte Systematik zu erblicken. Vattel war somit für die Systematik des positiven Völkerrechts ganz ohne Bedeutung.

Gegenüber Vattel erlangte Johann Jacob Moser Geltung, während jener für die Praxis, trotz seiner abstracten Richtung, sehr brauchbar befunden ward, erkannten in diesem die Systematiker und Praktiker einen rastlosen Vorkämpfer für die Positivität. Beiden Schriftstellern ist aber, trotz ihrer Verschiedenheit, gleiche Bedeutung für die Systematik beizulegen.

Von den Darstellungen des positiven Völkerrechts durch Johann Jacob Moser liegen unserer Beurtheilung folgende vor.

Zunächst ein aus zwei getrennt erschienenen Büchern bestehendes Gesammtwerk. Den 1750 von Moser zum Gebrauch seiner Staats- und Canzley-Academie entworfenen „Grundsätzen des jetzt üblichen Europäischen Völker-Rechts in

Fridenszeiten (Hanau)" folgten 1752 die zu gleichem Zwecke abgefassten „Grundsätze des Europäischen Völkerrechts in Kriegszeiten (Tübingen)" [62]. Das Friedensrecht liegt uns auch in einer zweiten und unveränderten (Nürnberg 1777), indess ohne Vorwissen des Verfassers besorgten Auflage vor [63]. Ausserdem konnten wir Einsicht nehmen von desselben Verfassers „erste Grundlehren des jetzigen Europäischen Völkerrechts in Fridens- und Kriegszeiten" (1778). Einen Unterschied zwischen dem erst genannten und diesem Werk deutet der Verf. in der Vorrede an, dass er nemlich viele hunderte, in jenem aufgeführte Fälle hier weggelassen habe. Beide Werke sollten bestimmten Anstalten als Lehrbücher dienen. Das erstere der Staats- und Cancellei-Akademie in Hanau, das letztere der Königl. Würtembergischen Militair-Academie. Letzteres erscheint nun wol mit Rücksicht auf den für diesen Gebrauch ausreichenden geringeren Umfang nur als ein Auszug des ersteren. Indess ist die Anordnung in beiden nicht ganz übereinstimmend.

In den 1750 in erster und 1777 in zweiter Auflage erschienenen „Grundsätzen des jetzt üblichen Europäischen Völkerrechts in Friedenszeiten" wird der völkerrechtliche Stoff in folgender Reihenfolge abgehandelt:

Vorbereitung. Von dem Europäischen Völkerrecht überhaupt.

Europäisches Völkerrecht in Fridenszeiten.

---

62) Dass das zweite Buch eine Ergänzung des ersten und nur beide zusammen ein vollständiges, völkerrechtliches Ganzes bilden, spricht Moser in den Vorreden zu beiden aus.

63) Vergl. Moser's erste Grundlehren des jetzigen Europ. Völkerr. Nürnberg 1778. S. 14.

I. Buch. Von Europa, sofern es einen einigen Staatskörper ausmacht.

II. Buch. Von der Souverainen Personen und Familien, wie auch denen Vice-Roys, u. d.

III. Buch. Von Gesandtschaftssachen.

IV. Buch. Von denen Meeren und Landen.

V. Buch. Von Bedienten und Unterthanen.

VI. Buch. Von Religionssachen.

VII. Buch. Von Handlungssachen.

VIII. Buch. Von Policey-Sachen.

IX. Buch. Von Militär-Sachen.

X. Von noch mehreren Vorfallenheiten zwischen souverainen Staaten.

XI. Von Bündnissen und anderen Tractaten.

XII. Von denen Streitigkeiten unter souverainen Mächten.

Hieran schliessen sich „die Grundsätze des Europäischen Völker-Rechts in Kriegszeiten" in folgender Anordnung:

I. Buch. Von denen bey dem Völker-Recht in Friedenszeiten abgehandelten Materien.

Es werden die in den XII vorgenannten Büchern behandelten Gegenstände in eben so vielen kurzen Capiteln (S. 1—75) mit Rücksicht auf den Krieg behandelt.

II. Buch. Von dem Kriege selbsten.

In diesem Buche sind alle in den nächsten Büchern nicht zur Erörterung kommende Gegenstände des Kriegsrechts dargestellt.

III. Buch. Von alliirten Mächten und Hülfs-Völkern.

IV. Buch. Von neutralen Mächten, Landen und Orten.

V. Buch. Von Waffenstillständen.

VI. Buch. Von Friedensschlüssen.

Der in Capiteln vertheilte Inhalt der „ersten Grundlehren des jetzigen Europäischen Völkerrechts in Fridenszeiten und Kriegszeiten" behandelt ausser den vorstehenden
genannten Gegenständen des Friedensrechts noch : das Cere-
moniel (4. Cap.), Staatssachen (9. Cap.), Justizsachen (10.
Cap.), das Seewesen (11. Cap.), Cameralsachen (12. Cap.),
Gnadensachen (13. Cap.), Münzsachen (14. Cap.) und geht mit
einem gleichfalls neuen Capitel (18) : „Von der Selbsthülff,
Retorsion, Arresten und Repressalien" zum Kriegsrecht über,
das in gleicher Anordnung, wie in dem vorhin genannten
Werk, behandelt wird. Durch diese Zusätze ist indess eine
sachgemässere Aneinanderreihung nicht herbeigeführt.

Von den übrigen Moser'schen Schriften wären für unseren vorliegenden Zweck noch von Wichtigkeit gewesen seine
„Anfangsgründe der Wissenschaft von der gegenwärtigen
Staatsverfassung von Europa und dem unter denen europäischen Potenzien üblichen Völker- oder allgemeinen Staatsrechte"
Tübingen 1732, so wie sein „Entwurf einer Einleitung zu
dem allerneuesten europäischen Völkerrechte in Fridens- und
Kriegszeiten" (1736). Beide lagen uns indess nicht vor. Letzterer, welcher indess nur ein blosses Verzeichniss der Rubriken enthalten soll [64]), ist jedoch später in den beiden
oben genannten, ein Werk bildenden Büchern weiter ausgeführt worden. Und wenn ferner in allen Lehrbüchern
Moser's dieselbe Anordnung statthaben soll [65]), namentlich
also auch in den uns nicht zu Gebote stehenden „Anfangsgründen", so wäre auch, abgesehen von den fehlenden

---

64) Ompteda a. a. O. I, S. 353.
65) Ompteda a. a. O.

Werken, eine Beurtheilung Moser's ermöglicht. Ompteda
und v. Kaltenborn haben die in den „Grundlehren" vorkommende Anordnung als die in allen seinen Werken fast
gleichförmige und gewöhnliche, ihrer Beurtheilung zu Grunde
gelegt, dass sie indess nicht unbedeutend vollständiger ist,
als wenigstens die in seinen „Grundsätzen" vorkommende,
geht aus der von uns angestellten Vergleichung hervor.
Wenn also in dieser grösseren Reichhaltigkeit, dem Gegenstande nach, ein Fortschritt erblickt werden könnte, so
ist dieser in Bezug auf Moser's späteres Werk anzu-
nehmen.

Moser ist lediglich darauf bedacht, positives Völkerrecht darzustellen: „Ich habe bloss die Handlungen [66])
und Begebenheiten vorgestellet, wie sie nun einmal seyndt,
oder sich zugetragen haben, ohne darüber zu philosophiren
oder zu raisoniren; weil

a) meine (wie aller anderer Gelehrten) Meinung und
Denckensart doch der Sache keinen Ausschlag geben
kan noch wird, noch irgend ein Staat seine Grundsätze und Handlungsweise desswegen im geringsten
ändern würde, und

b) weil ich das Europäische Völkerrecht nicht vorstellen
wollte, wie es seyn könnte, oder auch sollte; sondern wie es würcklich üblich ist" [67]).

---

66) Auch in seinen „Grunds. d. Völkerr. in Fridensz. (Vorrede P. 4)"
erklärt Moser ausdrücklich, dass das von ihm dargestellte Völkerrecht lediglich und ganz allein auf wirkliche Handlungen gegründet sei.

67) J. J. Moser's „erste Grundlehren d. jetzig, Europ. Völkerr.,
Vorrede P. 2." Aehnlich sagte derselbe in seinen „Grundsätzen des Völkerr.
in Fridensz.: „Ich erinnere hiebey nochmals, dass ich kein raisonnirtes
Völker-Recht schreibe, welches sich ein jeder Gelehrter nach seinen Begriffen

Schon Ompteda wendet dagen ein: „dass es in der Völkerrechts-, so wie in jeder anderen Wissenschaft erlaubt sey, die Sache wissenschaftlich (welches von einer gesetzgeberischen Anmassung weit entfernt ist) zu behandeln, mithin die vorkommenden Thatsachen auf reine Grundsätze zurückzuführen und nach solchen zu beurtheilen" 68). Diese Entgegnung giebt das richtige Verhältniss zwischen der Wissenschaft und dem ihr zur Darstellung gebotenen Stoffe an. Indess war Moser, gegenüber den wesentlich anmassenden Bestrebungen seiner Vorgänger, das positive Völkerrecht von dem Urtheilsspruch der Wissenschaft abhängig zu machen und das Philosophische an die Stelle des Positiven zu setzen, die exclusive Positivität keineswegs zu verargen. Er war zunächst in das Extrem hineingerathen, es kam ihm nur auf die Wahrheit seines Stoffes, nicht auf die Form desselben an. Auch will er in ersterer Beziehung nur das Völkerrecht der Gegenwart, nicht das der Vergangenheit darstellen, wie er denn auch immer ausdrücklich seine Bücher als Darstellungen des jetzigen Völkerrechts überschreibt 69). Indess hat er sich zur Darstellung keineswegs blos des positiven Völkerrechts bedienen wollen, sondern auch andere, nicht unmittelbar in dasselbe hineingehörende, Sätze zu Grunde gelegt 70). Genaueres über die Art seiner

---

und Leidenschaften selbsten zu bilden pfleget, wie er will, oder wie er am besten zu treffen vermeinet, sondern ein Völker-Recht, wie es unter denen Europäischen Souverainen und Nationen üblich ist".

68) Ompteda a. a. O. S. 358.

69) Moser, Grundl. d. j. E. V. P. 3. Vergl. auch desselben „Grundsätze des des Völkerr. in Fridensz." Vorrede P. 2, wo als Ausgangspunct der Darstellung ungefähr die Zeit des Westphäl. Friedens angenommen wird.

70) Moser, Grundl. d. j. E. V. P. 4.

Bearbeitung des Völkerrechts giebt er schon früher an[71]). Wo nemlich die wirklichen Handlungen, auf welche er sein Völkerrecht gründet, täglich vorkommen, hat er aus diesen blosse Sätze gemacht, ohne selbige mit Beispielen zu belegen, weil man in dem Betragen der Europäischen Souveraine und Nationen gegeneinander beständig dergleichen antrifft und sich keine sonderliche Streitigkeiten desswegen ereignet haben. Wo aber die Sätze mit Beispielen nothwendig zu belegen waren, hat er diese angedeutet. Endlich will er mit Niemandem darüber streiten: „Ob manche Materien oder Sätze in ein eigentliches Völkerrecht gehören oder nicht, denn er habe die Entia und Wissenschaften nicht ohne Noth vermehren, sondern hier beysammen fürtragen wollen: Wie die Europäischen Souveraine und Nationen in allen zwischen ihnen fürkommenden Fällen sich gegeneinander aufzuführen pflegen". Andererseits bestreitet Moser die Existenz des natürlichen Völkerrechts keineswegs, sondern tadelt nur dessen eigenbeliebige Gestaltung und missbräuchliche Verwendung[72]), und räumt ein, dass sowol Theoretiker als Praktiker dasselbe auf solche Sätze begründet hätten, durch deren Befolgung „Ruhe, Sicherheit, Zufriedenheit und übrige Glückseligkeit des menschlichen Geschlechts" befördert werde. Auch erklärt er ausdrücklich: dass das von ihm darzustellende Europäische Völkerrecht gebaut sei auf dem allgemeinen (natürlichen) Völkerrecht, den Verträgen und dem Herkommen[73]). Indess

---

71) Moser, Grunds. d. V. i. Fr. P. 4 u. 6.
72) Moser, Grundl. d. j. E. V. § 3—10.
73) Moser a. a. O. § 20. Dagegen nennt er früher in seinen „Grundsätzen des Völkerr. in Friedensz. (Vorbereitg. § 48)" als Quellen nur die Verträge und das Herkommen.

begründet er sein Völkerrecht „lediglich und ganz allein auf das, was wirklich geschehen ist und zu geschehen pflegt, es mag nun nach göttlichen, geschriebenen und natürlichen, auch menschlichen Rechten recht oder unrecht sein, denn er gebe in dieser ganzen Sache nicht sowohl einen Rechtslehrer ab, als vielmehr einen Beschreiber dessen, wie die Europäischen Souveraine und Nationen miteinander umgehen und eben desswegen, weil es unter ihnen so hergebracht ist, es für Recht halten und angeben" [74]).

Ist es nun daher wol unbestreitbar, dass Moser rein positives Völkerrecht und zwar das einer bestimmten, seiner, Zeit, also ein Völkerrecht der Gegenwart, hat darstellen wollen, so ist nicht minder gewiss, dass er auch andere, nicht völkerrechtliche Sätze den völkerrechtlichen zu Grunde hat legen wollen und gelegt hat. Dass aber dabei die Anordnung ihm unwichtig schien, ergiebt sowol sein eigner Ausspruch: „Taugen nur die Sachen, so mögen endlich die *Leges Methodi* dabey behörig beobachtet seyn oder nicht" [75]), als die ganze Aneinanderreihung der Gegenstände, womit er etwas Anderes, als sie beisammen vorzutragen, nicht hat erreichen wollen und können. Sein ganzes Streben ist darauf gerichtet, dem Völkerrecht einen rein positiven, wie er sich ausdrückt: „auf wirklichen Handlungen" begründeten Stoff zu erbringen. Eine blosse Ansicht seiner Anordnung bestätigt Das vollkommen. Es ist bei ihm nur eine Abtheilung, die in Friedens- und Kriegsrecht, vorhanden. Wenn wir indess diese mangelnde Ordnung gerecht

---

74) Moser, Grundsätze d. Völkerr. in Friedensz., Vorr. P. 3.
75) Moser a. a. O. Vorrede P. 6.

beurtheilen wollen, so kann dabei nicht ausser Acht gelassen werden, dass beide Werke, sowol „die Grundsätze" als „die Grundlehren", lediglich zum Gebrauch der genannten Academien geschrieben wurden, und er selbst in denselben nicht sowol als Rechtslehrer, als vielmehr als Beschreiber sich erweisen wollte, und endlich, dass Moser selbst darauf hinweist, dass die erstere Arbeit, deren Auszug doch nur die letztere ist, nur entstanden sei, um den Academisten einige Sätze zu geben, „also keine für das Publicum, noch für Staatsleute, sondern für Anfänger der Wissenschaft und dass sie noch vieler Ausbesserung bedürfe" [76]). Berücksichtigt man seine grossen Verdienste um das positive Völkerrecht, so wird man billig übersehen können, dass er in systematischer Beziehung keine Leistungen aufzuweisen hat. Es ist nicht Jedermanns Sache, zu sammeln und eben so wenig Jedermanns Sache, das Gesammelte zu ordnen. Beides findet sich selten vereinigt, und wenn Einer nach einer Beziehung Vorzügliches leistete, so möge man sich daran genügen lassen. Das Ordnen hat der Sammler jedenfalls, indem er das Hingehörige zusammenbrachte, sehr erleichtert, und so wird die Völkerrechtswissenschaft Moser immer zu Dank verpflichtet bleiben. Auch war es gewiss damals mehr an der Zeit, zu sammeln als zu ordnen. Denn jene Arbeit war damals kaum begonnen und sie musste der anderen vorhergehen.

Es folgen nun auf Moser einige Behandlungen des Völkerrechts, welche entweder das eigenthümliche Wesen desselben verkennen, indem sie es, wie Bielefeld, mit der

---

[76]) Moser a. a. O. Vorrede.

Politik vermengen, oder auf die naturrechtliche Darstellung
wieder zurückgehen, wie Schrodt, oder welche unvollendet
geblieben sind, wie bei Achenwall, oder solche, welche Völkerrecht und Staatsrecht verbunden behandeln, wie Neyron.

v. Bielefeld's völkerrechtliche Leistungen in seinen
institutions politiques (Haag, 1760) mögen nur als Beweis
einer vollständigen Vermischung des Völkerrechts und der
äussern Politik hingestellt werden. Er behandelt im zweiten Bande mehr eine äussere Politik als ein Völkerrecht.
Das Meiste bezieht sich auf die Organe und das Verfahren
derselben. Denn das zweite Capitel handelt vom Conseil
und den Ministern, das dritte von dem Ministerium des
Auswärtigen, das neunte von den Gesandten, das eilfte
vom Gefolge derselben. Dagegen behandelt Cap. I das politische Benehmen der Souveraine und Cap. XII das der Gesandten, Cap. VIII die Verhandlungen überhaupt und Cap. X
die Instructionen, Beglaubigungsschreiben und andere zur
Unterhandlung nöthige Schriftstücke. Von politischen Grundlagen treffen wir Cap. IV auf die Macht und das System
der Staaten. Cap. XIV werden sogar die *calculs politiques*
abgehandelt. Völkerrechtlich sind, wenigstens dem Gegenstände nach, Cap. V: Gegenseitige Verpflichtungen der Souveraine, Cap. VI: Bündnisse und Verträge, Cap. VII: Vom
Kriege und Frieden.

Was nun der Verfasser treffend (T. I, § 3) von den
früheren Bearbeitungen der Politik sagt: „*Il n'y a pas de
Science dont on n'ait trouvé quelques Principes épars dans
des Livres avant qu'elle ait été réduite en Science*", gilt
auch wol in Bezug auf seine stückweise, bald politische,
bald rechtliche Behandlung völkerrechtlicher Gegenstände.

Dass eine irgendwie geordnete Behandlung des Völkerrechts nicht vorliegt, nicht einmal eine begründete Reihenfolge, geht theilweise daraus hervor, dass man nur durch die oben geschehene Umstellung der Capitel einigermaassen Zusammenhang hineinbringt, theilweise aus der Vermischung von Gegenständen der äusseren Politik und des Völkerrechts. Aber auch die das letztere wesentlich behandelnden Abschnitte sind von dem Gesichtspuncte der Politik ausgegangen und haben erst dann den des Rechts mit berücksichtigt. Dass ferner der Verf. noch den Krieg als Mittelpunct des Völkerrechts anerkennt, ergiebt unter Anderem die Aeusserung: „dass alle Verträge durch Kriege geursacht werden" [77]; und dass materiell wesentlich Politik abgehandelt wird, weist die Behandlung des Krieges nach, wo in Rücksicht auf die rechtlichen Veranlassungsgründe auf Grotius, Pufendorf und Montesquieu verwiesen und sofort zur Untersuchung der Zweckmässigkeit übergegangen wird [78].

Nur der Vollständigkeit halber ist Schrodt's *Systema iuris gentium* (1768 u. 1780) nicht zu übergehen. Nach Voraussendung von *Prolegomena: De iure gentium in genere* werden drei *Partes* unterschieden. *Pars I* behandelt das *ius gentium in genere*, *Pars II* das *ius gentium hypotheticum seu acquisitum*, *Pars III, sect. I* das *ius belli gentium* und *sect. II* das *ius pacis gentium eiusque consectaria*. Innerhalb des ersten Theils erfolgt dann die naturrechtliche übliche Unterscheidung der absoluten Rechte und Pflichten der Völker gegen sich und andere, bei welchen

---

[77] Blelefeld, *Instit. polit.* II, S. 123.
[78] Blelefeld a. a. O. S. 124 f.

letzteren vollkommene und unvollkommene unterschieden werden. Im zweiten Theil werden zunächst das Eigenthum, die ursprüngliche Erwerbung, die Rechte und Wirkungen des Eigenthums erörtert und sodann die *pactiones, foedera* und *pacta accessoria* oder der auf beide bezügliche *modus firmandi.* Die erste Sect. des dritten Theiles behandelt das Kriegsrecht und zwar das Recht und die Ursachen desselben, das Recht des Friedens gegen den Feind, das Recht des Sieges und *Postliminium,* die kriegerischen *Pacta,* die neutralen und Hülfsvölker. Die zweite Sect. endlich ist gewidmet dem Frieden und den Sponsionen, der Amnestie, der Mediation und Garantie des Friedens und dem Gesandtenrecht. Wesentlich Neues ist in dieser Anordnung nicht zu finden. Der Stoff ist im Einzelnen übersichtlich, im Ganzen wie bei Wolff geordnet, der Inhalt ist naturrechtlich.

Von Gottfr. Achenwall's *iuris gentium Europaearum practici primae lineae* (1775) ist nur nach seinem Tode ein Fragment herausgegeben worden. Dieses behandelt nur einen Theil des Friedensrechts in folgenden Titeln:

Tit. I. Observantia gentium circa conservationem et libertatem reipublicae.
Tit. II. Observantia gentium circa dignitatem reipublicae.
Tit. III. Observantia gentium circa territorium reipublicae.
Tit. IV. Observantia gentium circa maria.

Diesen Titeln gehen *Prolegomena* vorher und eine Sect. I: *ius gentium practicum generatim,* während die genannten Titel die Sect. II unter der Ueberschrift *Ius Pacis* bilden. Praktisches, also positives Völkerrecht, wollte der Verf. darstellen, aber freilich nur solches, welches auf *consuetudines communes plurimis Gentibus receptae* (§ 10)

ruht. Auch er theilt die Ansicht J. J. Moser's, dass dasselbe von dem Westphäl. Frieden datire. Im Gegensatz zu
Moser räumt er indess der Philosophie einen Einfluss auf
das Völkerrecht ein: *ad meliorem communium consuetu-
dinum intelligentiam, confirmationem atque illustrationem*
(§ 24). Die Eintheilung in Friedens- und Kriegsrecht scheint
Achenwall wol begründet: *„sollicite distinguendus est
status gentium, quo bello concertant, ab illo, quo degunt
bello inter ipsas non existente. Longe alia est officio-
rum, iurium, obligationum consuetudinariarum ratio, quae
in statu pacis, quam quae in statu belli obtinent. Tempore belli plures consuetudines, quae pacis tempore ob-
servantur, cessant, quibusdam tamen perdurantibus: et
inversa vice dantur consuetudines aliae, quibus non nisi
exorto bello est locus"*.

Zu bedauern ist, dass von Achenwall's Völkerrecht
nur ein Bruchstück veröffentlicht worden ist. Bei seiner
sonstigen bewährten schriftstellerischen Tüchtigkeit wäre von
ihm wol auch auf diesem Gebiete Tüchtiges zu erwarten
gewesen. Dieses Bruchstück kann aber zur Beurtheilung
der Anordnung des erwarteten Ganzen, da auch in diesem
dieselbe nicht besprochen ist, nicht dienen. Wol aber geht
aus dem Gegebenen hervor, dass Achenwall das Verhältniss der Philosophie zum positiven Völkerrecht schon damals
richtig auffasste, wogegen er in Bezug auf die Haupteintheilung des Völkerrechts der überkommenen in *ius pacis
ac belli* treu blieb, diese freilich in oben angegebener Weise
motivirend. Der von ihm berührte Gegensatz der Gebräuche
in Friedens- und Kriegszeiten rechtfertigt indess noch nicht
die Abtheilung des Ganzen im Friedens- und Kriegsrecht,

denn auch das Gesandtenrecht, wenn gleich auf ganz anderen *consuetudines* als denen des Krieges ruhend, bildet dennnoch, weil es, wie das Kriegsrecht, formelles Recht ist, mit diesem ein Ganzes: den Völkerprocess.

Was Maillardière *(précis du droit des gens, de la guerre, de la paix et des ambassades*, Paris 1775*)* für die Systematik des Völkerrechts geleistet hat, ist lediglich aus dem Urtheil J. J. Moser's [79]) zu entnehmen, wonach das Buch theoretisch und praktisch, aber sehr kurz sei und die wenigsten zu dem Umfange des Völkerrechts gehörigen Materien enthalte.

Dass in Mably's *droit public de l'Europe* (1776) nichts Völkerrechtliches zu finden sei, ist schon aus der Vorrede zu ersehen, in welcher unter Anderem die Absicht sich kund giebt: die Politik Europa's vom Wesphälischen Frieden an darzustellen. Auch behandelt er in der That im ersten Bande nur historisch wichtige Friedensschlüsse und im zweiten und dritten Bande, ausser solchen, noch andere Verträge. Die Beurtheilung v. Kaltenborn's (Krit. d. Völkerr. S. 96): „Das Ganze ist mehr eine schätzbare Sammlung der wichtigsten staatsrechtlichen und völkerrechtlichen Beispiele, Urkunden als eine systematische Bearbeitung des Völkerrechts", ist wol durch den Ausspruch zu ersetzen: „dass das Ganze nur eine Sammlung solcher Urkunden ist" [80]).

---

79) J. J. Moser's „erste Grundlehren des Völker-Rechts in Fridens- und Kriegszeiten" S. 6 ff. Mehr ist weder bei Ompteda (I, S. 350), noch bei Miruss, „Europ. Gesandtschaftsr." I, § 54, noch bei v. Kaltenborn, „Krit. d. Völkerr." S. 89, zu finden.

80) Indess hat v. Kaltenborn eine andere Auflage, die von 1747, welche vielleicht auch anderen Inhaltes ist, benutzt.

Jos. Neyron handelt unter dem „Völkerrecht" *(droit des gens Européen conventionel et coutumier, ou bien précis historique politique et iuridique des droits et obligations que les Etats de l'Europe se sont acquis et imposés par des conventions et des usages reçus que l'intérêt commun a rendu nécessaires,* 1783*)* rein staatsrechtliche Materien ab, wie z. B. das ganze dritte Capitel: „*Des principaux Etats de l'Europe*" solchen Inhalts ist. In demselben wird nicht nur zunächst über den verschiedenen Rang der Staaten, sondern auch hauptsächlich über die Verfassungsformen gehandelt. Vom Kriegsrechte ist in dem freilich unvollendet gebliebenen Werke gar nicht die Rede. Eine blosse Vergleichung der Ueberschriften der Capitel ergiebt eine ganz willkürliche Anordnung.

Auch in Günther's Europäischem Völkerrecht in Friedenszeiten [81]), einem namentlich an Details, Literaturnachweisen und historischen Beispielen so reichhaltigen Werke, vermissen wir jegliche systematische Anordnung. Denn welche Systematik findet sich wol ausgedrückt in seinen vier Büchern?:

Erstes Buch. Bestimmung eines freien (souverainen) Volks, der souverainen Staaten in Europa und ihrer allgemeinen Verhältnisse gegen einander.

Zweites Buch. Von dem Eigenthum der Nazionen, ihrem Gebiete und dessen Erwerbe überhaupt, besonders von dem Territorium der Völker in Europa.

Drittes Buch. Von den Landesbewohnern und deren verschiedenen Bestimmungen und Verhältnissen nach den Grundsätzen des Völkerrechts.

---

81) 2 Bände. Altenburg 1787—92.

Viertes Buch. Von der Landesregierung und den verschiedenen Bestimmungen der Oberherrschaft in einem Staate im Verhältniss gegen andere Nazionen.

Es wäre vergebliche Mühe, in diese beliebig gewählte Ordnung einen systematischen Fortgang hineininterpretiren zu wollen und nur die sonstige Wichtigkeit dieses völkerrechtlichen Schriftstellers nöthigte uns, ihn nicht zu übergehen. Der Gerechtigkeit scheint es aber gemäss anzuführen, dass Günther mit diesem Werke weiter nichts beabsichtigte, als ein Völkerrecht in Friedenszeiten und zwar zunächst (Thl I) nur die Darstellung der allgemeinen Verhältnisse der Völker gegeneinander und der dahin gehörigen Grundsätze und sodann (Thl II) die der einzelnen Gegenstände des Völkerrechts in Friedenszeiten. Von der Aufnahme dieser beiden ersten Theile sollte eine ähnliche Bearbeitung des Völkerrechts in Kriegszeiten, des Gesandtschaftsrechts, der Materie von den Verträgen des Völkerrechts-Ceremoniels, der Völkerrechtspraxis und was dahin gehört, abhängig gemacht werden [82]). Demnach liegt ein ausgeführtes, vollständiges Werk über das Völkerrecht nicht vor, statt dessen aber das Bekenntniss, dass das Gegebene nichts Vollständiges sei, wodurch nur die Prüfung der höchstens über einige Theile des Völkerrechts sich erstreckenden Systematik, da ja auch das Friedensrecht eines wichtigen Bestandtheiles, „des Vertragsrechtes", entbehrt, uns möglich gewesen wäre [83]).

Während Günther sein Völkerrecht nur „mit Anwen-

---

82) Vergl. Günther's Vorrede.
83) Günther a. a. O.

dung auf die deutschen Reichsstände" schrieb, trat Roemer mit einem „Völkerrecht der Deutschen" (1789) hervor. Ueber die Begriffswidrigkeit eines Völkerrechts eines
einzelnen Volkes habe ich mich bei anderer Gelegenheit [84]) ausgelassen und nehme daher nur auf die Systematik Rücksicht. Der Grundgedanke des Buchs, „ein Völkerrecht der Deutschen" zu schreiben, prägt sich auch in
der Anordnung des Stoffes aus. Der erste Abschnitt handelt zwar von dem Völkerrecht überhaupt, aber auch „insbesondere von dem positiven Völkerrechte des teutschen
Reichs". § 5 wird daselbst die nicht zu bezweifelde Thatsache hervorgehoben: „Teutsches Völkerrecht und teutsches
Staatsrecht hat man nur immer mit einander vermischt; so
nachtheilig dieses für beide Wissenschaften ist. Sie sind
aber nicht nur in Absicht ihres Objekts, sondern auch selbst
in Absicht des Subjekts himmelweit von einander unterschieden. Jenes nimmt blos auf die rechtlichen Verhältnisse des
teutschen Reichs gegen auswärtige Staaten und Völker Rücksicht; in dem letztern aber lernen wir die Rechte und
Verbindlichkeiten der unmittelbaren Glieder dieses Reichs
unter sich selbst kennen. Dort untersuchen wir die Gerechtigkeit und Ungerechtigkeit der Völkerhandlungen; hier prüfen wir die rechtlichen Grundsätze bey den öffentlichen
Handlungen des Kaisers und der Reichsstände in Bezug
auf die innere Reichsverfassung". Es ist gewiss sehr er-
freulich, schon am Ende des vorigen Jahrhunderts eine
solche Unterscheidung des Staats- und Völkerrechts zu finden.

_____

84) Vergl. meine Schrift: „de natura principiorum iuris inter gentes positivi" S. 63.

Nicht minder erfreut die in dem folgenden Ausspruch kund gegebene Unterscheidung von Völkerrecht und Politik: „Uebrigens gehört in das teutsche Völkerrecht nicht mehr und nicht weniger, als wechselseitige vollkommene Rechte und Verbindlichkeiten der teutschen Nation gegen alle anderen Völker. Alle unvollkommenen Rechte und Pflichten sind entweder Gegenstände der Moral oder der Politik".

Der zweite Abschnitt des Roemer'schen Werkes ist gewidmet den „Quellen des positiven teutschen Völkerrechts", der dritte den „Hülfsmitteln und insbesondere der Literatur des teutschen Völkerrechts". Sodann beginnt erst der Haupttheil des Werkes, „das Völkerrecht der Teutschen", welches folgende Abtheilungen zählt:

Erste Abtheilung. Von den Völkerverhältnissen des teutschen Reichs und seiner unmittelbaren Glieder gegen auswärtige Staaten, und unter sich selbst, in Absicht auf die Souverainetät.

Zweite Abtheilung. Von den verschiedenen Verbindungen des teutschen Reichs mit auswärtigen Staaten und unter sich selbst.

Dritte Abtheilung. Von dem Range des teutschen Reichs, des Kaisers, des römischen Königs und der teutschen Landesherren.

Vierte Abtheilung. Von den Titeln, welche dem Kaiser, dem römischen König und den teutschen Landesherren nach dem Völkerrecht zukommen.

Fünfte Abtheilung. Von dem Recht der Völkerverträge im teutschen Reiche.

Sechste Abtheilung. Von dem besondern teutschen Gesandtschaftsrechte.

Siebente Abtheilung. Von dem Rechte des Krieges nach dem Völkerrecht der Teutschen.

Achte Abtheilung. Von den Rechten und Verbindlichkeiten des teutschen Reichs und seiner unmittelbaren Glieder bey

Ausübung der innerhalb des Staats wirkenden Majestäts-
und Landeshoheitsrechte.

Neunte Abtheilung. Von den im teutschen Völkerrecht vorkommenden Völkerdienstbarkeiten.

Zehnte Abtheilung. Von den Grenzen des teutschen Reichs und
der teutschen Reichslande.

Eilfte Abtheilung. Von den Ansprüchen des teutschen Reichs für
auswärtige Lande.

Dass die vorstehenden Gegenstände der völkerrechtlichen
Stellung des deutschen Reichs entnommen sind, ist wol kaum
zu bezweifeln, aber die systematische Anordnung fehlt. Zunächst hätte der Inhalt der zweiten Abtheilung mit dem der
ersten verbunden werden können, denn auswärtige Verhältnisse und Verbindungen sind doch wol synonym, und ebenso
die dritte und vierte Abtheilung, wenn überhaupt die daselbst behandelte Lehre vom Range und den Titeln zu einem
s. g. deutschen Völkerrecht und nicht vielmehr zur äusseren
Staatspraxis gehört. Ueberhaupt ist es ein bis in die heutige
Zeit hinein fortgesetzter Fehler, diese und andere, auf rein
persönliche, nicht völkerrechtliche Verhältnisse der Monarchen
sich beziehenden Fragen im Völkerrecht zu behandeln. Noch
weniger gehört aber die achte Abtheilung, wenigstens der
Ueberschrift nach, in ein Völkerrecht, obgleich der Inhalt
die in dieses gehörenden Rücksichtsnahmen richtig behandelt.
Jedenfalls muss man, trotz des eben Bemerkten, eingestehen,
dass Roemer mehr als einer seiner Vorgänger Staats- und
Völkerrecht zu scheiden gewusst hat, welche Nothwendigkeit
der Unterscheidung er fast bei jeder seiner Hauptlehren
aussprach.

Eine ganz eigenthümliche Auffassung hat dagegen
Roemer vom Gesandtschaftsrecht. Einmal nemlich ordnet er

dasselbe unter das Recht, Völkerverträge abzuschliessen und
confundirt so formelles Recht, zu welchem die Gesandten als
Organe gehören, mit dem materiellen Rechte der Völkerverträge, und dann erklärt er es für den wichtigsten und
weitläuftigsten Theil des Völkerrechts (vergl. VI. Abtheil.
§ 1). Dahin konnte er nur durch Ueberschätzung der Stellung der Gesandten, die doch lediglich bevollmächtigte
Organe für den Verkehr der Völker sind, gelangen.

§ 3.

Beurtheilung der ersten Periode der Anordnung des positiv-völkerrechtlichen Stoffes.

Bei der Beurtheilung der Anordnung des völkerrechtlichen Stoffes kommt selbstverständlich Zweierlei in Betracht:
der Stoff selbst und dessen Ordnung. Die Erkenntniss jenes
ist zur Durchführung dieser vorgängig und unerlässlich.
Zur Erlangung dieser Erkenntniss führt die Erforschung des
den Stoff belebenden Grundgedankens, des Princips. Ist
dasselbe ermittelt, dann erfüllt und organisirt es die einzelnen Theile des Ganzen und gestaltet dieses selbst zu
einem harmonisch gegliederten, architektonisch vollendeten
System. Denn das Gesetz der Ordnung ist erst die Frucht
der Erkenntniss des Princips.

Bleibt aber diese Erkenntniss zurück, so ist die Ordnung eine zufällige, rein willkührliche. Die Eigenthümlichkeit der Ordnung ist bedingt durch die Eigenthümlichkeit
des Stoffes. Der vorliegende ist ein rechtlicher. Das
Völkerrecht hat daher auch die Aufgabe: in den äusseren
Beziehungen der Staaten ein rechtliches Princip zur Gel-

tung zu bringen. Zweck und Ziel des Völkerrechts ist die Verwirklichung einer Weltrechtsordnung [85]). Die Eigenthümlichkeit des Völkerrechtsstoffes besteht somit aus zwei wesentlichen Bestandtheilen: „dem Recht" und „der Internationalität" oder „der Völker- oder Weltordnung". In dem von uns hervorgehobenen „internationalen Rechtsprincip" ist Beides ausgedrückt [86]).

Das Recht brachte nicht erst das Völkerrecht zur Geltung, es bestand bereits in der Anwendung auf andere Verhältnisse. Das Civilrecht erfasste die gegenseitigen Beziehungen der einzelnen *cives*, das Staatsrecht ordnete das Wesen des Staates innerhalb dessen Territorium und die Beziehungen des Einzelnen zum Staat. Es konnte aber der Staat auch nach Aussen in Beziehungen treten. Das Gesetz für diese giebt er sich selbst. Sein Wille konnte entweder sein, 1) dieser Beziehungen sich ganz zu enthalten, in der Isolirtheit zu verharren oder 2) mit Berücksichtigung seines eigenen Vortheils oder 3) mit gleichzeitiger Anerkennung und Achtung der Rechte anderer Staaten sein äusseres Verhalten zu regeln. Souverain ist der Staat in allen drei Fällen und zwar nicht blos im Innern, sondern auch nach Aussen. Auch ist die Souverainetät in den beiden ersten Fällen insoweit eine gleiche, als sie sich ganz unbeschränkt durch irgend welche Verpflichtungen weiss. Dagegen hat im dritten Falle der souveraine Staatswille sich selbst gebunden zur Begründung, Aufrechterhaltung und Beobachtung eines Rechts, welches

---

85) Vergl. v. Mohl, Gesch. d. Staatsw. a. a. O. S. 452, und meine Schrift über das Asylrecht (1853) S. 156.

86) Vergl. meine Schrift „*de natura principiorum iuris inter gentes positivi*" S. 8.

nicht nur Forderungen giebt, sondern auch Pflichten auferlegt [87] — des Völkerrechts. Im zweiten Falle berücksichtigt der Staat nur seinen Vortheil und nicht das Recht,
und handelt politisch, aber nicht immer rechtmässig.
Beide Theorien, sowohl die Theorie der Politik als des
Rechts sind in den auswärtigen Beziehungen der Staaten
zur Anwendung gelangt, aber weil sie eben principiell
verschieden sind, indem bei der einen nur das Wohl
des Einzelnen, bei der anderen aber zugleich das Wohl
Aller mitberücksichtigt wird, können sie weder im Leben
gleichzeitig zur Anwendung kommen, noch in der Wissenschaft. Die äussere Politik und das auswärtige Recht
sind daher im Leben und in der Dieses darstellenden
Wissenschaft getrennte Ganze. Auch das Völkerrecht hat daher nur Recht und nicht Politik darzustellen, und Das
entspricht seiner, als ersten hervorgehobenen Eigenthümlichkeit. Der zweiten gemäss ist aber, dass es ein Recht
der Völker oder Staaten, und nicht der einzelnen Staatsbürger oder des einzelnen Staates ist. Daher unterscheidet
es sich wesentlich vom Civil- und Staatsrecht. Denn in
dem Civilrecht ist der einzelne Bürger, sind nicht die Völker
oder die Staaten Subject des Rechts, und in dem Staatsrecht ist es der einzelne Staat oder das einzelne Volk, nicht
aber die Völker oder Staaten. Indess besteht nicht blos
diese Verschiedenheit der Subjecte. Es besteht auch eine
weitere Verschiedenheit der Objecte und Acte. Diese ist
jedoch nicht eine sofort erkennbare, unverkennbar äusser-

---

[87] Vergl. v. Mohl a. a. O. S. 382 und meine Schrift „de natura
princip." S. 39.

liche, sie wird wesentlich bestimmt durch den die Objecte beherrschenden und die Acte emanirenden Willen. Object des völkerrechtlichen Verkehrs kann zunächst staatliches Eigenthum sein, aber dieses hat schon seine innerlich-staatsrechtliche Bestimmung und Stellung, und ist daher an und für sich nicht eigenthümlich völkerrechtlich. Zum Object völkerrechtlicher Verhandlung kann ferner das Privateigenthum des Einzelnen werden, aber dieses hat schon seine privatrechtliche Bestimmung und Stellung. Nur der Wille der Völker oder Staaten kann beide, das Staats- und Privateigenthum, zu Objecten des Völkerrechts erheben, aber darf dabei nur in Gemässheit des Völkerrechts sich äussern. Endlich hat das Völkerrecht wenig eigenthümliche Acte, denn auch die Haupterscheinungsform derselben: die Verträge können an und für sich ebensowol innerhalb des Civilrechts zwischen den einzelnen Angehörigen eines und desselben und mehrerer Staaten, als innerhalb des Staatsrechts von dem Staate mit seinen oder anderen Staatsangehörigen abgeschlossen werden. Aber der Wille ist es, der auch hier den Unterschied charakterisirt, und sich in eigenthümlicher, dem Völkerrecht gemässer Weise ausspricht und bindet.

Die Construction des völkerrechtlichen Rechtsverhältnisses ist daher eine dem Civilrecht verwandte. Wie bei diesem, sind auch bei jenem drei Bestandtheile zu unterscheiden: die Subjecte, Objecte und die beide in Beziehung setzenden Acte. Ohne diese drei Bestandtheile ist daher weder eine einzelne völkerrechtliche Willensäusserung, noch ein durch sie zu begründendes Rechtsverhältniss, noch der Inbegriff dieser und der auf sie

anzuwendenden Bestimmungen — das Völkerrecht denkbar.
Die Erhebung dieser drei Bestandtheile zu drei Haupttheilen
des Völkerrechts erbringt daher die natürlichste Ordnung. Als
eine privatrechtliche Nachbildung kann sie nicht erscheinen,
denn das Privatrecht systematisirt sich in Personen-, Sachen-,
Obligationen- und Erbrecht. Und selbst, falls diese Ordnung
für das Privatrecht einst, unter Emancipation von der mehr
stofflichen als begrifflichen überlieferten römischen Vertheilung, beliebt würde, möchte auch dann noch die Verschiedenheit der Subjecte, der durch die Träger des völkerrechtlichen Willens, und diesen selbst, geänderten Objecte und Acte
vor Confundirung beider Gebiete und der sie beherrschenden
Rechtsordnung bewahren. Die gewählte Ordnung ist lediglich
die sich aus dem völkerrechtlichen Verhältniss von selbst
ergebende. Durch sie wird indess nur ein Haupttheil des
Völkerrechts : das materielle Recht, gegliedert. Für den
anderen Haupttheil : das formelle Recht, tragen wir
kein Bedenken, die Zweitheilung anderen formellen Rechts,
des Civil- und Criminalprocesses, zu recipiren.

Das materielle Recht ist das zu verwirklichende Recht,
das formelle erbringt die Verwirklichung. Diese geht aber
nicht minder naturgemäss durch thätige Personen und ihre,
der Verwirklichung entsprechende, Handlungen vor sich.
Die ersteren erscheinen daher als Organe, Vermittler der
Rechtsvollziehung, während der Inbegriff der dazu erforderlichen Handlungen das Verfahren bildet. In dem Völkerrecht können diese Organe zunächst nur die zu höchster
Macht und Repräsentation des Staates berechtigten Subjecte
sein, und alle sonst noch als Organe in den auswärtigen
Beziehungen der Staaten thätigen Persönlichkeiten handeln

nur im Namen und Auftrag Jener. Die Gesandten für das gütliche und die Kriegsoberbefehlshaber für das gewaltsame Verfahren sind nur die bevollmächtigten Organe, stehen also erst in zweiter Reihe. Das Verfahren wiederum theilt sich principiell in das gütliche und gewaltsame, und nicht nach den blossen Zuständen des Friedens und Krieges, denn Retorsion und Repressalien sind gewaltsame Mittel und werden doch im Frieden vor Ausbruch des Krieges geübt, sollen sogar oft den Eintritt des Krieges verhüten. Erscheint daher der Stoff des Völkerrechts als ein eigenthümlicher, vom Civil- und Staatsrecht einerseits und der Politik andererseits zu scheidender, so ist seine Ordnung auch eine eigenthümliche und nur rein äusserlich mit dem Civilrecht correspondirende. Eben in dieser Aehnlichkeit offenbart sich aber das Völkerrecht als der Rechtsstoff, der er ist, während er andererseits in der Modification dieser Ordnung als der eigenthümlich völkerrechtliche hervortritt. . Bei der zunächst vorzunehmenden obersten oder allgemeinsten Vertheilung des Stoffes kehren die alten bekannten Eintheilungen des materiellen und formellen Rechts, bei der weiter gehenden inneren Eintheilung des ersteren die alten bekannten Bestandtheile des Rechtsverhältnisses, die Subjecte, Objecte und Acte wieder, und bei der inneren Eintheilung des formellen treten uns die Organe und das Verfahren entgegen. Aber das materielle Völkerrecht ist im Ganzen und Grossen mit Rücksicht auf dessen Zweck verschieden, im formellen Völkerrecht oder Völkerprocess gilt es die Verwirklichung dieses Zwecks, und auch diese Aufgabe erbringt wesentliche Unterschiede. Diese Verschiedenheit hat auch Statt bei der inneren Construction beider Hauptgebiete, wie schon dargethan wurde, und ist daher ein Nachtheil für den Stoff aus der nicht gewählten, sondern naturgemässen Ordnung nicht zu befürchten.

Wir haben in Vorstehendem eine, theilweise neue Systematik des Völkerrechts in den Hauptzügen angedeutet, sie wird bei Prüfung der Forschungen weitere Ausführung finden. Das Angedeutete sollte uns nur zur Beurtheilung der Leistung Anderer dienen und zu dieser wenden wir uns jetzt.

Weder die von uns beregte Natur des Stoffes, noch die Anordnung desselben finden wir bei irgend einem Schriftsteller dieser Periode ausreichend beachtet.

Zwar hatte Grotius die richtige Ansicht ausgesprochen: dass das Völkerrecht von dem Civilrecht und der Politik getrennt werden müsse, aber diesem Vorhaben keine Ausführung geliehen. Andererseits hob zuerst Roemer nicht nur gleichfalls den Unterschied zwischen Recht und Politik, sondern auch den zwischen Völker- und Staatsrecht hervor, „welche sowol in Absicht ihres Objects als Subjects himmelweit unterschieden seien" und behauptet denselben fast immer fort und überall bei jeder Lehre, aber die demgemäss zu erwartende Unterscheidung fehlt. Den Unterschied zwischen materiellem und formellem Recht sprach zwar Wolff nicht ausdrücklich aus, aber seine Eintheilung gab das Bewusstsein desselben kund. Die anpassende innere Anordnung der beiden Hauptrechtstheile finden wir aber bei keinem der Schriftsteller dieser Periode vollzogen. Nur Roemer hatte in Bezug auf das materielle Völkerrecht eine dunkle Ahnung von Subjecten und Objecten im Völkerrecht, aber berührte sie nur vorübergehend, ohne eine Anwendung davon zu machen. Dass die innere Ordnung des formellen Rechts auch die Hineinziehung der Gesandten fordere, davon hatte Wolff, welcher sie dem übrigen Processualistischen anfügte, wol eine Ahnung, aber von der richtigen Stellung derselben, da er sie an das Ende des Processualistischen versetzt, kaum einen Begriff. Ebenso fehlt fast überall eine richtige Würdigung der Bedeutung der Gesandten, die fast immer als hervorragende Erscheinung im Völkerrecht behandelt sind und dennoch in der Reihe der Organe nur die zweite Stelle einnehmen. Namentlich überschätzt Roemer die Wichtigkeit der Gesandten.

Wurde demnach erweislich die natürliche und eigenthümliche Sonderung und Anordnung des völkerrechtlichen Stoffes bei keinem Schriftsteller des betrachteten Zeitraums vollzogen und hatten nur einige, wie Grotius, Wolff und Roemer, ein jeder nur in Bezug auf einige Rücksichten richtige Vorstellungen, ohne selbst diese durchgehend zu verwirklichen, so kann zwar dieses Stadium der ersten Vorbereitung zur Anbahnung einer Systematik, mit Rücksicht darauf, dass es die ersten Versuche völkerrechtlicher Bearbeitung begreift, nicht gar zu streng verurtheilt werden, ist aber jedenfalls als das der willkührlichen Anordnung zu bezeichnen gewesen.

Erkannten die Autoren dieser Periode nicht die eigenthümliche Natur des völkerrechtlichen Stoffes, so konnte sich ihnen auch die aus derselben hervorgehende Ordnung nicht ergeben. Aber in ersterer Beziehung mangelte ihnen selbst anfänglich die allgemeinste richtige Auffassung des positiven Stoffes. Erst Moser sollte die reine Positivität desselben zur Geltung bringen, Günther sie in vollendeterer

Weise darstellen und Achenwall blieb es vorbehalten, das
richtige Verhältniss der Philosophie zum positiven Stoff zu
begreifen. Diese Anfänge verdankt also die Wissenschaft
schon der ersten Periode. Bis zum Auftreten dieser Männer
aber war das dargestellte s. g. positive Völkerrecht mehr
ein Wünschen und Hoffen als das Abbild der Wirklichkeit,
mehr ein Belegen abstracter Sätze durch geschichtliche Facta
als ein Entwickeln jener aus diesen. Statt der völkerrechtlich eigenthümlichen Ordnung des Stoffes, beruhend auf der
Erkenntniss principiellen Wesens, bildeten die einen, wie
Zouchy, Wolff und Griebner entweder die privatrechtliche Systematik nach, entlehnend, wo sie nicht zu schaffen
vermochten, oder schlossen die anderen sich an die rein
äusseren, unverkennbar sichtbaren Zustände des Friedens
und Krieges an, wie Zouchy, Moser, Achenwall und
Günther.

Die Leistungen der übrigen, hier nicht genannten, Autoren dieses Zeitraums sind an ihrem Orte ausreichend gewürdigt worden und haben sich dort als solche ergeben,
welche für die Systematik des Völkerrechts weder in Hinsicht auf die Natur, noch auf die Ordnung des Stoffes von
Bedeutung werden konnten, wesshalb sie auch bei der vorstehenden allgemeinen Charakteristik zu übergehen waren.

Drittes Capitel.

Der Uebergang von der willkührlichen zur bewussten Anordnung des positiv-völkerrechtlichen Stoffes.

Von G. F. v. Martens bis auf die neueste Zeit.

§ 4.

Der erste Versuch zur Durchführung einer dem Völkerrecht eigenthümlichen Anordnung.

G. F. v. Martens.

Georg Friedrich v. Martens ist der erste völkerrechtliche Schriftsteller, welcher der Nothwendigkeit einer Systematik sich nicht blos bewusst wird, denn ausgesprochen wurde das Bedürfniss eines *ordo certus* schon von Hugo Grotius, sondern auch dieselbe durchzuführen versucht. Er bezeichnet als die natürlichste Ordnung, „dass zuvörderst das Subject der Wissenschaft erörtert und untersucht werde, wiefern Europa als ein Ganzes betrachtet werden könne, und wie die Staaten dieses Welttheils in Ansehung ihrer politischen Wichtigkeit, in Ansehung ihrer Regierungsform, ihrer Religion verschieden sind, dann zu dem Object oder den Verbindlichkeiten übergegangen und erklärt werde, wie

1) diese Rechte entstehen durch Occupation, durch Verträge, durch Herkommen und Analogie und ob durch Verjährung?

2) worin diese Rechte bestehen, und

3) wie sie verloren gehen;

„dass in Ansehung des zweyten Hauptpuncts der Angelegenheiten der Völker, sowol die inneren als auswärtigen, und die Privatangelegenheiten der Regenten und ihrer Familie, von der Art unterschieden werden, wie freye Völker ihre Rechte geltend machen, bald auf gütlichen Wegen schriftlicher oder gesandschaftlicher Verhandlungen, bald durch thätliche Mittel durch Retorsion, Repressalien und Krieg, da denn in Ansehung des letzteren Puncts die Rechte der hauptkriegführenden Mächte, ihrer Alliirten und der neutralen Völker zu unterscheiden sind, bis der Krieg selbst durch Schliessung des Friedens beendigt wird" [88]).

v. Martens systematisirt demnach sein Werk in folgender Weise:

Erstes Buch. Von den Europäischen Staaten überhaupt.

Zweites Buch. Arten der Erwerbung positiver Rechte unter den Völker.

Drittes Buch. Rechte und Verbindlichkeiten der Völker unter einander in Rücksicht auf die innere Staatsverfassung des Landes.

Viertes Buch. Rechte und Verbindlichkeiten der Völker in Rücksicht auf ihre auswärtige Angelegenheiten.

Fünftes Buch. Persönliche und Familienrechte der Souveraine.

Sechstes Buch. Von der Art wie die Angelegenheiten der Völker schriftlich verhandelt werden.

Siebentes Buch. Gesandtschaftsrecht.

Achtes Buch. Vertheidigung und Verfolgung der Rechte der Völker durch thätliche Mittel.

Neuntes Buch. Untergang erworbener Rechte der Völker gegen einander.

---

88) G. F. v. Martens, Einleitung in das Europ. Völkerrecht (1796), Vorrede.

Es gelingt zwar, in diese Anordnung eine Systematik hineinzuinterpretiren, indess muss zu dem Zweck die Reihenfolge des Dargestellten, so wie theilweise die Bezeichnung desselben verändert und Getrenntes verbunden werden.

Es hätte zunächst der gesammte völkerrechtliche Stoff in zwei Hauptabschnitte: materielles (I., II., III., IV., V. u. IX. Buch) und formelles Völkerrecht (VI., VII. u. VIII. Buch) vertheilt werden müssen. Ferner wären innerhalb des materiellen Völkerrechts zu unterscheiden gewesen: die Subjecte (I. u. V. Buch), die Objecte (II. u. IX. Buch) und die Acte (III. u. IV. Buch). Innerhalb des formellen Völkerrechts hätten die Organe (VII. Buch) dem Verfahren (VI. u. VIII. Buch) vorangehen müssen.

Martens war sich zunächst unklar über den Unterschied des materiellen und formellen Völkerrecht, indem er weder diese beiden Hauptabtheilungen hervorhob, noch die Gegenstände desselben durchweg zusammenfügte, wie namentlich das am unrechten Ort befindliche neunte Buch uns erweist. Dass er aber denselben jedenfalls erwogen, weist nicht blos der in der Vorrede dargelegte Uebergang von den friedlichen zu gewaltsamen Wegen der Geltendmachung der Rechte der Völker, wo nicht blos die verschiedenen Arten des Verfahrens, sondern auch die Organe desselben, die Gesandten, zusammengebracht sind, nach, sondern auch, dass er, bis auf die eben gerügte unrichtige Stellung, in ununterbrochener Reihenfolge das materielle und hierauf das formelle Völkerrecht behandelte. Er emancipirte sich hierdurch von der überkommenen, blos auf den Unterschied zweier äusserer Zustände: des Friedens und Krieges, begründeten Eintheilung. Verfehlt ist aber die innere Eintheilung der beiden Hauptabschnitte. Denn innerhalb des materiellen Völkerrechts sind zunächst die Subjecte nicht vollständig, blos die Staaten, namhaft gemacht und die Rechte derselben, anstatt mit ihnen verbunden, erst am Schlusse des ganzen materiellen Völkerrechts behandelt. Von den Objecten des Völkerrechts hatte er aber eine ganz unjuristische Vorstellung, indem er als solche die Rechte und Verbindlichkeiten, nicht aber den Gegenstand derselben bezeichnet, und von der Erkenntniss, dass die Subjecte zu den Objecten in Beziehung zu setzen seien durch Acte und Ereignisse, sind, — wol auch mit veranlasst durch die ganze schiefe Ansicht von den Objecten, — keine Anzeichen vorhanden.

v. Kaltenborn giebt nun zwar vor, seine Systematik an die Martens'sche angeknüpft zu haben, aber indem er dessen fehlerhafte Auffassung der Objecte rügt und den Mangel der die Beziehung vermittelnden Acte hervorhebt und ersetzt, hat er, unseres Erachtens, nach Verbesserung des zu Verbessernden, wesentlich selbst und zwar zuerst eine richtigere Systematik geliefert, welcher wir aber, wie wir später ausführen werden, insofern nicht beipflichten können, als in ihr dem Unterschiede des materiellen und formellen Völkerrechts nicht durchweg Rechnung getragen worden ist.

Was nun aber das der Martens'schen Systematik sonst durch v. Kaltenborn gezollte Lob betrifft, so stimmen wir demselben darin bei, dass v. Martens die fremdartigen Kategorien, besonders civilrechtliche, wie naturrechtliche, vermieden hat. Hierin erblicken wir schon ein hinreichendes, wenn auch zunächst nur negatives, in Vermeidung von

Fehlern bestehendes Verdienst, Dagegen können wir die an
die Stelle getretene positive, neue Systematik, mit Rücksicht
auf die Unvollständigkeit in den Subjecten, die falsche Auffassung der Objecte und den Mangel des fehlenden Binde-
gliedes für Beide, nur unvollkommenes Bruchstück nennen.
Als erster Versuch verdient aber die Systematisirung Martens'
jedenfalls schon Anerkennung und mildere Beurtheilung.

Wäre jedoch v. Martens' Systematik wirklich so klar
und übersichtlich gewesen, wie v. Kaltenborn meint [89]),
so hätte es wol nur im Falle der Nichtkenntniss dieses
Systems den späteren Autoren nicht verargt werden können,
dass sie derselben sich nicht anschlossen, sondern selbst
in die durch v. Martens vermiedenen Fehler auf's Neue
verfielen [90]).

§ 5.

Die Betheiligung der Philosophie an der Anordnung des Völker-rechts nach Wolff bis auf die heutige Zeit.

Nettelbladt, Achenwall, Puetter, Meier, Höpfner, Hufeland,
Schmalz, Kant, J. G. Fichte, Hegel, Gros, Pölitz, Zachariä,
Bitzer, Kahle, Herbart, Ahrens, Warnkönig, J. H. Fichte,
Audisio.

Wenn die nach v. Martens beginnenden Darstellungen
des positiven Völkerrechts mehr oder weniger unter dem
Einfluss der Philosophie abgefasst wurden, so scheint es am
Orte zu sein, in Kurzem zu skizziren, in wie weit nach

---

89) v. Kaltenborn a. a. O. S. 289 ff.

90) v. Martens erfreut sich auch im Auslande grosser Anerkennung.
Vergl. z. B. Oke Manning, „*Comment. on the law of nations*" (1839)
S. 39 ff.

Wolff bis auf den heutigen Tag die Philosophie auf die
Anordnung des positiv-völkerrechtlichen Stoffes von Einfluss
ward. Auch hierbei werden wir uns wesentlich an die Anordnung halten und Anderes nur insoweit beifügen, als es
zur Erklärung dieser dienen kann. Von einer Berücksichtigung der ganzen einschlägigen Literatur haben wir Umgang nehmen müssen und verweisen desshalb auf eine später
von uns herauszugebende Abhandlung, in welcher wir den
Einfluss der Philosophie auf das Völkerrecht ausschliesslich
zu behandeln gedenken.

Wenn auch die Benennung naturrechtlicher Werke,
„ius naturae et gentium“, allmälig abkam, so fand doch
in den naturrechtlichen Werken das Völkerrecht fast immer
seine Stelle und zwar öfter als früher, wo dieser Titel
fälschlich zur steten Annahme auch völkerrechtlichen Inhalts
verleitete (vergl. S. 28). Als dagegen das Naturrecht immer mehr der „Rechtsphilosophie“ weichen musste, findet
in den Werken dieser schon öfter eine Nichtberücksichtigung,
oder wenigstens sehr oberflächliche Berücksichtigung des
Völkerrechts statt. Wogegen auch in einem Werke neuerer
Zeit, welches, wol aus Pietät, den alten Titel *ius naturae
et gentium* wieder aufgenommen hat, das Völkerrecht in
fast beispielloser Kürze abgehandelt ist [91]).

Am häufigsten wird das Naturrecht in dem letzten
Viertel des vorigen Jahrhunderts bearbeitet. Es ist als wollte
es, in Vorahnung der siegreich durchbrechenden historischen

---

[91]) Wir haben hier im Auge die weiter unten zu erwähnenden *Iuris
Naturae et gentium privati et publici fundamenta*, von *Gulielmo Audisio.
Neapoli apud Iosephum Dura 1853.* (Wir geben den Verlagsort und Ver-
leger hier absichtlich an, da dieses Buch wenig bekannt zu sein scheint.)

Richtung, gegen den Andrang der Positivität sich sicher stellen und eine feste Schutzmauer, durch seinen immer geschlosseneren Inhalt, zur Selbstvertheidigung aufführen.

Dan. Nettelbladt *(Systema elementare universae iuris prudentiae naturalis,* Hal. 1748*)*⁹²) handelt in der „*Iuris Gentium Prudentia*" (Pars I) zunächst von den Völkern überhaupt, auf die Definition folgt die Erörterung der Staatsbürger und Fremden, der Pflichten und Gesetze der Völker. Er giebt somit gewissermaassen einen allgemeinen Theil. Der besondere, den gegenseitigen Pflichten der Völker gewidmete Theil (P. II) unterscheidet absolute und hypothetische. Die absoluten werden bezogen auf die *unio civilis,* auf das *territorium,* auf die *res corporales in mundo obvias,* auf die Rechte der *potestas civilis* und auf die Ehre. Als hypothetische werden abgehandelt die auf *iura in re* und *iura ad rem,* und auf die Gesandten bezüglichen Pflichten der Völker. Wenn diese Anordnung auch Nettelbladt eigenthümlich ist, so ist sie doch keine aus der Eigenthümlichkeit des Völkerrechts hervorgegangene und keine die Materien desselben erschöpfende.

Auch Achenwall und Joh. Steph. Puetter behalten in den von ihnen gemeinschaftlich herausgegebenen *elementa iuris naturae* (1750) die Eintheilungen in absolutes und hypothetisches Völkerrecht bei. Auf das *ius gentium universale in genere* folgt das *absolutum,* sodann das *hypotheticum* und diesem schliesst sich das Kriegsrecht der

---

92) Der Zeit nach gehört eigentlich Nettelbladt, da er vor Wolff schrieb, in die vorige Periode hinein, seine Abtheilung in absolute und hypothetische Rechte ist aber von den späteren Naturrechtsschriftstellern nachgeahmt worden und daher haben wir ihn hier an die Spitze derselben gestellt.

Völker an. Auch diese Anordnung scheint einer weiteren Erörterung nicht zu bedürfen.

Georg Friedrich Meier's „Recht der Natur" (1767) behandelt vom Völkerrecht nur das Kriegsrecht und zwar im gesammten Naturrecht. Von einer Systematik ist überhaupt bei Meier nicht die Rede, das ganze Naturrecht wird bei ihm aus dem Gesichtspuncte der Beleidigungen aufgefasst und daher findet auch gelegentlich der Krieg, als Mittel der Genugthuung, seine Stelle.

Höpfner's „Naturrecht des einzelnen Menschen der Gesellschaften und Völker" (Giessen 1780)[93]) behandelt in Uebereinstimmung mit der Ueberschrift I. das Naturrecht der einzelnen Menschen, II. das Völkerrecht. Er beginnt mit dem absoluten Recht der Völker, woselbst die ursprünglichen Rechte des einzelnen Menschen auf die Völker angewandt werden, erörtert sodann die hypothetischen: das Recht des Eigenthums und der Abschliessung von Verträgen, und vermittelt den Uebergang zu den Gesandten mit den Worten: „die Völkerverträge werden oft durch Gesandte geschlossen". Hierauf gelangt er in einer vollständig richtigen Steigerung von den die Streitigkeiten der Völker beendigenden friedlichen Mitteln zu den Repressalien, zur Retorsion, zum Kriege. Wir können diese Anordnung nur sehr loben. Offenbar sind hier zunächst nacheinander die Gegenstände des materiellen Völkerrechts und sodann die des formellen, von den Gesandten an, abgehandelt worden.

In dem absoluten Recht ist das Recht wenigstens —

---

93) 1780 erschien die erste Auflage, uns lag die 6te von 1801 vor, welche indess schon 1795 ebenso erschienen und 1801 nur unverändert abgedruckt sein muss, da die Vorrede von 1795 datirt.

eines Subjects des Völkerrechts — der Völker dargestellt. Unter den hypothetischen finden wir zunächst zur Repräsentation der Objecte das Recht des Eigenthums und sodann einen hervorragenden Act (die Verträge). Mit gleichem Rechte können wir indess, wie bei Wolff 94), Nachbildung privatrechtlicher Systematik präsumiren. Denn auch hier würden Personen-, Sachen- und Obligationenrecht hervortreten. In dem formellen Rechte sind richtiger als bei Wolff an die Spitze gestellt die Gesandten, und es folgt dann in einem richtigen Nacheinander das gütliche und gewaltsame Verfahren. Zwar spricht sich Höpfner nirgends über die Nothwendigkeit der Trennung des Völkerrechts und Völkerprocesses aus, und unentschieden bleibt auch, ob er Wolff's Anordnung nachgeahmt oder nicht, aber jedenfalls hat er sie vollzogen und vollständiger als Wolff.

Der Höpfner'schen Anordnung verwandt ist die Joh. Aug. Heinr. Ulrich's *(initia philosophiae iusti seu iuris naturae socialis et gentium 1781)*. Auch er theilt zunächst das *ius gentium universale* in das *absolutum* und *hypotheticum*. Bei dem ersteren wird die Bedeutung der *gens* eingehend dargelegt, sodann die Gleichheit, Unabhängigkeit und Existenz. Als hypothetische Rechte werden, wie bei Höpfner, erörtert das Eigenthum und Territorialrecht (Tit. I), das Recht der Verträge und Bündnisse (Tit. II), das Gesandtschaftsrecht (Tit. III), das Kriegsrecht (Tit. IV). Ob diese Anordnung der Höpfner'schen nachgebildet ist, bleibt fraglich. Die Anordnung der Einzelheiten innerhalb der Abschnitte ist jedenfalls vorzüglicher und vollständiger.

---

94) Vergl. S. 38.

Auch Gottlieb Hufeland wies in seinen „Lehrsätzen des Naturrechts und der damit verbundenen Wissenschaften" (1790) [95]) dem von ihm als „allgemein" charakterisirten Völkerrecht eine Stelle an. Bei ihm ist, wie bei Nettelbladt, eine als allgemeiner Theil zu charakterisirende Einleitung: „Vorbereitung" (I. Abschn.) und „Grundlegung des allgemeinen Völkerrechts„ (II. Abschn.) vorausgesandt. Erst der dritte Abschnitt geht auf einen Hauptbestandtheil des materiellen Völkerrechts: die ursprünglichen Rechte eines Volkes, der vierte auf die erworbenen ein. Als letztere werden, wie bei Höpfner und Ulrich, als hypothetische das Eigenthum und die Verträge behandelt. Bei Hufeland wird mit den fast wie bei Höpfner lautenden Worten: „Viele Völkerverträge werden durch Gesandte geschlossen", zum Gesandtschaftsrecht übergegangen; indess lässt Hufeland wieder dann weitere Erörterungen des Gesandtschaftsrechts folgen, so dass der Zusammenhang unterbrochen wird. Der fünfte Abschnitt erörtert die „Art zu verletzen" und der sechste die „Art zu schützen". Als Verletzungen der Rechte eines Volkes werden aufgeführt: 1) wenn man demselben nimmt, was es besitzt oder erwartet; 2) wenn man es am Erwerbe hindert; während Unwahrheiten und Verleumdung, insofern sie Mittel einer Verletzung sind, in Betracht kommen sollen. Als Schutz wird lediglich der Krieg behandelt. Der fünfte und sechste Abschnitt erscheinen als ein Analogon der Gliederung des Criminalrechts in Verbrechen und Strafen. Eigenthümlich ist diese Classificirung, aber systematisch gerechtfertigt erscheint sie ebensowenig, als in den aufgezählten Fällen die

---

[95]) Die erste Auflage erschien 1790, die zweite, von uns benutzte, 1795.

Arten der Verletzung und des Schutzes erschöpft sind. Namentlich fehlt bei letzteren jedes gütliche Auskunftsmittel und von gewaltsamen, die auch in der weiteren Ausführung Hufeland's gänzlich übergangenen Retorsion und Repressalien. Vor der Höpfner'schen Anordnung vermögen wir der Hufeland'schen nicht den Vorzug zu geben, wenn gleich auch bei Hufeland das formelle Völkerrecht, von den Gesandten an, im Zusammenhange erörtert wird, und diesem das materielle vorausgeht, dessen Anordnung, nur unter verändertem Namen der oberen Eintheilung, dieselbe wie bei Höpfner ist [96]).

Noch vor dem Erscheinen der Kant'schen Rechtsphilosophie suchte Schmalz dessen Principien der Moralität auf das Naturrecht [97]) anzuwenden. Mit diesem ersten Versuche sollte der einer strengen Methode verbunden werden [98]). Das Naturrecht wird daher eingetheilt in absolutes, hypothetisches und Gesellschaftsrecht. Diese drei zusammen bilden das Naturrecht, die Wissenschaft von den Urrechten und Urpflichten, wogegen das angewandte Naturrecht die Lehre von den Modificationen der Rechte darstellen soll, welche in den einzelnen, wirklich gegebenen Verhält-

---

96) Wir verweisen in Bezug auf die übrigen naturrechtlichen Darstellungen des Völkerrechts auf die Aufzählung derselben bei v. Kaltenborn a. a. O. S. 88. Wenn wir Schrodt's *systema* schon früher (S. 51) behandelten, so geschah es wegen der mit Wolff verwandten Anordnung des Stoffes. Wenn nun aber auch Meier im Sinne und Geiste Wolff's schrieb (v. Kaltenborn a. a. O.), so hat er denselben in Bezug auf die Anordnung, wie wir oben ersehen haben, keineswegs nachgeahmt, und da es auf diese uns hier vorzugsweise ankömmt, so hat er denn auch hier miterwähnt werden können.

97) Theodor Schmalz, das Recht der Natur, 1ste Aufl. 1791, 2te Aufl. 1795, letztere benutzten wir.

98) Siehe die Vorerinnerungen zur ersten Auflage.

6 *

nissen stattfinden. Als die wichtigsten derselben werden besonders behandelt das natürliche Staats-, Familien- und Kirchenrecht. Das Gesellschaftsrecht theilt Schmalz in das innere und äussere, und weil das natürliche Völkerrecht gar nichts enthalte als das äussere Gesellschaftsrecht überhaupt, so betrachtet er es nicht als eine eigene naturrechtliche Wissenschaft [99]). Schmalz hatte damit eine entschieden falsche Vorstellung ausgesprochen, denn es ist in seinem äusseren Gesellschaftsrecht, das hauptsächlich von dem Unterwerfungsvertrage handelt, dem Völkerrecht Analoges in keiner Weise zu finden [100]).

Gänzlich umgearbeitet erschien das vorstehend erwähnte Werk Schmalz's als „Wissenschaft des natürlichen Rechts" (1831) [101]). Die Eintheilung des reinen Naturrechts in absolutes und hypothetisches ist beibehalten. Das erste soll in seiner Analyse des Begriffs der äusseren Freiheit die unmittelbar in demselben gegebenen Rechte darlegen; das zweite die Möglichkeit der Erwerbung von Rechten auf Gegenstände ausser uns, und dadurch die Möglichkeit geschichtlich gegebener Verhältnisse entwickeln. Auch hier wird das natürliche Völkerrecht mit dem äusseren Gesellschaftsrecht identificirt. „Denn", sagt Schmalz, „was man sonst dahin (scil. in das natürliche Völkerrecht) rechnet, wie Behandlung der Gesandten, ist nicht natürliches, sondern durch (wenn auch natürliche) Nothwendigkeit eingeführtes positives Recht" [102]). Es werden jedoch hier in der That auch auf das Völker-

---

99) Schmalz a. a. O. I, S. 24 ff.
100) Schmalz a. a. O. I, § 137—146.
101) Schmalz, d. Wissensch. d. natürl. Rechts, § 232—241.
102) Schmalz a. a. O. S. 90.

recht anwendbare Grundrechte abgehandelt: das Recht auf
Existenz, das Recht auf seine Operationen, den Gebrauch
von Sachen, Eigenthumserwerb, der Vertheidigung und Er-
satzforderung bei einer Verletzung und die entsprechende
Verbindlichkeit zum Schadenersatz, und auf Abschliessung von
Verträgen. Man findet hierin in der That die wesentlichen
völkerrechtlichen Bestandtheile, das Recht der Subjecte (Recht
auf Existenz und Operationen), das Recht der Objecte (das
Recht auf den Gebrauch von Sachen und den Eigenthumserwerb), das Recht der Acte (Recht auf Abschliessung von
Verträgen) und das Verfahren (das Recht der Vertheidigung
und Ersatzerwerbung). — Was endlich Schmalz in seiner
„Encyclopädie des gemeinen Rechts“ über das Völkerrecht
selbst ausgeführt hat, gehört, da es das positive betrifft, in den
nächsten Abschnitt hinein, wo auch Schmalz's „Europäisches
Völkerrecht in acht Büchern“ zu charakterisiren sein wird.

Sollten wir nun Schmalz einen Vorwurf daraus machen, dass er das natürliche Völkerrecht nicht besonders
behandelte, sondern auf das Analogon des natürlichen äusseren Gesellschaftsrechts hinwies. Wir halten uns von unserem Standpuncte aus kaum dazu berechtigt, indem wir
den aus den meisten naturrechtlichen Werken hervortreten-
den Einfluss der Philosophie als einen nützlichen nicht anzusehen vermögen. Es ist vielmehr Schmalz nachzurühmen, dass
er durch seine Verzichtleistung auf Behandlung des s. g. natürlichen Völkerrechts, die mangelnde Nothwendigkeit anerkannte,
und hiermit das Aufhören dieser Art des Einflusses der Philosophie vorbereitete oder prophetisch ankündigte [103]).

103) Besonders gegen Schmalz trat Karl Heinr. Heydenreich
(System des Naturrechts, 1794) auf, in dem uns vorliegenden ersten Theile ist

Wir wenden uns nunmehr zu den grossen Weltweisen, Kant, Fichte und Hegel.

Kant's und Fichte's Ansichten über das Völkerrecht traten fast gleichzeitig an die Oeffentlichkeit. Kant legte sie in seinen „metaphysischen Anfangsgründen der Rechtslehre" (1797) [104]) nieder und Fichte im zweiten Anhange seiner „Grundlage des Naturrechts nach Principien der Wissenschaftslehre oder angewandtes Naturrecht" (1797) unter dem Specialtitel: „Grundriss des Völker- und Weltbürgerrechts ".

Kant rubricirt das Völkerrecht unter das öffentliche Recht. Er tadelt zuvörderst den Namen Völkerrecht und will statt dessen Staatenrecht *(ius publicum civitatum)* setzen. Dieses Recht sei dasjenige, wo ein Staat gegen einen anderen, im Zustande der natürlichen Freiheit, folglich auch dem des beständigen Krieges, betrachtet, theils zum Kriege, theils das im Kriege, theils das, einander zu nöthigen, aus diesem Kriegszustande herauszugehen, mithin eine den beharrlichen Frieden gründende Verfassung, d. i. das Recht nach dem Kriege zur Aufgabe macht, und führe nur das Unterscheidende von dem des Naturzustandes einzelner Menschen oder Familien (im Verhältniss gegen einander) von dem der Völker bei sich, dass im Völkerrecht

---

das Völkerrecht nicht behandelt. Dass er dasselbe auch zum Naturrecht rechnet, ist aber schon aus dem ersten Theil ersichtlich. Er unterscheidet ein Naturrecht im engeren (das absolute, hypothetische und Gesellschaftsrecht) und im weiteren Sinne (es treten hinzu: das allgemeine Staats- und Völkerrecht).

104) Sie erschienen eigentlich schon gleich nach der Michaelismesse 1796. Vergl. Immanuel Kant's Metaphysik der Sitten und Pädagogik, herausgeg. von Friedr. Wilh. Schubert, 1838. Vorrede S. VIII.

nicht blos ein Verhältniss eines Staates gegen den anderen im Ganzen, sondern auch einzelner Personen des Einen gegen einzelne des Anderen, ingleichen gegen den ganzen anderen Staat selbst in Betrachtung komme; welcher Unterschied aber vom Recht Einzelner im blossen Naturzustande nur solcher Bestimmungen bedürfe, die sich aus dem Begriffe des letzteren leicht folgern lassen [105]). Sodann giebt Kant in eigenthümlicher Weise die Elemente des Völkerrechts an, welche keinenfalls mit den sonst das natürliche Völkerrecht beginnenden Urrechten oder absoluten Rechten zu identificiren sind. Alles bezieht sich darin auf den Krieg. Die Staaten befänden sich von Natur im Zustande des Krieges, ein Völkerbund, nach der Idee eines urspünglichen gesellschaftlichen Vertrages [106]), müsse gegen äussere Angriffe schützen und den Verfall der Unionsglieder in den Zustand des wirklichen Krieges abwehren [107]). Hierauf werden die Verpflichtung der Unterthanen zur Betheiligung an dem Kriege [108]) (eine rein staatsrechtliche Frage), das Recht des Staates zum Kriege [109]), das Recht im Kriege [110]) und das Recht nach dem Kriege [111]) erörtert. Das Recht des Friedens ist bei Kant auch nur ein Recht durch den

---

105) Kant a. a. O. §. 53.

106) Hier wird es klar, wie Schmalz, bei Durchführung der Principien Kant's, natürliches Völkerrecht und äusseres Gesellschaftsrecht für analog halten und in seinem „Recht der Natur" den Unterwerfungsvertrag des letzteren als ein Analogon des natürlichen Völkerrechts ansehen konnte.

107) Kant a. a. O. § 54.

108) Kant a. a. O. § 55.

109) Kant a. a. O. § 56.

110) Kant a. a. O. § 57.

111) Kant a. a. O. § 58.

Krieg und in Bezug auf diesen, denn als Gegenstände jenes werden behandelt : die Neutralität, die Garantie und Bundesgenossenschaft [112]). Sodann wird wiederum das Kriegsrecht aufgenommen und das Recht eines Staates gegen einen ungerechten Feind abgehandelt [113]). Schliesslich wird dann das gesammte Völkerrecht als das Gesetz zur Erhaltung des Friedens charakterisirt, und das vor dem Heraustritt aus dem Naturzustande (dem Kriege) und durch den Krieg erlangte Recht als provisorisch bezeichnet, das erst durch die Gründung eines allgemeinen Staatenvereins sich in ein peremtorisches wandle. Diesem Völkerrecht schliesst dann Kant das Weltbürgerrecht an. Die Vernunftidee einer friedlichen, wenn gleich noch nicht freundschaftlichen, durchgängigen Gemeinschaft aller Völker auf Erden, die untereinander in wirksame Verhältnisse kommen können, sei ein rechtliches Princip. Das Recht des Verkehrs der Völker untereinander, so fern es auf die mögliche Vereinigung aller Völker in Absicht auf gemachte allgemeine Gesetze ihres möglichen Verkehrs geht, könne das weltbürgerliche (*ius cosmopoliticum*) genannt werden [114]). Dieses Weltbürgerrecht bildet bei Kant einen eigenen Abschnitt des öffentlichen Rechts. Endlich wird der Friedenszustand in einer Schlussbetrachtung als der allein gesetzlich gesicherte bezeichnet [115]).

Auf den ersten Anschein könnte die Kant'sche und Grotianische Darstellung des Völkerrechts als eine analoge erscheinen, da auch Kant, gleich Grotius, vorzugsweise

---

112) Kant a. a. O. § 59.
113) Kant a. a. O. § 60.
114) Kant a. a. O. § 62.
115) Kant a. a. O. S. 209.

Rücksicht auf den Krieg nimmt und Alles um dieses Zustandes willen entwickelt [116]). Indess sind wesentliche Unterschiede vorhanden. Grotius behandelt in möglichster
Vollständigkeit fast alle Gegenstände des Friedensrechts
mit Rücksicht auf den Krieg, Kant aber fast nur Gegenstände des Krieges. Der Friede selbst kömmt zwar bei
Beiden als Ausgangspunct des Krieges in Betracht, bei
Kant aber fast nur als solcher, sonst ist überhaupt derselbe nur bei der Erörterung friedlicher Erledigung der
Streitigkeiten durch Congresse und als Weltbürgerrecht behandelt. Dieses Weltbürgerrecht ist aber, seinem Inhalt
nach, nichts weiter als eine kurze Paraphrasïrung eines
völkerrechtlichen Ur- oder Grundrechtes — des Rechtes auf
den Verkehr. Ferner will Grotius dem Kriege ein Gesetz
geben, während Kant den Krieg, obgleich er fast ausschliesslich sich ihm zuwendet, und das Recht zum, im
und nach dem Kriege feststellt, für einen gesetzlosen
Zustand hält.

Wenn nun aber Kant von dem materiellen Völkerrecht nur ein Recht der Subjecte, das im Weltbürgerrecht
dargestellte Urrecht auf den Völkerverkehr, und von dem
formellen die zur friedlichen Erörterung der Streitigkeiten
dienenden Congresse, ausführlicher aber nur den Krieg erörterte, so konnte er mit dieser, schon dem Umfange nach
mangelhaften, Behandlung auf die Systematik des Völkerrechts keinen Einfluss gewinnen.

---

116) Schon Herbart (sämmtl. Werke, 1851, Bd. VIII, S. 307) bemerkt: „Uebrigens sieht man schon, dass der Grundgedanke bei Kant und
bei Grotius der nämliche ist; einerlei Abscheu vor Krieg und Streit beseelt
beide".

Johann Gottlieb Fichte handelt, gleich Kant und
Hegel, das Völkerrecht ohne äusserlich sichtbare Anordnung ab. Es ist daher die innere Anordnung zur Erkenntniss der etwa gewollten äusseren zu entwickeln. Fichte
beginnt mit dem Nachweise der Nothwendigkeit verschiedener Staaten [117]) und des Verhältnisses zwischen ihnen.
Dieses wird auf das ihrer Bürger begründet, deren vertragsmässig zu verbürgende Sicherheit es bezweckt. Auch die
Unabhängigkeit der Staaten, die Pflicht zur gegenseitigen
Anerkennung [118]), ihr gegenseitiges Aufsichtsrecht werden
aus dem Vertrage, das Recht zur Absendung von Gesandten [119]) aus dem Aufsichtsrecht, das Recht zum Kriege
aber aus der Verletzung des Vertrages abgeleitet [120]). Gegenstand des Weltbürgerrechts ist das Recht des zu keinem der
vertragsmässig verbundenen Staaten gehörenden Bürgers [121]).

Fichte setzt somit als Ausgangspunct des Völkerrechts
nicht die Gesammtheit der Staatsbürger, das politische Volk
oder den Staat, sondern den einzelnen Staatsbürger selbst,
und weiss das Verhältniss dieser Einzelnen des einen
Staates zu Einzelnen des anderen als Ursache des Völkerrechts. Dass hiermit die Natur der Subjecte des Völkerrechts gänzlich verkannt sei, ergiebt schon unsere oben
(§ 3) gegebene Ausführung. Von den Objecten handelt
Fichte gar nicht, und von den Acten berührt er nur den
Vertrag. Auf die Urrechte kömmt er, obgleich er philoso-

---

117) Fichte a. a. O. § 1 u. 2.
118) Fichte a. a. O. § 4 — 6.
119) Fichte a. a. O. § 10.
120) Fichte a. a. O. § 12.
121) Fichte a. a. O. § 21.

phirt, nur im Weltbürgerrecht, aber zur Verwirklichung
desselben muss auch hier der Vertrag dienen [122]). Dass
Fichte's und Kant's Weltbürgerrecht verschiedene seien,
leuchtet ein, denn bei jenem wird es auf ein Recht der
Völker als solcher, bei diesem auf ein Recht des Einzelnen
bezogen. Uebereinstimmend wird von Beiden, mit Begehung
gleichen Widerspruchs, der Friede als der allein gesetzliche
Zustand [123]) gewusst, während sie doch beide dem Kriege ein
Recht vorschreiben. Wenn gleich Fichte im Ganzen vollständiger als Kant das Völkerrecht behandelt, so ist auch
bei ihm eine Besprechung sämmtlicher Hauptmaterien nicht
vorhanden, und die schiefe Begründung des Völkerrechts
auf das Recht der Einzelnen nimmt ihm sofort alle Bedeutung für eine naturgemässe, dem Völkerrecht eigenthümliche
Systematik.

Hatten somit die beiden, eben besprochenen, grossen
Philosophen die richtige Würdigung der Natur des völkerrechtlichen Stoffes und die aus dieser sich entwickelnde
Anordnung nicht angebahnt, so konnten die Erwartungen
auf den dritten der philosophischen Koryphäen, auf Hegel,
gerichtet sein.

Georg Wilhelm Friedrich Hegel wollte in seinen
„Grundlinien der Philosophie des Rechts oder Naturrecht
und Staatswissenschaft im Grundriss" [124]) die Idee des
Rechts, den Begriff des Rechts und dessen Verwirklichung

---

122) Fichte a. a. O. § 24.
123) Fichte a. a. O. § 20.
124) Diese erschienen zuerst in Kürze in der „Encyklopädie der philosophischen Wissenschaften" (1817), wurden weiter ausgeführt 1820 und
1840. Diese letztere Auflage benutzten wir.

behandeln [125]). Dem gemäss begründete er denn auch das
wirkliche Völkerrecht oder das „äussere Staatsrecht" auf
unterschiedenem souverainem Willen. Das Verhältniss von Staaten fasste er als das von Selbstständigkeiten
auf, die zwischen sich stipuliren, aber zugleich über diesen
Stipulationen stehen [126]), und die Forderung der Anerkennung durch einen anderen Staat, als eine absolute Berechtigung [127]). Die mannigfaltigen wirklichen Verhältnisse der
Staaten erscheinen ihm als der Ausdruck ihrer selbstständigen Willkühr, welche formell in Verträgen sich darstelle [128]),
bei mangelnder Uebereinkunft des Willens der Staaten soll der
Krieg entscheidend eintreten [129]). Als der Inhalt des besonderen Willens der Staaten wird das Wohl eines besonderen
Staates, und dieses selbst als das höchste Gesetz für das
gegenseitige Verhalten der Staaten erkannt [130]). Deren an-
dauernde gegenseitige Anerkennung, auch während des
Krieges, bestimme diesen Zustand der Rechtlosigkeit als ein
Vorübergehensollendes. Sonst beruhe das gegenseitige Verhalten im Kriege, und was im Frieden ein Staat den Angehörigen eines Anderen an Rechten für den Privatverkehr
einräume, vornemlich auf den Sitten der Nationen, als
der inneren unter allen Verhältnissen sich erhaltenden Allgemeinheit des Betragens [131]). Mit der Uebertragung des

---

125) Hegel a. a. O. S. 21.
126) Hegel a. a. O. § 330.
127) Hegel a. a. O. § 331.
128) Hegel a. a. O. § 332.
129) Hegel a. a. O. § 334.
130) Hegel a. a. O. § 336 u. 337.
131) Hegel a. a. O. § 338 u. 339.

Weltgerichts an die Weltgeschichte [132]) wird die Betrachtung des Völkerrechts geschlossen.

Dem Umfange nach ist hier augenscheinlich weniger als bei Fichte und Kant gegeben, dem Inhalte nach aber mehr. Es kam vor Allem darauf an, — und das war die grösste, auch auf die Anordnung wesentlich rückwirkende, That, die geschehen konnte, — einen richtigen Ausgangspunct für das Völkerrecht zu gewinnen. Diesen hat denn Hegel in dem souverainen Willen zwar finden können, aber dieser besondere Factor, der nur das Besondere will und dessen Princip auch nur sein besonderes Wohl sein soll, ist kein specifisch völkerrechtlicher. Er herrscht auch in dem Inneren des Staates und herrscht im Aeusseren nach dem Gebote der Politik. Zum rechtlichen erhebt er sich erst durch Unterordnung unter das Rechtsprincip und zum völkerrechtlichen durch die Anerkennung der auch sein Wohl wesentlich befördernden Weltrechtsordnung. Somit war denn von Hegel die Eigenthümlichkeit des völkerrechtlichen Ausgangspuncts nur in dem zur Thätigkeit berufenen Factor, aber nicht zugleich mit Beziehung auf das von ihm selbst im Interesse Aller gewollte Gesetz — das Völkerrecht erkannt worden. Dieses besondere Wohl sollte durch die besondere Sitte der Nationen ergänzt werden, aber sie kann nicht als Erscheinungsform des völkerrechtlichen Bewusstseins gelten, denn die Quelle des Völkerrechts ist nicht das nationale, sondern das internationale Bewusstsein und Erscheinungsform dieses nicht die nationale, sondern internationale Sitte. Uebereinstimmend mit Fichte und

---

132) Hegel a. a. O. § 340.

Kant ist ferner der Krieg als rechtloser Zustand gewusst, aber gerade die von Hegel selbst hervorgehobene, vorübergehende Dauer desselben fordert unwillkührlich ein Recht auch im Kriege. Verdienstlich ist aber, gegenüber Fichte, die Zurückführung des Völkerrechts auf den Willen der Staaten und deren Verträge, nicht auf den der einzelnen Bürger und die lediglich zu ihren Gunsten geschlossenen Verträge. Dass nun aber, abgesehen von den in Bezug auf nur Weniges angedeuteten Gedanken Hegel's, derselbe, bei mangelhafter Auffassung der völkerrechtlichen Eigenthümlichkeit, mit seiner verfehlten inneren Ordnung auf keine richtige äussere hinweisen konnte, bedarf kaum weiterer Ausführung. Fassen wir aber die allen drei Philosophen übereinstimmend zuzusprechende Bedeutung zusammen, so war sie wesentlich eine die äussere Anordnung vollständig übergehende. War ferner die principielle Auffassung eine dem Wesen des positiven Völkerrechts nicht gemässe, so kann ihnen weder in Bezug auf den völkerrechtlichen Stoff, noch auf dessen Anordnung ein wesentliches Verdienst beigemessen werden.

Trotz der mangelhaft aufgefassten und nur angedeuteten Grundzüge des Völkerrechts durch die eben genannten drei Philosophen wurde dennoch von ihrem Standpuncte aus weiter philosophirt. Am zahlreichsten sind die philosophischen Bearbeitungen des Völkerrechts auf Kant'scher Grundlage. Wir heben hier nur Gros, Pölitz und Zachariä hervor. Auf Fichte'scher Grundlage soll Pinheiro Fer-

---

133) Siehe eine Aufzählung der übrigen Bearbeitungen bei v. Kaltenborn a. a. O. S. 137.

 reira das philosophische Völkerrecht bearbeitet haben [134]).
Von Hegelianern standen uns nur Bitzer und Kahle zu
Gebot. Wir beginnen mit den Kantianern. -

Karl Heinrich Gros behandelt in seinem Lehrbuch
der philosophischen Rechtswissenschaft oder des Naturrechts
(1802) [135]) im dritten Haupttheil das natürliche Völkerrecht [136]), welches sowol auf das Verhältniss des Staates
zum Staate als zum einzelnen Auswärtigen bezogen und als
auf das Verhältniss eines Staates angewandtes natürliches
Privatrecht aufgefasst wird. Im ersten Hauptstück werden die Rechte eines Volkes, im zweiten die Art, die
Rechte eines Volkes zu schützen, behandelt. In dem ersten
Hauptstück wird die vor Kant übliche Unterscheidung des
absoluten oder unbedingten und des hypothetischen oder
bedingten Völkerrechts wieder aufgenommen. Als absolutes
Recht wird das einem Volk vermöge seiner Vereinigung an
sich, als hypothetisches das demselben unter Voraussetzung
gewisser Handlungen zustehende Recht erörtert. Das letztere begreift das Völkereigenthum und die Völkerverträge.
Der Lehre von den Verträgen wird die der Gesandten
eingefügt, da diese jene als bevollmächtigte Organe ab-
schliessen. In dem zweiten Hauptstück geht dem Schutz
der Rechte die Verletzung voraus.

Die Natur des Völkerrechtsstoffes wird in zwiefacher
Beziehung von Gros verkannt. Sowol die Umbildung des
Privatrechts in das Völkerrecht, als die Hineinziehung der

---

134) Vergl. v. Kaltenborn a. a. O. S. 149.

135) Tübingen 1815, 3. Aufl.

136) Der erste Haupttheil ist dem natürlichen Privatrecht, der zweite
dem Staatsrecht gewidmet.

Einzelnen in dieses als Subjecte sind verfehlt. In ersterer
Beziehung erkannte Gros nicht die wesentliche, oben angedeutete (vergl. § 3) Verschiedenheit zwischen Privat- und
Völkerrecht, und in letzterer misskannte er die Stellung der
Einzelnen im Völkerrecht, welche nur durch Vertretung Seitens ihres Staates Gegenstand völkerrechtlicher Behandlung
werden können, indem nur gleichgestellte Persönlichkeiten, als zur Beziehung und Verhandlung gleichberech-
tigte erscheinen. Die Anordnung des Stoffes ist im
Wesentlichen die vor Kant übliche. Recipirt sind die
Eintheilungen in absolutes und hypothetisches Völkerrecht,
und die Rubricirung der Urrechte unter das erstere, des
Eigenthums- und Vertragsrechts unter das letztere, so
wie die Abhandlung des Gesandtschaftsrechts bei den Verträgen [137]). Theilweise neu erscheint die Scheidung in
die Rechte und die Art, sie zu schützen, und die Erhebung dieser Kategorien zu Hauptabtheilungen des Völkerrechts. Schon Hufeland behandelte in besonderen Hauptabschnitten, „die Art zu verletzen" und „die Art zu schützen". Gros hat die letztere Art zu einer Hauptabtheilung erhoben und den Stoff hierdurch im Grossen und
Ganzen zur besseren Uebersicht, begriffsmässig in das zu
verwirklichende Recht und die Art der Verwirklichung scheiden wollen. Er hatte hiermit die Nothwendigkeit des jenem
entsprechenden „materiellen" und des dieser entsprechenden „formellen" Rechts richtig erkannt. Indess ist der
Inhalt dieser geschiedenen Theile der Durchführung des
vorausgesetzten Vorhabens nicht entsprechend. Zunächst

---

137) Vergl. oben Höpfner und Hufeland.

fällt bei Gros das Gesandtschaftsrecht in das materielle und nicht in das formelle Recht, und dann sind bei der Art zu schützen alle gütlichen Mittel übergangen und nur die gewaltsamen, die Retorsion, Repressalien und der Krieg, in richtiger Aufeinanderfolge abgehandelt. Anzuerkennen bleibt dessenunerachtet die von Gros beliebte Scheidung, indem sie, trotz ihrer unvollständigen Durchführung, doch den Unterschied materiellen und formellen Rechts hervorragender als bei Hüfeland indicirt.

K. H. L. Pölitz hat in seiner umfassenden Darstellung der „Staatswissenschaften im Lichte unserer Zeit" [138]) das Völkerrecht sowol philosophisch aufgefasst, als positiv dargestellt. Er behandelt das hier zunächst nur zu berücksichtigende Natur- und Völkerrecht [139]) gemeinschaftlich und identificirt sie mit der philosophischen Rechtslehre im engeren Sinne des Worts. In dem Naturrecht schildert er den einzelnen Menschen nach dem Umfange der gesammten, in seiner Natur ursprünglich begründeten und aus dem Ideal des Rechts hervorgehenden Rechte und Verhältnisse. Im philosopischen Völkerrecht dagegen entwickelt er die Bedingungen, unter welchen theils in der Mitte des einzelnen Volks, theils in der Verbindung und Wechselwirkung mehrerer und aller nebeneinander bestehender Rechtsgesellschaften oder Völker, die Herrschaft des Rechts auf dem ganzen Erdboden verwirklicht werden soll. Dem philosophischen Staatenrecht, wenn gleich das Natur- und Völkerrecht dessen wissenschaftliche Unterlage bilden

138) Erste Auflage 1823, zweite 1827. Wir citiren nach der zweiten
139) Vergl. Pölitz a. a. O. Thl. I, S. 38 — 145.

sollen [140]), weist Pölitz eine selbstständige Stellung an. Indess soll das philosophische Völkerrecht für das praktische (positive) in wissenschaftlicher Hinsicht den höchsten Maassstab enthalten [141]).

Pölitz setzt in seinem philosophischen Völkerrecht als Zweck des Nebeneinanderbestehens der Völker die Verwirklichung der Herrschaft des Rechts auf dem gesammten Erdboden [142]) und erkennt als Urrecht die Selbstständigkeit und Integrität [143]), deren Erhaltung höchste und letzte Aufgabe des einzelnen Volkes sei [144]). Demnächst unterscheidet er zwar, wie sein Vorgänger, ursprüngliche und erworbene Rechte, rechnet aber schon zu den ersteren das Recht des Eigenthums, der Verträge und der Gesandten. Denn sein Kriterium ist die Begründung auf einem stillschweigenden oder ausdrücklichen Vertrage. Die auf letzterem ruhenden erworbenen Rechte weist er als geschichtlich begründete aus dem philosophischen Völkerrecht in das praktische (positive) hinüber [145]).

Das Weltbürgerrecht nimmt Pölitz als Steigerung des philosophischen Völkerrechts in dieses auf. Es soll dasselbe indess nicht blos die rechtliche Vollendung des äusseren, sondern auch des inneren Lebens, nicht blos den einzelnen Staatsbürger als solchen, sondern auch seine Beziehungen zu der ganzen Menschheit begreifen [146]).

---

140) Pölitz a. a. O. I, S. 57.
141) Pölitz a. a. O. I, S. 121.
142) Pölitz a. a. O. I, S. 123 ff.
143) Pölitz a. a. O. I, S. 125 ff.
144) Pölitz a. a. O. I, S. 126.
145) Pölitz a. a. O. I, S. 129 ff.
146) Pölitz a. a. O. I, S. 143ff.

Als Aufgabe des Staatenrechts betrachtet Pölitz, die im Völkerrecht anerkannten Grundbedingungen des rechtlichen Nebeneinanderbestehens der einzelnen Völker, unter der Anwendung des rechtlich gestalteten Zwanges, zu verwirklichen, erhalten und behaupten [147]). Den Inhalt des Staatenrechts bilden Folgerungen aus dem Urrecht [148]), die Verträge [149]) und der Staatenbund, als nähere Staatenverbindung [150]). In Bezug auf den Zwang geht aber eine Erwähnung gütlicher (schiedsrichterlicher) Vermittelung der Darstellung der Abstufungen desselben: der Retorsion Repressalien und des Krieges voraus [151]).

Pölitz hat in mehrfacher Beziehung einen neuen Weg eingeschlagen. Das philosophische Völker- und Staatenrecht sollen getrennte, nebeneinander bestehende, selbstständige Ganze bilden, die erworbenen Rechte weist er aus dem philosophischen Völkerrecht aus, nachdem er freilich vorher drei derselben: das Eigenthums-, Vertrags- und Gesandtenrecht den ursprünglichen Rechten und das Kriegsdem Staatenrecht zugezählt, und somit unter anderem Titel den Inhalt des philosophischen Völkerrechts erschöpft hat. Das Weltbürgerrecht erscheint ferner nicht, wie bei Kant und Fichte, mit einem bestimmten Inhalte, indem es bei jenem das Urrecht des Verkehrs der Staaten, bei diesem die Stellung des Nichtstaatsbürgers, also eine kosmopolitische Frage erörtert, sondern als Veredelung des gesammten

---

147) Pölitz n. a. O. I, S. 316 ff.
148) Pölitz a. a. O. I, S. 319 ff.
149) Pölitz a. a. O. I, S. 321 ff.
150) Pölitz a. a. O. I, S. 323 ff.
151) Pölitz a. a. O. I, S. 325 ff.

7 *

Völkerrechts, Verwirklichung der ausgebreiteten Herrschaft des
Rechts auf Erden. Auch fasst Pölitz's Weltbürgerrecht einerseits das der genannten Philosophen zusammen und überschreitet es andererseits. Denn bei Kant ist ein Recht der Völker, bei
Fichte ein Recht des Einzelnen, bei Pölitz aber das Recht
Beider und zwar nicht blos, wie bei jenen, in äusserer,
sondern auch in innerer Beziehung erfasst. Soll dieses an
das Ende des philosophischen Völkerrechts gerückte Weltbürgerrecht nun nichts Anderes darstellen, als der von
Pölitz am Anfange gesetzte Zweck des Völkerrechts, welcher auf eine Weltrechtsordnung hinauskömmt, so mag dasselbe bestehen. Sonst erscheint aber diese Kosmopolitie, in
welcher die Denker noch dazu in Bezug auf Inhalt und
Umfang so uneinig sind, als eine nutzlose Träumerei. Die
Zweckbestimmung des Völkerrechts hat Pölitz richtig erfasst,
und wir erblicken auch keinen Widerspruch dagegen in der
dem einzelnen Volke zugewiesenen rechtlichen Selbsterhaltung, denn nur bei dieser kann die Integrität aller Völker
bestehen. Die Weltrechtsordnung selbst kann nur von un-
verletzlichen, gleichberechtigten Subjecten dargestellt und
verwirklicht werden. Stimmen wir daher auch den Grundansichten Pölitz's bei, so erscheint uns doch die Anordnung des wohlbegriffenen Stoffes in einen unberech-
tigten Dualismus verfallen zu sein. Wir erblicken in ihr
die Wiederkehr des schon von den letzten Naturrechtslehrern
überwundenen Friedens - und Kriegsrechts. Denn in dem
philosophischen Völkerrecht erörtert Pölitz die sonstigen
Gegenstände des Friedensrechts, in dem philosophischen
Staatenrecht wesentlich den Krieg und die ihm vorhergehenden gewaltsamen Mittel. Die in einigen Folgerungen

enthaltene s. g. Anwendung des Völkerrechts auf das Staatenrecht ist meist eine müssige Wiederholung jenes und der zur Vervollständigung hineingenommene Staatenbund hätte seine Stelle ganz wol bei den Verträgen im philosophischen Völkerrecht einnehmen können. War nun aber schon die Trennung des Friedens- und Kriegsrechts keine wünschenswerthe, so blieben doch wenigstens beide innerhalb des Völkerrechts vereint, während Pölitz eine Spaltung in zwei unterschiedene Gebiete veranstaltete, welche sich principiell in keiner Weise rechtfertigen lässt. Oder sollte etwa die Motivirung dieser Trennung: „Von Retorsionen, Repressalien, Krieg und Frieden kann nicht im philosophischen Völkerrechte, das auf einem Ideale beruht, gehandelt werden, sondern im Staatenrechte, welches, gestützt auf die dem Staatsrechte eigenthümliche Lehre vom rechtlich gestalteten Zwange, die Anwendung des rechtlichen Zwanges zwischen Staaten und Staaten, nach den verschiedenen Formen der Retorsionen, Repressalien und des Krieges in sich aufnimmt“, — beweisend sein? Wir glauben kaum, denn das philosophische Völkerrecht beruht nicht mehr auf einem Ideal, als das philosophische Staatenrecht und jenes wie dieses, so weit sie überhaupt berechtigt sind, können gegen den Zwang oder die Art seiner Verwirklichung philosophiren. Ebensowenig, wie mit dieser Abtheilung, scheint uns mit der Begriffsumwandlung der erworbenen Rechte gewonnen, da doch der Sache nach dadurch nichts anders geworden ist, indem, wie wir schon oben erwiesen, die früher als erworbene und jetzt als ursprüngliche bezeichneten Rechte im philosophischen Völkerrecht dennoch ihre Stelle gefunden haben.

Während Pölitz eine Anordnung im Grossen und Ganzen versuchte, führte Zachariä nicht nur diese weiter aus, sondern wandte auch der Einzelheit sich zu [152]).

Karl Salomo Zachariä behandelt in seinen „vierzig Büchern vom Staate" [153]) auch das Völkerrecht. Des Völkerrechtes erstes Buch stellt dar das Naturrecht in seiner Anwendung auf das Verhältniss unter Völkern und dessen zweites das Völkerstaatsrecht, welches vom Welbürger- und Staatenrecht, die gleichfalls als selbstständige Theile auftreten, unterschieden wird. Das erste Buch hat einen theoretischen und praktischen Theil. Der theoretische zerfällt in zwei Abschnitte. Der erste handelt von den ursprünglichen Gütern eines Volkes, der zweite von Rechten der Völker an äusseren Gegenständen. Bei diesen werden unterschieden Rechte der Völker an Sachen (oder das Sachenrecht in seiner Anwendung auf das Völkerrecht), das Rechtsverhältniss zwischen den Colonien und dem Mutterlande, die Rechte, welche ein Volk gegen das andere durch Verträge erwerben kann, und das Vermögen eines Volkes. Diesen vier Unterscheidungen entsprechen vier Abtheilungen. Der zweite oder praktische Theil zerfällt in zwei Abschnitte: das Recht des Friedens und das des Krieges. Das Völkerstaatsrecht wird in zwei Abtheilungen behandelt, deren erste die Völkerstaaten

---

152) Es wird wol gerechtfertigt erscheinen, dass wir Pölitz vor Zachariä behandelten, denn wenn gleich der Letztere schon 1820 sein Werk begann, so endete er es doch erst 1832, während Ersterer in den Jahren 1823 und 1824 vollständig seine „Staatswissenschaften" herausgab. Ausserdem ist aber die uns vorliegende zweite Zachariä'sche Auflage (1839—43) bei Weitem wissenschaftlicher vorgeschritten als selbst die zweite von Pölitz (1826).

153) „40 Bücher vom Staate", Bd. V, 27—30. Buch.

überhaupt, die zweite den Europäischen Völkerstaat berücksichtigt. Das Weltbürger- und Staatenrecht sind nur in Hauptstücke vertheilt.

Unter dem Völkerrecht als Naturrecht begreift Zachariä die Rechtsgrundsätze, welche das Verhältniss unter Völkern im Stande der Natur, d. i. unter der Voraussetzung bestimmen, dass die Völker in Beziehung auf Recht und Unrecht ihre eigenen Herren, also in ihrem Urtheile von einander gegenseitig unabhängig sind. An sich eine Rechtsidee sei der Stand der Natur im Völkerrecht ein Wirklichkeit [154]. Völkerrecht als Naturrecht und philosophisches Völkerrecht sind bei ihm nicht identisch, denn dieses ist das allgemeine Völkerrecht im Gegensatz zum positiven oder urkundlichen, welches auf Verträgen oder in einem Völkerstaate auf Gesetzen beruht [155]. Das Völkerstaatsrecht wird, unter ausdrücklicher Hinweisung auf Wolff's *civitas maxima* und Kant's Völkerstaat, bezogen auf Völker, welche in einen Staatsverein miteinander treten, und auf Staaten, welche aus Völkern bestehen [156]. Das Weltbürgerrecht wird als ein der Idee der Menschheit — der Idee der Einheit der menschlichen Gesellschaft — entsprechendes Recht aufgefasst. Als Grundsatz dieses Rechtes wird hingestellt: dass trotz der in rechtlicher Hinsicht bestehenden Spaltung der Menschheit in Völker und trotz des einem jeden Volke eigenthümlichen besonderen Rechts, dennoch jene Spaltung nicht die Gemeinschaft (oder den Verkehr) unter den Men-

---

154) Zachariä a. a. O. S. 15.
155) Zachariä a. a. O. S. 11 ff.
156) Zachariä a. a. O. S. 15 ff.

schen aufheben, diese Verschiedenheit der positiven Rechte
nicht die Theilnahme aller Menschen an dem besonderen
Rechte eines jeden einzelnen Volkes ausschliessen solle.
Dieser Grundsatz enthalte sowol: dass der Verkehr zwischen
dem In- und Auslande frei [157]), als auch: dass das Recht
für In- und Ausländer dasselbe sei. Indess erleiden beide
Sätze ihre Einschränkungen [158]). Auch sei das Weltbürgerrecht nicht Völkerrecht und eine Verletzung jenes nicht eine
Verletzung dieses. Nur durch Retorsion könne eine Regierung die andere zur Bekräftigung oder Vollziehung der
Vorschriften des Weltbürgerrechts anhalten. Vom Standpuncte des Staatsrechts bedürfe aber auch diese für jede
in Kraft derselben ergriffene Massregel eines besonderen
Rechtfertigungsgrundes [159]).

Weltbürger- und Staatenrecht werden unterschieden.
Jenem liege die Idee eines Weltstaates, eines die gesammte
Menschheit umfassenden Staates zum Grunde, das Staatenrecht habe die Idee eines Völkerstaates zu seiner Grundlage.
Der Grundsatz des Staatenrechts laute: „Wenn auch in der
Erfahrung mehrere von einander unabhängige Staaten nebeneinander existiren, so soll doch eine jede einzelne Regierung ihre Hoheitsrechte so ausüben, wie sie dieselben, wenn
alle Staaten der Erde einen einzigen Völkerstaat bildeten,
in Beziehung auf die Hoheitsrechte der übrigen Staaten auszuüben verpflichtet sein würde, damit das Verhältniss unter

---

157) Zachariä hat hiermit das Kant'sche Weltbürgerrecht adoptirt,
es aber durch den nächsten Satz, allenfalls in Fichte'scher, jedoch nicht
in Pölitz'scher Weise, weiter ausgeführt. Auch hier hat das „Weltbürgerrecht" wieder eine andere Gestalt angenommen.

158) Zachariä a. a. O. S. 236 ff.

159) Zachariä a. a. O. S. 248 ff.

mehreren Staaten der Idee eines alle Staaten der Erde umfassenden Staates wenigstens annäherungsweise entspreche". Beide, das Weltbürger- und das Staatenrecht seien Theile des Staatsrechts, d. i. beide Rechte handeln nur von Schranken, welche eine Regierung sich selbst zu setzen habe. Nur die Verfassung eines jeden einzelnen Staates könne die Heilighaltung dieser Rechte verbürgen. Sowol das eine als das andere Recht sei eine besondere, von dem Völkerrecht verschiedene Wissenschaft. Das Staatenrecht enthalte drei Sätze: 1) Ein jeder Staat hat durch die Ausübung seiner Hoheitsrechte nicht die Hoheitsrechte zu beeinträchtigen, welche einem anderen Staat über dasselbe Individuum oder über denselben Gegenstand zustehen oder zugestanden haben können, oder — wenn ein und dasselbe Individuum mehreren Staaten zugleich unterthänig ist oder nacheinander unterthänig war, so ist die eine Unterthänigkeit mit der anderen, so wie es die Beschaffenheit der verschiedenen Arten der Unterthänigkeit oder beziehungsweise die unter ihnen eingetretene Reihenfolge fordert, in Uebereinstimmung zu setzen. 2) Die Regierungen sind einander nöthigenfalls zur Hülfe Rechtens verpflichtet, d. h. eine Regierung hat ihre Unterthanen nöthigenfalls zur Erfüllung der Verbindlichkeiten anzuhalten, welche denselben, weil und in wie fern sie zugleich Unterthanen einer anderen Regierung sind, obliegen. 3) Was eine Regierung beurkundet hat, ist auch für alle andere Regierungen und in allen anderen Staaten Gewissheit. Das Zeugniss, welches von einer Staatsbehörde innerhalb der Grenzen ihrer Competenz und in der gesetz-

---

160) Zachariä a. a. O. S. 258 ff.

lichen Form abgelegt wird, verdient dem Staatsrecht nach vollen Glauben [160]).

Auch die äussere Politik scheidet Zachariä vom Völkerrecht ab. Erstere soll dem letzteren dienstbar sein. Sie soll die Aufgaben lösen, welche das Recht zwar aufstellt, aber nicht zu lösen vermag, so wie die Art und Weise an die Hand geben, wie das, was das Recht gebietet, nach Zeit und Umständen am Besten in Vollziehung gesetzt werden könne. Eine jede Regierung soll ein ihr eigenthümliches System in der auswärtigen Politik haben, welches auf die gesammten Interessen des Staates, so wie sich diese nach Zeit und Umständen gestalten, zu gründen ist. Dieses System müsse aber entweder mit dem Völkerrecht in Uebereinstimmung stehen oder mit Achtung für dieses Recht in Vollziehung gesetzt werden. In dem System seien die vergleichungsweise ständigen und die auf vorübergehende Zeitumstände berechneten (oder die transitorischen) Maximen zu unterscheiden, von welchen lediglich die ersteren, insofern sie sich auf den Frieden beziehen, in ein System gebracht werden könnten [161]).

Die Diplomatie fasst Zachariä weder als besondere Wissenschaft auf, noch widmet er derselben unter dieser Ueberschrift eine eigene Stelle und gesonderte Behandlung in seinem Werk. Es wird nur erwähnt, dass man unter derselben verstehe die Kunst, das auswärtige Interesse eines Volkes im Verkehre mit anderen Völkern durch friedliche Mittel zu wahren und zu fördern, bald den Inbegriff der Kenntnisse, deren der Diplomat bedarf, um seinem Be-

---

161) Zachariä a. a. O. S. 17 ff. und S. 88.

rufe gehörig vorzustehen. Erstere könne nicht erlernt werden, nur letzterer sei ein Gegenstand des Lernens und
Wissens [162]).

Nicht ohne Absicht haben wir die Zachariä eigenthümlichen Unterscheidungen des auf das Verhältniss unter
den Völkern angewandten Natur-, Völkerstaats-, Weltbürger-
und Staatenrechts ausführlicher dargelegt, denn die zur
Erkenntniss des Inhalts jedes einzelnen Wissenschaftsganzen
zweckdienliche Nebeneinanderstellung scheinbar denselben Gegenstand behandelnder Wissenschaftsganzen ist weder vor,
noch nach Zachariä in gleichem Umfange ausgeführt worden. In dem erstgenannten Recht finden wir Das wieder,
was bisher einfach als das positive Völkerrecht bezeichnet
oder wenigstens grösstentheils in dasselbe hineingenommen
wurde. Zachariä unterscheidet dieses angewandte Naturrecht von dem philosophischen Völkerrecht, — hat aber
nicht die Prätension, das erstere für das positive Völkerrecht auszugeben, wenn gleich er den Stand der Natur im
Völkerrecht als eine Wirklichkeit betrachtet, — fast alle
seine Vorgänger und Nachfolger, bis auf den strengen Positivisten Moser, stellten wesentlich gleichen Inhalt als positives Völkerrecht dar. Die von jenen geschehene Hinzufügung einiger weniger historischer Beispiele und Vertrags-
bestimmungen konnte kaum den sonst abstracten Inhalt zu
einem positiven erheben [163]). Das Völkerstaatsrecht Zachariä's ist nur ein zur Erklärung geschichtlicher Erscheinun-

---

162) Zachariä a. a. O. S. 21.

163) Das von Zachariä als positives bezeichnete, auf Verträgen
und Gesetzen ruhende Recht stellt er nicht dar.

gen und im Anschluss an allerlei Projecte gebildetes, jedenfalls aber kein Völkerrecht im modernen Sinn, als das durch
unabhängige Staaten sich selbst für ihre gegenseitigen Verhältnisse gesetzte Recht. In dem Weltbürgerrecht wird die Idee
des internationalen Zusammenbestehens und der Theilnahme
eines jeden einzelnen Volksgliedes an dem Rechte des fremden Volkes, indess Beides mit gehörigen Beschränkungen,
ausgeführt. Das Staatenrecht endlich enthält die Anerkenntniss des Hoheitsrechtes des Staates in Bezug auf dessen
Unterthanen gegenüber anderen Staaten, die Nothwendigkeit
einer gegenseitigen Rechtshülfe der Staaten und der Gültigkeit der Regierungsurkunden des einen Staates in dem Gebiete anderer. Diese drei Sätze scheinen nun unbedingt
dem Völkerrecht und zwar den Rechten der Völker als solcher zugezählt werden zu müssen. Dem materiellen gehören
sie an, so weit sie als völkerrechtliche Gebote erscheinen,
und dem formellen, insoweit sie die Modalitäten der
Ausführung derselben betreffen. — Ob nun aber die
Hinstellung des Völkerstaatsrechts, Weltbürgerrechts und
Staatenrechts neben dem Völkerrecht eine begründete und
nothwendige sei, scheint uns nicht zweifelhaft. Das Weltbürgerrecht und Staatenrecht enthalten offenbar in das
Völkerrecht hingehörige und gegenwärtig auch bereits über-
gegangene Ideen, welche, insofern sie noch nicht ausgeführt
sind, in das philosophische Völkerrecht verwiesen werden
können, das freilich Zachariä in der früher üblichen
Weise nicht behandelt. Auch das Völkerstaatsrecht gehört in dieses Bereich, insoweit es aber geschichtlich begründet ist, ist es bereits in das System des positiven
Völkerrechts recipirt. Verdienstlicher ist, dass Zachariä

die Politik aus dem Völkerrecht klar ausgeschieden und der Diplomatie keine Selbstständigkeit als Wissenschaft vindicirt hat.

Aber nicht blos die allgemeine Anordnung, auch die des Einzelnen ist Zachariä eigenthümlich. Dieser wenden wir uns jetzt zu.

Die Anordnung des auf die Verhältnisse der Völker angewandten Naturrechts beginnt zunächst mit der neuen Unterscheidung eines theoretischen und praktischen Theiles. Der erste Abschnitt des theoretischen Theils behandelt als ursprüngliche Güter eines Volkes, die s. g. Ur- oder auch Grundrechte der Völker. Der zweite coordinirt dem Rechte der Völker an Sachen die Rechtsverhältnisse zwischen Colonien und dem Mutterlande, deren Erörterung indess nicht Aufgabe des Völkerrechts ist. Nur zwei Fälle der Machtstellung einer Colonie sind denkbar. Entweder es begründen die von einem Lande Auswandernden einen selbstständigen Staat für sich, aus freiem Willen und ohne Auftrag ihres Staates, dann ist kein Abhängigkeitsverhältniss zwischen dem Mutter- und Tochterlande begründet, und es nimmt der neue Staat keine andere völkerrechtliche Stellung zu jenem als zu allen übrigen Staaten ein, wesshalb denn auch diese Stellung aus jenem speciellen Gesichtspuncte nicht erörtert zu werden braucht. Oder es geschieht im Auftrage des Staates, und mit der Absicht, Eigenthum am Coloniallande zu erwerben, dann ist jener eben so Eigenthümer der Colonie als in Bezug auf sein ganzes übriges Staatsgebiet, und es ist auch dieses Verhältniss zur Colonie kein völkerrechtliches, sondern ein einfach staatsrechtliches. — Das erste Hauptstück der ersten Abtheilung des zweiten Ab-

schnitts handelt von dem einem Volke an seinem Lande zu-
stehenden Eigenthum, welches zugleich die im Lande befind-
lichen beweglichen Sachen begreift [164]), das zweite von
der Servitutenlehre. Landesdienstbarkeiten werden als ding-
liche Rechte an einer fremden Sache in das Sachenrecht
verwiesen, die dagegen nicht auf einem dinglichen Recht
beruhenden Staatsdienstbarkeiten den Vertragsverbindlichkei-
ten zugerechnet [165]). Als Consequenz dieser offenbar unbegründeten Rubricirung musste sich die Verweisung aller
auf Verträgen beruhender völkerrechtlicher Beziehungen in
das Vertragsrecht ergeben. Es kann indess nicht die formelle Begründung, sondern nur das materielle Wesen maassgebend sein.

In dem dritten Hauptstück wird das Pfandrecht auf
das Verhältniss unter Völkern angewandt. Diese Anwendung besteht lediglich in der Erörterung des Wesens eines
völkerrechtlichen Pfandrechts. Dieses finde nemlich Statt,
wenn ein Volk, um einer Beeinträchtigung seiner Rechte
vorzubeugen, oder um für ein ihm widerfahrenes Unrecht
Genugthuung zu erhalten, das Land eines anderen Volkes
in Beschlag nimmt, oder in einem eroberten Lande, nach
wiederhergestelltem Frieden, einstweilen eine Besatzung zu-
rücklasse; welche Maassregeln indess nur Sicherheitsmaass-
regeln und kraft eigenen Rechts des Volkes zu ergreifen seien.
Auch der etwa wegen dieser Maassregel abgeschlossene Vertrag, sei nicht als Pfandvertrag, sondern kraft des Rechts,
welches durch ihn anerkannt wird, verpflichtend [166]). Durch

---

164) Zachariä a. a. O. S. 32.
165) Zachariä o. a. O. S. 48 ff.
166) Zachariä a. a. O. S. 51 ff.

den blos in diesen Andeutungen enthaltenen Versuch der Anwendung des Pfandrechts auf das Völkerverhältniss, hat Zachariae offenbar die Unmöglichkeit der Uebertragung dieses Instituts auf das Völkerrecht erweisen wollen. Die dritte Abtheilung des ersten Abschnittes handelt von den durch ein Volk gegen das andere durch Verträge zu erwerbenden Rechten. Es werden unterschieden civilrechtliche Verträge, welche das Sondereigenthum der Regierung oder das Staatsgut, staatsrechtliche, welche die Hoheitsrechte, und völkerrechtliche, welche das Verhältniss des Volkes zu anderen Völkern zu ihrem Gegenstande haben [167]). Diese Dreitheilung scheint uns auf einer unklaren Anschauung begründet zu sein. Die Frage darnach, welchem Rechtsgebiete ein Vertrag anheimfällt, wird doch wesentlich nicht blos nach dem Gegenstande, sondern hauptsächlich nach der Person der Contrahenten zu beurtheilen und dann einfach dahin zu entscheiden sein: dass überall, wo Völker und Staaten und Staatsoberhäupter als solche contrahiren, auch das Völker- oder Staatenrecht, — letzteres freilich nicht in dem von Zachariä gewollten, sondern im dem Völkerrecht identischen Sinne, — zu entscheiden habe. Hiernach kann es auch unter den Völkern, weil sie anders als solche doch nicht contrahiren können, nur völkerrechtliche Verträge geben, und ist daher die obige Eintheilung eine wesentlich einseitige und falsche. Die vierte Abtheilung enthält einen augenscheinlich unter dem Sachenrecht (I. Abth.) zu behandeln gewesenen Gegenstand: „das Vermögen eines Volkes", welches als die rechtliche Gesammtheit aller erworbenen

---

167) Zachariä a. a. O. S. 51 ff.

oder zu erwerbenden Güter dargestellt wird [168]). Nach dieser Definition hätte der Verf. auch die ursprünglichen Güter dahin rechnen müssen, wofür er sich indess nur theilweise erklärt: „zu dem Vermögen eines Volkes gehören seine ursprünglichen Güter zwar nicht an sich, wol aber insofern, als sie, verletzt, ein Recht auf Schadensersatz zur Folge haben" [169]).

Der zweite oder s. g. praktische Theil des auf die Verhältnisse der Völker angewandten Naturrechts zerfällt in Gemässheit der alten herkömmlichen Eintheilung in das Recht des Friedens und Krieges. Da aber vorher die sonst unter dieser Rubrik behandelten Gegenstände, wenigstens zum Theil, erledigt wurden, so werden hier zunächst nur drei auf das Beharren im Frieden, dessen Vermittelung und Erhaltung bezügliche Sätze aufgestellt und sodann die Beziehungen der Staatsverfassung und Verwaltung zur Macht eines Volkes, die Bündnisse als Vorbereitungen auf den Krieg, das Ministerium des Auswärtigen und die Gesandten erörtert [170]).

In dem zweiten, dem Rechte des Krieges gewidmeten Abschnitt wird zunächst der Krieg — die Verhandlung eines Rechtsstreites unter Völkern mittelst wechselseitiger Anwendung physischer Gewalt — nicht als die einzige Art der Selbsthülfe eines Volkes gegen das andere bezeichnet. Nicht der äussere Zustand ist es also, um dessen willen Zachariä die Eintheilung in Friedens- und Kriegsrecht beibehalten hat,

---

168) Zachariä a. a. O. S. 71 ff.
169) Zachariä a. a. O.
170) Zachariä a. a. O. S. 80 ff.

denn er weiss ja den Krieg wesentlich als ein processualistisches Rechtsmittel neben allen übrigen. Auch weist
der geringe Umfang des Friedensrechts darauf hin,
dass Zachariä die äussere überkommene Eintheilung in
Friedens- und Kriegsrecht ganz mechanisch befolgt hat.
Im Einzelnen wird nun das Recht des Krieges wesentlich
als ein Recht zum und im Kriege behandelt, in gleicher Eintheilung wie bei Kant [171]). Nur das Recht
nach dem Kriege wird nicht im Zusammenhange bei Zachariä, wie bei Kant behandelt. Kant erwähnt hier den
Friedensschluss, die Kriegskosten, die Auswechselung der
Gefangenen, den Zustand des eroberten Landes, die Amnestie [172]); Zachariä behandelt in einem besonderen Hauptstück, dem dritten (das erste ist dem Recht zum und das
zweite dem im Kriege gewidmet), die Wiederherstellung des
Friedens, in ausschliesslicher Erörterung des Abschlusses
desselben. Dagegen werden zwischen dem zweiten und
dritten Hauptstück in drei Anhängen behandelt:

1) die Rechtsgrundsätze, nach welchen der Fall einer
   Eroberung zu beurtheilen ist;
2) das Kriegsrecht in Seekriegen, und
3) das Recht der Neutralität.

Die Gründe für die Sonderstellung des ersten Anhanges
sind, dass die dort behandelte Frage sowol eine staats- als
völkerrechtliche Frage ist, und desshalb auch nach beiden
Beziehungen abzuhandeln ist [173]); für die des zweiten An-

---

171) Vergl. Kant's Metaphysik der Sitten, 1838, §§ 56, 57, und
Zachariä a. a. O. S. 101—118.

172) Kant a. a. O. § 58.

173) Zachariä a. a. O. S. 118 f.

8

hanges, dass die Grundsätze des (philosophischen) [174]) Kriegsrechts im Allgemeinen zwar für See- und Landkriege galten, die des in Seekriegen geltenden [175]) Europäischen Völkerrechts aber für Seekriege, im Gegensatz zu den Landkriegen, den besonderen Grundsatz anerkennen: dass alles Feindesgut, sowol Staats- als Privateigenthum, dem Beuterecht verfalle [176]). Die Behandlung des Rechts der Neutralität in einem Anhange wird dadurch motivirt, dass allgemeine Rechtsgrundsätze zur Entscheidung der Collisionsfälle zwischen Kriegführenden und Neutralen nicht ausgesprochen werden können, sondern dieses Verhältniss durch positives Recht und zwar mittelst eines Vergleichs zwischen Kriegführenden und Neutralen zu Stande kommen müsse. Auch hier begiebt sich Zachariä, namentlich bei der ausführlichen Würdigung des Systems der bewaffneten Neutralität, auf historischen, positiven Boden.

Wir erkennen in der eben dargelegten Ordnung eine wesentlich nach Systematisirung trachtende und eben desshalb für ähnliche Versuche erhebliche. Zachariä erkannte zunächst richtig den wesentlichen Unterschied zwischen einem geltenden und gelten sollenden Recht. Eben desshalb erläuterte er auch das erstere nicht in Verbindung mit dem letzteren, und wo eine Berücksichtigung des letzteren ihm

---

174) Hier wird das auf das Verhältniss der Völker angewandte Naturrecht „philosophisches", im Gegensatz zu der von Zachariä selbst (vergl. S. 11 u. 15) hervorgehobenen Unterscheidung, genannt.

175) Während bisher immer nur von dem auf die Verhältnisse der Völker angewandten Naturrecht die Rede war, wird hier auch das geltende Europäische Völkerrecht, also wol, wie aus dem durch Zachariä geführten geschichtlichen Nachweise hervorgeht, unzweifelhaft das positive berücksichtigt.

176) Zachariä a. a. O. S. 131.

nothwendig schien, erörterte er es entweder im Zusammenhange, getrennt von dem Völkerrechtssystem, in der Form
geschichtlicher Entwickelung [177]), oder verwies Einzelheiten
desselben in Anhänge. Ein System des positiven Völkerrechts finden wir bei ihm nicht, dagegen ein auf die Verhältnisse der Völker angewandtes Naturrecht. Die Erkenntniss, dass es zur Herstellung eines positiven Systems an
hinreichendem historischem Material fehle, mag ihn vielleicht
von einem solchen Versuche zurückgehalten haben.

Was hat aber Zachariä mit seinem auf die Verhältnisse der Völker angewandten Naturrecht der Wissenschaft
nützen können? Dieses sein Naturrecht setzt nicht nur ein
vollkommen souveraines, unabhängiges Verhältniss der Völker
voraus, sondern erfasst auch diesen Stand der Natur im
Völkerrecht als eine Wirklichkeit. Dieses Verhältniss hat
nun aber in der That nicht blos im Völkerrecht eine Wirklichkeit, sondern bleibt so ein rein staatsrechtliches, denn
die Unabhängigkeit hat auch jedes nicht zu einem völkerrechtlichen Verbande und nicht das Völkerrecht anerkennende
Volk. Die völkerrechtliche Stellung eines Volkes ist ausserdem durch seine Beziehung zur Weltrechtsordnung bedingt.
— Mit der nicht motivirten Unterscheidung eines theoretischen
und praktischen Theiles konnte Zachariä Zweierlei beabsichtigen. Entweder erschien es ihm erforderlich, dem Völkerrecht einen allgemeinen Theil, wie in den Systemen des
Civil- und Criminalrechts, vorauszusenden, oder es sollten
die blosse Theorie des Völkerrechts oder nur Wissenschafts-
sätze von der Praxis oder gültigen Lebenssätzen getrennt

---

177) Der Europäische Völkerstaat, S. 173 ff.

8*

werden. Für Ersteres spricht die Ausführung nicht, denn die als ursprüngliche Güter bezeichneten Urrechte sind wesentlich schon Hauptbestandtheil des Systems, indem sie sich auf das Recht der Subjecte, wenigstens das der Staaten oder Völker, beziehen; die übrigen Hauptstücke des theoretischen Theils fallen aber, mit Ausnahme des Vertragsrechts, in das Gebiet der Objecte, und die Verträge selbst bilden den dritten Haupttheil des völkerrechtlichen Systems. Gehen wir aber auf die andere Interpretationsweise ein, so ist zunächst im theoretischen Theil, da nachgewiesenermaassen dort alle drei Haupttheile eines völkerrechtlichen Systems behandelt werden, auch geltendes sollendes Völkerrecht dargelegt. Ein Blick auf den praktischen Theil ergiebt aber in Bezug auf den dem Friedensrecht gewidmeten Abschnitt, bis auf die der wirklichen Lebenserscheinung der Gesandten gewidmeten Betrachtungen, nur ganz allgemeine Sätze. Eben so kommen in den drei Hauptstücken des Krieges nur solche allgemeine Sätze vor, und ist geltendes Recht nur in den dazwischen geschobenen Anhängen anzutreffen. Wir vermögen daher den Zweck der Unterscheidung eines theoretischen und praktischen Theils bei Zachariä nicht anders aufzufassen, als dass darin eine Andeutung des materiellen und formellen Völkerrechts enthalten sei. Denn so scheiden sich nach der stattgehabten Behandlung die beiden Theile nach ihren Gegenständen principiell. Im theoretischen Theil wird offenbar nur materielles Völkerrecht erörtert, und im praktischen, bis auf die allgemeinen Friedenssätze nur formelles: die Gesandten und die processualistischen, internationalen Rechtsmittel. — Was aber die Anordnung der Einzelheiten des Völkerrechts betrifft, so hat Zachariä mit verschiedenen privatrechtlichen Institutionen, sogar dem Pfandrecht, am völkerrechtlichen Stoffe experimentirt und durch das Missglücken dieser und anderer Versuche ähnliche hoffentlich vereitelt.

In weit geringerem Umfange berücksichtigten das Völkerrecht die uns vorliegenden philosophischen Bearbeitungen der Hegelianer: Bitzer und Kahle.

Friedrich Bitzer wollte auf positiver Grundlage philosophiren. Sein „System des natürlichen Rechtes" (1845) sollte „aus speculativer Entwickelung, Erforschung des positiven Rechts und seiner Geschichte, und praktischer Anschauung" hervorgehen [178]). Wir treffen bei ihm im Allgemeinen zwei dem materiellen und formellen Recht entsprechende Hauptkategorien : 1) die Gründung des Rechts, 2) die Verwirklichung des Rechts ; indess ist auf das Völkerrecht davon keine Anwendung gemacht worden. Dieses wird bei ihm überhaupt nur in folgenden Andeutungen berührt [179]).

Aus der allgemeinen Beziehung der Menschen zu ihrer Gattung, dem Menschengeschlecht, und zu dem Erdboden, als ihrem allgemeinen Aufenthaltsort, entständen gemeinsame Verhältnisse, ebenso der Menschen wie der Völker, welche, als rechtliche, sich als Rechtsverhältnisse der Staatsbürger und der Staaten darstellen. Da aber diese rechtlichen Verhältnisse nur in Beziehung auf die besonderen Staaten und durch sie wirklich seien, so erscheinen auch jene Beziehungen als rechtlich wirklich nur in dem einzelnen Staate

---

178) Bitzer a. a. O. Vorrede S. IV.
179) Vergl. Bitzer a. a. O. S. 295 ff. VIII. die Staaten.

und durch ihn, sein Rechtsbewusstsein bestimmt. Weil jene Gemeinschaft aber zugleich in die Wirklichkeit unterschiedener Staaten eingreife, stelle sich deren Gemeinsamkeit darin dar, dass die besonderen Staaten mit gemeinsamem Willen zur Feststellung jener gemeinschaftlichen Beziehungen in Staatsverträgen sich vereinigen.

Der beschränkte Ausgangspunct Hegel's ist offenbar hier verlassen. Nicht der besondere Wille allein, sondern auch der allgemeine wird als thätig in den Beziehungen der Staaten gewusst. Ist nun hierin der Verf. seinem Vorsatze, die Hegel'sche Rechtsphilosophie über ihre Beschränkung hinauszuführen [180]), nachgekommen, so scheint er uns durch seine sonstige wesentliche Behandlung des Verhältnisses der Staatsbürger und durch die Art der Behandlung zu J. G. Fichte zurückzukehren. Denn seine Begründung der rechtlichen Beziehungen der Staaten durch Vermittelung der Staatsbürger und die Grenzgemeinschaft der Staaten erinnert unwillkührlich an Fichte [181]). Aus diesen Beziehungen wird auch die Pflicht der Staaten, durch ständige Gesandtschaften in Verkehr zu treten, abgeleitet, während der Krieg, als Negation eines Staates durch den anderen, schon in der gemeinsamen Beziehung der Staaten zu dem Erdboden seine Begründung finden soll. Als Aufgabe der Staaten wird erkannt, die allgemeine Wirklichkeit des Rechts vermöge der Politik darzustellen. Hauptsächlich sollen Verträge zur Bestimmung. der aus der Beziehung zur Mensch-

---

180) Vergl. Bitzer's Vorrede.

· 181) Vergl. unsere oben gegebene Darstellung Fichte's und Fichte selbst a. a. O. § 4 u. 8, woselbst namentlich die Garantie der Eigenthumsrechte der Bürger nur auf die benachbarten Staaten eingeschränkt wird.

heit entspringenden Verhältnisse der Staaten abgeschlossen
werden.

Dass Bitzer in den eben angedeuteten Beziehungen
des Völkerrechts eine richtigere Auffassung angebahnt habe,
wird theilweise behauptet, theilweise in Abrede genommen
werden können. Insoweit er der Hegel'schen Willenstheorie,
mit Rücksicht auf die Weltrechtsordnung, den Charakter
des Besonderen abstreifte und sie zum Allgemeinen erhob, ist
ein Fortschritt allerdings wahrzunehmen. Sein Zurückgehen
auf den mangelhaften Fichte'schen Ausgangspunct führt ihn
aber zur Besonderheit in anderer Erscheinungsform, den
Staatsbürgern zurück, indem er aus dem Verhältniss dieser
Besonderheiten das Allgemeine, den Staat ableitet, anstatt
jene durch diesen in der Weltrechtsordnung dargestellt zu
wissen. Von den von dem Verf. gewollten positiven Grundlagen seiner Betrachtungen ist, wenigstens in Bezug auf
das Völkerrecht, nichts zu bemerken gewesen.

Auch Kahle (die speculative Staatslehre oder Philosophie des Rechts, 1846) behandelt zunächst das Verhältniss der Staaten zum Einzelnen [182]) und dann das der Staaten
zueinander [183]). Die Unmöglichkeit der Isolirung der Staaten wird durch ihren allseitigen Zusammenhang begründet.
Der Erörterung der Verbindlichkeit der Staatsverträge folgt
die des Krieges. Als Mittel zur Vermeidung desselben wird
der Staatenbund empfohlen [184]). Die Staaten sollen in

---

182) Kahle a. a. O. A) Vom Verhältniss eines Sonder-Staats zu
den einzelnen Personen, S. 437 ff.

183) Kahle a. a. O. B) Das Verhältniss der einzelnen Staaten zu
einander, S. 439 ff.

184) Kahle a. a. O. „Der Staatenbund", S. 446 ff.

demselben zu einem, ihre Streitigkeiten entscheidenden, Gemeinwesen sich vereinigen, welches sich zu den einzelnen Staaten so, wie der einzelne Staat zu den Einzelnen zu verhalten habe. Nur so löse sich die Differenz der particulairen Interessen auf in eine allgemeine Harmonie, und es könne die Staatensonderung blos durch besondere Umstände entschuldigt werden. Mit der Ausgleichung der über Alles entgegengesetzten Meinungen trete aber die Welt in die klare Erkenntniss, hiermit höre die Berechtigung zu einer relativen Staatensonderung auf und entstände die Verpflichtung der Unterordnung Aller unter den einen Staat, welcher sich alsdann als das sichtbare Reich Gottes auf Erden an die Spitze der Weltbewegung stellen werde.

Auch Kahle ist in den schon öfter gerügten Fehler gefallen, die Verhältnisse Einzelner, als solcher, zu Staaten als selbstständige zu betrachten, während sie doch nur als durch andere Staaten Vermittelte im Völkerrecht zur Berücksichtigung gelangen können. Richtig erfasst er den Staatenzweck in der Verwirklichung der Rechtsordnung, aber er missachtet dabei die völkerrechtliche Selbstständigkeit, indem er alle Staaten in eine *civitas maxima* auflösen will, einen Universalstaat, welcher den Grundbedingungen völkerrechtlicher Staatlichkeit: der Selbstständigkeit und Gleichberechtigung widerspricht. Gegenüber Bitzer hat Kahle die Allgemeinheit der staatlichen Verbindung richtiger erfasst, indem er aber zu dem Staatenstaat zurückkehrt, geräth er in anderer Weise, als jener, wieder in eine Besonderheit hinein. Denn während Bitzer von einer Besonderheit, den Staatsbürgern, ausging, geht Kahle in eine solche, aber qualitativ verschiedene, den Universalstaat hinaus.

Unabhängig von den drei eben besprochenen philosophischen Richtungen erwerben sich Anhang Johann Friedrich Herbart und Karl Christian Friedrich Krause.
Ersterer gab in seinen Schriften zur praktischen Philosophie
auch einige Andeutungen über das Völkerrecht und von
einem Anhänger letzterer Richtung: Ahrens, sind kürzlich
einige Grundansichten auch über das Völkerrecht in seiner
juristischen Encyclopädie veröffentlicht worden. Eklektisch
haben über dasselbe Warnkönig und Imanuel Hermann Fichte philosophirt. Weder selbstständig, noch
eklektisch, sondern rein willkührlich erscheint Audisio.
Dagegen hat der bekannte Rechtsphilosoph Friedrich Julius Stahl, wenn gleich Lehrer des öffentlichen Rechts
und praktischer Politiker, das Völkerrecht in seiner Rechts-
und Staatslehre unberücksichtigt gelassen. Seine Philosophie des Rechts ist hierdurch in internationaler Beziehung
unbewährt und gegenständlich unvollständig geblieben.

Wenn die vorstehend charakterisirten Hegelianer in ihrer
Rechtsphilosophie, als besonderen Zweig das Staatenrecht
(Völkerrecht) berücksichtigten, so haben Herbart und, so
viel uns bekannt, sein Anhang dem Völkerrecht als Ganzem
eine eingehende Behandlung nirgends gewidmet [185]). Nur
Andeutungen finden wir bei Herbart in seiner „analyti-
schen Beleuchtung des Naturrechts und der Moral" [186]).

Eine vollständige Begriffsbestimmung des Völkerrechts
haben wir bei Herbart nicht angetroffen, wol aber die
Behauptung: dass in demselben die Verhältnisse der Einzel-

---

185) Vergl. auch v. Kaltenborn a. a. O. S. 159.
186) Herbart a. a. O. S. 215 ff.

nen, sofern sie noch nicht der Staatsgewalt untergeordnet
sind, wiederkehren, aber mit sehr vermehrtem Gewicht [187]).
Er weiss ferner Krieg und Friedensschluss als Gegenstand
des Naturrechts [188]). Dieses Naturrecht, wenn es irgend
auf Unabhängigkeit vom positiven Recht Anspruch mache,
könne aber nur durch Gründe wirken, auf diese höre aber
nur der moralische Mensch, daher dürfe es sich von der
Moral nicht dergestalt absondern, als ob es ohne sie Ein-
gang finden könnte [189]). Nenne man die Wissenschaft von
den Bedingungen des Sittlichen Moral, so ruhe die Gültigkeit des Naturrechts auf der Moral und dürfe von dieser
nicht getrennt werden [190]). Rechtsgesetz sei gleich dem
Sittengesetz in seiner Anwendung auf das Aeussere [191]).
Die praktische Philosophie habe auf die praktische Seite
des Christenthums Rücksicht zu nehmen. Hier rage das
Gebot der Liebe hervor. Der Hass gegen den Feind soll
abgelegt, die Liebe zum Einzelnen soll zum allgemeinen
Wohlwollen erhöht und hiermit eine solche Gemeinschaft
gestiftet werden, dass sie dem Auge des Allgütigen gefallen
könne [192]). Billigkeit und Wohlwollen werden an Stelle
des Rechts als Principien für Völkerrechtsconcessionen gefordert [193]). Auch die Verträge der Völker sollen zur Ge-
währung grösserer äusserer Freiheit nach der Idee der Vollkommenheit, zur Einleitung freundlicheren Umganges gemäss

---

187) Herbart a. a. O. S. 236.
188) Herbart a. a. O. S. 239.
189) Herbart a. a. O. S. 240.
190) Herbart a. a. O. S. 304.
191) Herbart a. a. O. S. 264.
192) Herbart a. a. O. S. 241.
193) Herbart a. a. O. S. 261.

dem Wohlwollen und bei steigender Nützlichkeit der Verkehrseröffnung nach Anleitung der Billigkeit geschlossen werden [194]).

Nach diesen zerstreut aufgefundenen Andeutungen die Anschauung Herbart's über das Völkerrecht zu construiren, scheint uns gewagt, und wir halten mit Rücksicht darauf, dass er nur Grundzüge eines Ganzen geben wollte, dessen Theile für Jeden bereit liegen sollen, der sich einer speciellen Ausarbeitung unterziehen will [195]), uns um so weniger dazu berechtigt. Es bleibt aus den zusammengestellten Aeusserungen zunächst unbestimmt, ob Herbart etwa wegen der besonderen Hervorhebung der Verhältnisse der Einzelnen, auch diese, wie Fichte, als Ausgangspunct für das gesammte Völkerrecht weiss. Bedeutsam erscheinen aber auch für das Völkerrecht die geforderte Verbindung des Naturrechts und der Moral und die angegebenen Principien der Billigkeit, des Wohlwollens und der Vollkommenheit.

H. Ahrens unterscheidet in seiner „juristischen Encyclopädie oder organischen Darstellung der Rechts - und Staatswissenschaft auf Grundlage einer ethischen Rechtsphilosophie" (1857) [196]) das öffentliche Völkerrecht, den Inbegriff der Normen für den von jedem Volk in seinen Gesammtverhältnissen zu erstrebenden Gesammtzweck, und das Privat-Völkerrecht, den Inbegriff der Normen für die von den Einzelnen verschiedener Staaten in ihren Beziehungen unter einander zu verfolgenden Sonderzweck. Das öffentliche Völkerrecht soll aus einem dreifachen Gesichts-

---

194) Herbart a. a. O. S. 282.
195) Herbart a. a. O. S. 245.
196) Ahrens a. a. O. S. 782 f.

puncte betrachtet werden, dem philosophischen, erfahrungsmässigen (und zwar geschichtlichen, statistischen und positiv-rechtlichen) und dem politischen. „Das philosophische Völkerrecht entwickelt durch die vernünftige grundsätzliche Erfassung der unter den Völkern, als Gliedern der Menschheit an sich, objectiv, bestehenden organischethischen Wechselverhältnisse, die dadurch gleichfalls objectiv begründeten rechtlichen Beziehungen und Normen des gegenseitig bedingten Mit- und Füreinanderseins." Ausserdem wird noch eine von der äusseren Politik zu scheidende Politik des Völkerrechts hingestellt als die gegebene Verhältnisse mit den Bedürfnissen der Weiterbildung und des Fortschritts vermittelnde Wissenschaft und Praxis. Sie schliesse sich angemessen an das philosophische oder auch an das positive Völkerrecht an, müsse aber immer sowol von den allgemeinen Grundsätzen, als von dem zur Zeit bestehenden Recht unterschieden werden. Die Grundlage des Völkerrechts liege in den gesammten ethischen, für den Willen bestimmenden Verhältnissen der Völker, als eines durch Gott in der Natur und der Menschheit verbundenen Ganzen, in welchem alle Glieder im Mit- und Füreinandersein sich gegenseitig bedingen, ein jedes in einer staatlichen Ordnung erscheinende Volk als eine moralische Person seine Selbstständigkeit habe und bewahren soll, aber zugleich in Gemeinschaft mit allen anderen theils eine Kräftigung seines eigenen Daseins erhalten, theils zur Förderung der Zwecke der anderen mitwirken, alle gemeinsam den Menschheitszweck vollführen sollen. Natürliche, religiöse, geistige, sittliche, wirthschaftliche Verhältnisse seien innere bestimmende Kräfte der völkerrechtlichen. Das oberste Princip des Völkerrechts sei das des Rechts, welches in der Verwirklichung des Rechtszustandes auch die Bedingungen der Culturentwickelung der Völker gebe. Dieses Recht sei dem Princip nach das Ganze der Normen, welche die aus den ethischen Verhältnissen entspringenden Bedingungen der organischen Gemeinschaft, d. h. also der selbstständigen Coexistenz, so wie der gegenseitigen Förderung und der gemeinsamen Erfüllung des Menschheitszweckes regeln. Die äussere, auch im Recht zu beachtende, Wirkung des gesammten ethischen Organismus der Völker sei das organisch-dynamische Gleichgewicht. Wenn gleich die äusseren .Verhältnisse möglichst mit dem Princip des Rechts in Einklang gebracht werden sollen, so könne doch kein Staat ganz von dem äusseren organischen Gleichgewicht absehen, das daher stets eine leitende Maxime in der Politik bleiben werde. Die gesellschaftliche Form des Rechtszustandes unter den Völkern sei ein immer mehr sich ausbildes Föderativsystem. — Besondere Rücksicht nimmt Ahrens auch auf die Anordnung des Völkerrechts. Er verlangt die Eintheilung in ein allgemeines Völkerrecht und ein besonderes. Das allgemeine soll enthalten die obersten Grundsätze, das Völker-, Personen-, Sachen-, Obligationen-Recht und das Recht der Rechtsverfolgung, bei welcher letzteren in richtiger Aufeinanderfolge die gütlichen und gewaltsamen Maassregeln (Repressalien, Retorsion und Krieg) erwähnt werden. Als besonderes Völkerrecht soll dann erscheinen das Völker-, Religions-, Wissenschaft- und Kunst-, Handels- und Gewerberecht.

Es ist nicht zu verkennen, dass Ahrens beflissen ist, die unter dem Völkerrecht bestehenden verschiedenen Bezie-

Rechte und Verpflichtungen für die Regierungen, sondern auch für die Staatsangehörigen derselben. Das wirkliche Völkerrecht sei der Inbegriff der gemeinsamen Ueberzeugung der Völker von dem, was sie rücksichtlich ihrer gegenseitigen Verhältnisse für Recht halten. Erst durch diese Ueberzeugung der Völker über ihre juristische Persönlichkeit erlange das Völkerrecht den Charakter eines positiven Rechts, durch welchen es als solches verpflichte. Blosse Theorien, d. h. Ansichten einzelner Philosophen über Völkerverhältnisse, seien nicht wirkliches Recht. Die gemeinsame Ueberzeugung spreche sich aber aus 1) durch stillschweigende Befolgung derselben Grundsätze, 2) durch ausdrückliche Anerkennung. Ausserdem gebe es wegen ihrer inneren Wahrheit geltende, wissenschaftlich zur Evidenz erhobene Grundsätze, welche, weil sie aus dem Wesen der völkerrechtlichen Verhältnisse sich ergeben und bei allen Völkern sich wiederfinden und desshalb einen Charakter der Allgemeinheit haben, das allgemeine oder natürliche Völkerrecht bilden. Indess seien diese Grundsätze nicht von selbst für Völker verpflichtend, sondern bedürfen der Anerkennung dieser, um wirklich geltendes Recht zu sein. Die Garantie des Völkerrechts ruhe in einem in seinen Wirkungen richtig berechneten Staatensystem, oder in einem Staatenstaat und in sonstigen politischen Constellationen, wenn gleich beim Mangel kräftiger Garantien die völkerrechtlichen Grundsätze nicht ihren Charakter als Rechtsprincipien einbüssen sollen. Nur das durch eine Einheit, einen Willen, eine Regierung repräsentirte Volk könne anerkannt werden. Die Rechte der Völkerindividuen müssen sich beziehen auf ihre Person, ihr Vermögen und ihre Handlungen.

Die Grundsätze des Völkerrechts können unter diese drei Gesichtspuncte gebracht werden. Unter der Kategorie der Handlungen werden sowol die Gesandten und Verträge als Vermittler des friedlichen Verhältnisses, als auch die Zwangsmittel zur gewaltsamen Aufrechterhaltung desselben erörtert. Durch eine Reihe fortgesetzter Völkerverträge und Bündnisse habe sich das europäische Staatensystem gebildet, in welchem die Rechte aller anerkannten Staaten genau bestimmt und durch das politische Gleichgewicht gesichert seien. Zwangsmittel seien Retorsion, Repressalien und Krieg.

Verdienstlich erscheinen an der vorstehenden Behandlung die ausdrückliche Hervorhebung der juristischen Natur des Völkerrechtsverhältnisses, die richtige Würdigung der Positivität des geltenden Völkerrechts und die Construction der Systematik nach den drei Haupttheilen der Person, des Vermögens und der Handlungen, die wir mit den allgemeinen Begriffen der Subjecte, Objecte und Acte bezeichnet haben. Dagegen wird dem Völkerrecht seine juristische Natur und Selbstständigkeit wieder genommen durch die politischen Mittel der Garantien und fehlt die Unterscheidung des materiellen und formellen Rechts. Hätte der Verf. bei der ihn auszeichnenden richtigen Auffassung des völkerrechtlichen Verhältnisses als ein juristisches, das Völkerrecht auch juristisch sicher gestellt, und in juristischer Consequenz auch die Systematik vollendet, so hätte er in beiden Beziehungen Vollendetes geleistet. Statt dessen ursachte namentlich das Unterlassen letzterer Consequenz folgende Mängel. Ein Bestandtheil des formellen Rechts: die als Organe desselben wirkenden Gesandten wurden

den Handlungen angefügt, weil diese von jenen vollzogen werden [198]), — und ein anderer: die Zwangsmittel denselben eingefügt, und hierdurch die durch die sonstige Construction ermöglichte richtige Scheidung materiellen und formellen Rechtes aufgehoben. Die Nichtanwendung der gebotenen Unterscheidung ursachte auch ein partielles Zurückgehen in die Kategorien des Friedens- und Kriegsrechtes. Der Verf. argumentirt: „Die Handlungen der Völker gegen einander sind verschieden, je nachdem sie auf dem Fusse der Freundschaft und des Friedens, oder im Zustande der Feindschaft oder gar des Krieges stehen." Anzuerkennen bleibt aber jedenfalls nicht blos das schon oben als verdienstlich Bezeichnete, sondern besonders auch die strenge Rücksichtsnahme auf die Anordnung des völkerrechtlichen Stoffes, welche von den meisten Philosophen gänzlich ausser Acht gelassen worden ist.

Imanuel Hermann Fichte [199]) bezeichnet das Völkerrecht als Organismus der Staatengesellschaft. Denn jenes Wort oder das „äussere Staatsrecht" (Hegel) sei eine zu enge Benennung, indem das blosse Rechts- und Vertragsverhältniss zwischen den Staaten keineswegs das höchste Ziel und der eigentliche Abschluss ihrer Wirksamkeit unter einander sein, sondern die Rechtsidee die sichernde Grundlage (das „Mittel") bleiben soll, innerhalb deren die ergänzende „Gemeinschaft" zwischen den Staaten und Völkern sich erzeugen könne. Drei Stufen werden in der Entwickelung des Völkerrechts unterschieden. Auf der ersten Stufe

---

198) Aus gleichem Grunde fügten Höpfner und Hufeland die Gesandten zu den Verträgen. Vergl. oben S. 76 u. 78.

199) System der Ethik, Thl II, Abthlg II, S. 343 ff.

sei der abstracte, selbstsüchtige Individualismus nur noch
sporadisch durchzogen von den instinctiv wirkenden Regun-
gen des Rechtsgefühls und des Wohlwollens; die zweite
Stufe habe sich zum Bewusstsein der Rechtsidee erhoben,
welches zur wechselseitigen Rechtsanerkennung der Staaten
unter einander führe und das eigentliche Völker- oder internationale Staatsrecht erzeuge. Die dritte Stufe sei die des
Weltstaatenbundes, zu welchem das natürlich-sittliche Ge-
fühl der Völker im Bewusstsein gemeinsamer, menschlicher
Zwecke hindränge, um die gleichen Grundsätze ergänzen-
den Wohlwollens gegen Alle auszuüben. Die erste
Stufe, auf welcher es nur bis zur Ausbildung des Kriegs-
und Friedensrechts komme, sei im Wesentlichen das Völkerrecht der Vergangenheit, bis zur zweiten habe sich
wesentlich das weltgeschichtliche Bewusstsein Aller im Völkerverkehr entwickelt, — also erscheint sie als das Völkerrecht der Gegenwart, — die dritte sei die Region der
Zukunft, indess liessen sich einzelne Anfänge in dem gegenwärtigen Völkerverkehr schon nachweisen [200]). In Uebereinstimmung mit der Charakterisirung der drei Entwickelungsstufen behandelt Fichte das Völkerrecht als das Recht
des Krieges und Friedens [201]), das Vertragsrecht der Staaten [202]) und den Weltstaatenbund [203]). Der Krieg wird
als Rechtsstreit zwischen unabhängigen Völkern, der Friede
als der regelmässige Zustand gewusst. Die gegenseitige
Anerkennung der Staaten als selbstständiger und gleich-

---

200) Fichte a. a. O. § 158.
201) Fichte a. a. O. § 159.
202) Fichte a. a. O. § 160.
203) Fichte a. a. O. § 161.

berechtigter juristischer Personen schliesse die Anerkennung der gegenseitigen Unabhängigkeit und Souverainetät nach Aussen in sich. Aus dieser folge das Recht des Abschlusses gegenseitiger Verträge und das Recht, seine Bürger auch in fremden Staaten als die seinigen anerkannt zu sehen und den Schutz des eigenen Staates auf sie übertragen zu lassen. Da alle diese Rechte nur durch Gegenseitigkeit erworben und bewahrt werden könnten, das durch Gegenseitigkeit Festzusetzende aber auch vertragsmässig Zubestimmendes sei, so könnten alle Verhältnisse zwischen den Staaten durch Verträge dauernd und für immer bestimmt werden. Die Verletzung der Verträge habe einen Rechtsstreit zur Folge, der in dem Zustande der Nothwehr durch Selbsthülfe durchgeführt werde, deren niederer Grad die Repressalien und äusserster der Krieg sei. Der Krieg sei aber als rechtmässiges Mittel dem Staate auch Pflicht zur Bewahrung der von seiner Existenz als selbstständiger Macht unzertrennlichen Güter seines Rechtes und seiner Ehre. Den Friedenszustand bahnen die Ideen der Vollkommenheit und des Wohlwollens an. Erstere habe die Kriege durch friedliche Verhandlungen ersetzt, letzteres wirke nicht von Staat zu Staat, sondern von Individuum zu Individuum über alle Staats- und Völkergrenzen hinaus, denn zwischen unabhängigen Staaten gebe es nur Rechtspflichten zu beobachten. Dagegen erzeuge sich durch Handel, Wanderungen, Austausch geistiger und realer Güter unwillkührlich ein Völkerverkehr, welcher der einstigen geistigen Gemeinschaft vorarbeite. Bei dem Weltstaatenbunde sei das Wohl aller Staaten maassgebend, dann sei das Vertragsverhältniss aus dem Stadium des Vortheils in das des Wohlwollens getreten.

Zweierlei Arten allgemeiner Verbindungen seien unter den Staaten denkbar. Entweder solche, welche zum Schutz der eigenen Interessen abgeschlossen werden (Bundesstaat, Staatenbund) oder zur Durchführung allgemein menschlicher Zwecke. In der zweiten Richtung habe sich früher und entschiedener ein gemeinsames Bewusstsein unter den Völkern erzeugt, das zum Ausdruck gelangt sei in gewissen völkerrechtlichen Gebräuchen und weltstaatlichen Verträgen. Dieses Princip habe sich zum Weltbürgerthum abgeschlossen.

Fichte geht entschieden von der Rechtsidee aus, giebt eine historische Entwickelung derselben und betrachtet in Gemässheit der Entwickelungsstufen derselben das Völkerrecht. Wir müssen diese Art des Philosophirens über das Völkerrecht als die fruchtbringendste bezeichnen. Erst nach Entwickelung der Rechtsidee war überhaupt ein philosophisches Beurtheilen möglich. Und die von Fichte gegebenen Entwickelungsstufen sind keine erdachten, sie sind geschichtlich begründet. Fichte ist überhaupt nicht leeren Träumereien hingegeben. Seine philosophische Betrachtung unterscheidet sich durch die stete Rücksichtsnahme auf die geschichtliche Entwickelung und den wirklichen Bestand sehr vortheilhaft von allen übrigen und ist ihm in dieser Beziehung etwa nur Ahrens gleichzustellen, welcher indess, wenigstens im Völkerrecht, nur die allgemeinsten Lebenskreise in Betracht zieht, während Fichte auch den Einzelheiten sich zuwendet. Wir können nicht umhin, hier noch eine, Fichte's Standpunct vortheilhaft charakterisirende Stelle hervorzuheben: „Nichts gezieme übrigens der Ethik weniger, als mit unfruchtbaren Wünschen und phantastischen Vellejitäten sich zu befassen. Sie habe nur insofern das

Recht mit Prophezeiungen hervorzutreten, als sie in der
Wirklichkeit schon die Anknüpfungspuncte nachzuweisen
vermöge, die auf richtigem Pfade in jene von ihr behauptete Zukunft hinüberführen müssten." Wir vermissen bei
Fichte die Rücksichtsnahme auf die Anordnung des Völkerrechts. Warnkönig und Fichte ergänzen sich. Jener
bringt seine Leistungen für die Anordnung, dieser seine
Entwickelung der Rechtsidee hinzu. Ein jeder von ihnen
hat in seinem Antheil Verdienstliches geleistet.

Wir gelangen schliesslich zu Gulielmo Audisio's
iuris naturae et gentium privati et publici fundamenta
(1853). Der Verf. ist nicht blos mit seinem Titel, sondern
auch in seiner Anschauung zurückgekehrt zu einem vergangenen wissenschaftlichen Zeitalter. Seine theologisirende
Richtung erinnert an die Politiker des Mittelalters, ist aber
gleichzeitig der modernen ultramontanen verwandt. Er ist
der geharnischte Ritter der *ecclesia,* kämpft indess ihr zur
Unehre nicht selten mit vergifteten Waffen.

Audisio theilt das Staatsrecht, das *ius caesareum* in
das nationale zur inneren Regierung des Volkes, und internationale zur Unterhaltung der Freundschaft mit Auswärtigen[204]. Während ersteres beinahe den gänzlichen
Inhalt des Werkes einnimmt, ist das *ius gentium internationale* in wenigen Seiten behandelt[205]. Die dort behandelten Sätze sind folgende : *I. Societatum species et gra-
dus : ius internationale necessarium vel liberum. II. Ius
nationalitatis affine est iuri proprietatis. III. Natio fit*

---

204) Audisio a. a. O. *tit. praelim.* S. 3.

205) Bis zur S. 338 wird nur Staatsrecht, Völkerrecht von dort bis
S. 343 behandelt.

sedes iurium, non creatrix; eius fines. IV. Nationes iuribus, non viribus pares: iustitiae actus necessarii vel liberi. V. Beneficentia pacem servat: Diplomatiae virtutes et crimina. VI. Pacem tuentur foedera, tum in externos, tum in internos. VII. Emancipationum vel insurrectionum recens historia. VIII. Interventus armatus, apud aliam gentem, quo modo licitus. IX. Belli, sive iuris armati, conditiones et adiuncta. X. Bellum, corruptae naturae indicium: tribunalis ethnarchici idea. XI. Consulentis et suadentis, non iubentis vel imperantis officium. XII. Curiae universalis munera. XIII. Deus ipse praesideat.

Als das *ius gentium necessarium* und *absolutum* wird das den Völkern von der Natur selbst gesetzte Recht, als das *ius voluntarium et liberum,* das aus dem Handel und überhaupt aus dem Verkehr der Völker hervorgehende bezeichnet. Aus beiden entstehe das Völkerrecht *(ius gentium, quo gentes ad gentes ordinantur).* Die Völker seien vor dem Recht alle gleich und das vornehmlichste Grundrecht des Völkerrechts das der eigenen Existenz. Die Gerechtigkeit begleite die Wohlthätigkeit und diese lasse Beistand angedeihen, insbesondere zur Erhaltung des Friedens. Die Völker eilen zu streitenden Völkern und bringen Frieden, damit mit vereinten Kräften Verletzungen gesühnt würden. Der Krieg sei das bewaffnete Recht zur Erhaltung und Wiederherstellung des Friedens, die *ultima ratio regum* [206]). Weil aber Niemand in eigener Sache Richter sein dürfe, so

---

206) „*si enim deficiat rationis prudentia et iudicium, non hominum, sed belluarum certamen haberetur*". Audisio S. 341.

habe man im Mittelalter zum Papst, später zu diplomatischen Verhandlungen seine Zuflucht genommen. Nur die Menschlichkeit sei die richtende Gewalt, nicht habe eine förmliche Jurisdiction oder oberrichterliche Auctorität Statt, das absolute Tribunal der Völker sei aber nur Gott selbst. Indess habe auch ein berathender und zahlreich besetzter Völkersenat grosses Ansehen und stifte grossen Nutzen. Dabei müsse aber die gegenseitige Selbstständigkeit der Völker geachtet werden. Dieser Senat habe das allgemeine Wohl, den Frieden zu überwachen, und die Ursachen zu Kriegen wegzuräumen. Insbesondere werde er das auf den Singulairrechten eines Volkes begründete Recht zu bewahren, und Leistungen gegenseitigen Wohlwollens, damit der Friede dauernd sei, zu befördern haben, Durch den Zusatz *„hoc unica fiet catholica religione"* wird die Betrachtung des Philosophen zur *oratio pro domo.*

Wenn gleich Audisio den Satz aufstellt: *„humana divinaque iurisprudentia sociandae, non confundendae",* so ist doch sein ganzes Werk eine Beweisurkunde einer solchen *confusio.* Dessenunerachtet wollen wir anerkennen, dass er die Grundbedingungen des Völkerrechts: Selbstständigkeit und Gleichberechtigung der Völker anerkannt und auch die factischen Beziehungen: Handel und Verkehr gewürdigt hat. Der Abriss des Völkerrechts soll dem ganzen Werk nur als Ausläufer dienen. Eine häufige Anwendung der Sätze des inneren Staatsrechts auf das äussere oder Völkerrecht weist nach, dass er den Unterschied beider und die Selbstständigkeit und Eigenthümlichkeit des Völkerrechts nicht genügend begriffen hat. Seine ganze Betrachtung ist im Wesentlichen eine Friedensepistel, mit dem Nebenzweck der Verherrlichung seiner Kirche. Dass bei einer Erhebung in solche höhere Regionen der Einzelbestand des Völkerrechts wenig und dessen Anordnung gar nicht berücksichtigt ward, ist leicht erklärlich. Selbst die Scheidung positiven und philosophischen Völkerrechts unterblieb, denn aus beiden soll ja bei Audisio das Rechtsganze bestehen.

Nachdem wir mit Darstellung der vorstehenden Philosophien über das Völkerrecht die uns zu Gebote stehenden Leistungen vorgeführt und beurtheilt haben, erübrigt es, die durch sie für die Anordnung des positiv-völkerrechtlichen Stoffes gewonnenen Resultate darzulegen.

Die Philosophie konnte im Wesentlichen in zweierlei Weise die Anordnung des positiv-völkerrechtlichen Stoffes fördern. Einmal konnte sie diesen Stoff selbst ergründen und charakterisiren, und dann die ihm anpassende Ordnung ermitteln, so wie die vorhandene beprüfen und beurtheilen. In érsterer Beziehung hat sie erst in späterer Zeit aber bedeutendere und fruchtbringendere, in letzterer frühere aber nicht nachhaltige und spätere aber nicht ausreichende Leistungen aufzuweisen. Wir beginnen daher mit Darlegung der letzteren, indem wir dabei sowol der Zeit als dem Umstande Rechnung tragen, dass an diese weniger, mehr aber an die ersteren eine weitere Entwickelung der Philosophie sich wird anknüpfen lassen können. Das Ueberwiegen der Leistungen zu Gunsten der Ergründung des Stoffes ist leicht erklärlich. Diese Leistungen sind jedenfalls die der Abstraction mehr zusagenden. Bei ihnen gilt es nur, einiger Gedanken über das Verhältniss der Philoso-

welche in freierer Form über dasselbe philosophirten, ward
sie zunächst gar nicht, sondern erst später berücksichtigt.

Nettelbladt, Achenwall und Puetter, Höpfner,
Ulrich, Hufeland, Schmalz und Gros beobachten übereinstimmend die Abtheilungen in absolute und hypothetische
Rechte. Schmalz hat jedoch diese nur im Allgemeinen gelten
lassen, ihnen das Gesellschaftsrecht zur Seite gestellt und
dieses mit dem natürlichen Völkerrecht identificirt, wesshalb
er letzteres ganz übergeht. Gros und Pölitz lassen diese
Abtheilungen nur noch als Unterabtheilungen gelten. Audisio unterscheidet in ähnlicher Weise ein *ius gentium
absolutum* und *voluntarium*, wobei auch das letztere als
erworbenes Recht erscheint und Zachariä endlich hat sich
von jener Anordnung vollständig befreit. Die Behandlung innerhalb der genannten Hauptabtheilungen ist bei Denjenigen,
welche sich ihrer als solcher und als Unterabtheilung bedienten,
eine ziemlich übereinstimmende. Als absolute oder ursprüngliche behandeln Nettelbladt, Höpfner, Ulrich, Hufeland und Gros die s. g. Urrechte, als hypothetische oder
erworbene Nettelbladt die *iura in re* und *iura ad rem*
und die Gesandten, Höpfner, Ulrich, Hufeland und
Gros das Recht des Eigenthums, der Verträge und Gesandten. Nur Ulrich behandelt indess das Gesandtschaftsrecht gesondert, die übrigen fügen es dem Recht der Verträge ein. Pölitz rechnet dagegen schon zu den ursprünglichen Rechten das Recht des Eigenthums, der Verträge
und Gesandten. Die erworbenen, d. h. auf ausdrücklichen
Verträgen beruhenden und bei ihm wesentlich verschiedenen
Rechte weist er dem positiven Völkerrecht zu. Audisio
hat von seiner Unterscheidung bei der Ausführung keinen

übersichtlichen Gebrauch gemacht. Das Kriegsrecht wird bei **Höpfner** und **Ulrich** den erworbenen Rechten zwar angeschlossen, erhält aber schon bei Ersterem, noch mehr aber bei **Hufeland** eine Sonderstellung, welche dann bei **Gros** vollständig ausgesprochen ist, während **Pölitz** wiederum in eigenthümlicher Weise den Krieg mit den übrigen gewaltsamen Mitteln dem philosopischen Staatenrecht zuweist. Durch die Bestrebungen von **Hufeland** und **Gros** wurde die schon von **Wolff** angebahnte Vertheilung des gesammten Stoffes in materielles und formelles Völkerrecht auf's Neue angeregt. Schon bei **Höpfner** findet die richtige Scheidung beider Gebiete Statt. Der Krieg ist von ihm im Zusammenhange mit den übrigen formellen Bestandtheilen, sowol den Organen (Gesandten) als dem Verfahren (gütlichen und gewaltsamen) abgehandelt. **Hufeland** hat nicht nur das formelle Völkerrecht in unterbrochenem Zusammenhange erörtert, sondern überhaupt unvollständig, mit blosser Erwähnung der Gesandten und des Krieges, und Uebergehung sowol des gesammten gütlichen Verfahrens als der übrigen gewaltsamen Mittel. Seine unbegründeten Abtheilungen in die „Art zu verletzen" und „zu schützen", welche uns als Analogon der Zweitheilung des Criminalrechts in „Verbrechen" und „Strafen" erschienen, konnten diesen Mangel nicht ersetzen. **Gros** hat, abgesehen von seiner Behandlung des Gesandtschaftsrechts bei den Verträgen und Rubricirung desselben unter die Kategorie der Rechte eines Volkes, auch die übrigen formellen Bestandtheile unter den Arten, die Rechte eines Volkes zu schützen, nicht vollständig behandelt, sondern nur die gewaltsamen Mittel. Er hat demnach, durch Erhebung der neuen Kategorien zu

Hauptabtheilungen, seine Erkenntniss des herrschenden Gegensatzes materiellen und formellen Rechts wol angedeutet, aber weder die Einzelheiten beider durchweg unter die diesem Gegensatz ähnlichen Kategorien gestellt, noch jene überhaupt erschöpft.

Kant der ältere, Fichte und Hegel philosophirten über das Völkerrecht ohne Anordnung der Gegenstände ihrer Betrachtung, und das Aufgeben der naturrechtlichen Systematik ursachte bei ihnen eine unvollständige Berücksichtigung der Gegenstände. Namentlich hat Kant fast nur das Kriegsrecht behandelt, haben Fichte und Hegel nur die allgemeinsten Beziehungen und die Art der Verwirklichung des Völkerrechts zu begründen gestrebt, und sind gleichfalls nur in Bezug auf den Krieg ausführlicher, wenn gleich sowol sie als Kant denselben als einen gesetzlosen Zustand betrachten. Zachariä, Warnkönig und Ahrens, letzterer freilich bei Behandlung des positiven Völkerrechts 207), ordneten den Stoff und erörterten auch theilweise dessen Ordnung. Zachariä hat wesentlich privatrechtliche Systematik auf das Völkerrecht anzuwenden gestrebt und sogar mit dem Pfandrecht experimentirt. Seine Eintheilungen sind nicht nur oft unbegründet, sondern trennen

---

207) Es mag hier seine Erklärung finden, wesshalb wir überhaupt Ahrens in diesem § eine Stelle gönnten. Seine Anschauungen stehen, wie solches auch der Titel seiner Encyclopädie schon anweist, im unverkennbarem Zusammenhange mit seinen philosophischen Leistungen, und das schien uns die Erörterung in diesem § zu rechtfertigen. In den folgenden, die ausgeführten Darstellungen erörternden § gehörte Ahrens' Behandlung ohnehin nicht hinein und bei den Entwürfen wollten wir, da nur allgemeine Andeutungen, nicht ein vollständiger Entwurf, vorliegen, jene gleichfalls nicht berücksichtigen. Auch fanden wir für dieselbe nicht, wie für Schmalz's Darstellung des positiven Völkerrechts in dessen Encyclopädie, eine Anknüpfung an eine anderweitige umfassendere Leistung.

auch oft, wie oben nachgewiesen wurde, Zusammengehöriges.
Ihm verdanken wir den durchgeführten Beweis der Unanwendbarkeit privatrechtlicher Systematik. Ahrens theilt
das Völkerrecht gleichfalls in privatrechtlicher Weise in
Personen-, Sachen- und Obligationenrecht ab und fügt
diesen drei Theilen als vierten das Recht der Rechtsverfolgung hinzu. Hiermit hätte die Trennung materiellen und
formellen Rechts vollzogen werden können. Indess enthalten die drei ersten Haupttheile nicht nur materielles Recht,
indem die Gesandten, die Organe des formellen Rechts,
bei dem Personenrecht behandelt sind, und es ist daher die
beregte Trennung nur, wie früher bei Wolff, Höpfner
und Gros, indicirt, aber nicht vollführt. Warnkönig hat
allein eine anpassende Anordnung des völkerrechtlichen
Stoffes angebahnt. Zwar fehlt auch ihm, wie wir oben
nachgewiesen haben, die Scheidung materiellen und formellen Rechts, dagegen hat er die drei Bestandtheile des
völkerrechtlichen Rechtsverhältnisses: das Subject, Object
und die Acte, unter den freilich weniger allgemeinen Begriffen: der Person, des Vermögens und der Handlungen
erkannt, und die Forderung ausgesprochen, dass die Grundsätze unter diese drei Gesichtspuncte gebracht würden.

Die Abtheilungen in Kriegs- und Friedensrecht kehren
indirect bei Pölitz durch die Coordinirung philosophischen
Völker- und Staatenrechts und bei Warnkönig zur Unterscheidung der Handlungen, direct bei Zachariä zurück,
wenn gleich bei diesem als mechanische Nachahmung, mit
vermindertem Inhalt und nur als Unterabtheilung des von
ihm s. g. praktischen Theiles.

Die Anordnung, welche die Philosophie des hier betrachteten Zeitabschnittes dem positiven Völkerrecht übermittelte, war demnach theilweise eine das Ganze umfassende, durch Coordinirung und Subordinirung selbstständiger Wissenschaftsganzen, oder eine auf die innere Eintheilung des Stoffes sich beschränkende. Diese wiederum war entweder die allgemein naturrechtliche der absoluten, unbedingten oder ursprünglichen und hypothetischen, oder bedingten, oder erworbenen Rechte, oder die schon aus der früheren Periode überkommene der Eintheilung in Kriegs- und Friedensrecht und Nachbildung privatrechtlicher Systematik, ferner eine das Bewusstsein der Scheidung in materielles und formelles Recht, wie bei Höpfner und Gros, indicirende, und endlich eine vervollkommnete Fortbildung der Martens'schen Systematik durch die von Warnkönig angegebene Vertheilung in das Recht der Person, des Vermögens und der Handlungen.

Die Anzeichen einer erstrebten Unterscheidung des materiellen und formellen Rechts und die Warnkönig'sche Gliederung des Rechtsverhältnisses konnten allein auf Verwendung zur Ordnung des Systems des positiven Völkerrechts Anspruch erheben. Die Unanwendbarkeit der Kategorien des Friedens- und Kriegsrechts und privatrechtlicher Systematik haben wir bereits früher (vergl. § 3) erwiesen. Auch die bereits oben beurtheilte Coordination und Subordination dem Inhalte des Völkerrechts eigenthümlich angehörender Wissenschaftstheile, bedarf hier keiner weiteren Widerlegung. Nur in Bezug auf die Abtheilungen in absolute und hypothetische Rechte bleibt zu bemerken, dass eine solche Qualification der Rechte selbst, so zulässig sie auch sonst erscheinen mag, der Systematik die Ordnung zu prädiciren ungeeignet

erscheint, indem bei dieser nicht die verschiedene Begrün-
dungsart der Rechte, sondern nur das auf sie alle anzuwen-
dende eigenthümliche Rechtsverhältniss zur Grundlage werden kann.

Bedeutender und vorgeschrittener erscheinen die durch
die Philosophie in Bezug auf die Charakteristik der Eigenthümlichkeit des völkerrechtlichen Stoffes erbrachten Resultate, wenn gleich auch hier neben manchem Richtigen
manches Unrichtige hergeht.

Schon Achenwall hatte das Verhältniss der Philosophie zum positiven Völkerrecht begriffen. Diese Erkenntniss
sollte nun zu Gunsten der Einwirkung auf den positiv-völkerrechtlichen Stoff immer klarer gefasst werden. Warnkönig scheidet blosse Theorien aus dem positiven Völkerrecht
aus, philosophisches Völkerrecht kann, seiner Ansicht nach,
nur durch Anerkennung der Völker wirklich geltendes Recht
werden. Hierdurch sind die Gebiete des Philosophischen
und Positiven klar geschieden. Herbart, Ahrens und
der jüngere Fichte erstreben eine innigere Verbindung von
Recht und Ethik überhaupt und insbesondere auch für das
Völkerrecht. Wir zweifeln nicht, dass das Völkerrecht dadurch, dass es seiner Beziehung zur Ethik stets eingedenk
bleibt, seine Aufgaben immer würdiger praktisch wird lösen
können. Namentlich sind die von Herbart angedeuteten
Principien der Vollkommenheit, des Wohlwollens und der
Billigkeit, und die von Fichte angegebenen beiden ersteren
die Veredelung der Völkergesinnung zu erwirken sehr geeignet und insbesondere die Vervollkommnung der Weltrechtsordnung zu verwirklichen, aber das Völkerrecht entstammt,
wie Warnkönig solches richtig andeutete, der gemeinsamen

Rechtsüberzeugung der Völker, nicht der Ethik überhaupt. Das Völkerrecht kennt, wie der jüngere Fichte selbst Solches richtig angab, nur Rechtspflichten, nicht Liebespflichten. Derselbe Fichte setzte die Aufgabe der Philosophie gegenüber dem positiven Völkerrecht fest. Sie soll sich nicht in leeren Träumereien ergehen, sondern ihr Wirken nur insofern berechtigt sein, als sie zu demselben in der Wirklichkeit die Anknüpfungspuncte findet. Dieses Wirken musste nun zunächst auf die Ermittelung des Grundgedankens, des Princips des positiven Völkerrechts gerichtet sein. Demgemäss entwickelte der jüngere Fichte in lichtvoller Weise die geschichtlichen Phasen desselben. Hiermit hatte die Philosophie ihre erste und schwierigste Aufgabe begriffen und zu vollziehen begonnen. Das Verhältniss der Philosophie zum positiven Völkerrecht war mit Achtung der Selbstständigkeit beider in richtiger Weise vermittelt worden.

Als das völkerrechtliche Princip erkannten Ahrens und der jüngere Fichte das Rechtsprincip. Der völkerrechtliche Stoff selbst, welchen dieses Princip beleben sollte, musste demnach auch ein rechtlicher, juristischer, nicht rechtlich-politischer sein. Warnkönig und der jüngere Fichte sprechen das am Bestimmtesten aus. Ersterer wird sich indess selbst ungetreu, indem er die Garantie des Völkerrechts in politischen Constellationen sieht, während Ahrens richtiger das politische Gleichgewicht als politische Maxime charakterisirt, indess doch wenigstens die Beachtung der äusseren Wirkung desselben im Recht verlangt. Es muss jedoch das Völkerrecht seine Garantie in sich selbst finden, und hat anderweitige Wirkungen nicht zu beachten, sondern ist als Recht zu vollziehen. Nur solchenfalls steht es vollständig, kräftig und wirksam da. Hiermit stimmt auch Zachariä überein, wenn er sagt, dass die äussere Politik dem Völkerrecht dienstbar sein müsse. Dieses Abhängigkeitsverhältniss scheint uns wohl begründet. Die von Warnkönig geforderte Garantie scheint uns schon eher in den immer allgemeiner abzuschliessenden Verträgen zu liegen, wie auch Bitzer und der jüngere Fichte Solches richtig andeuteten. Mit der Erkenntniss des Princips als eines rechtlichen war indess noch nicht die völkerrechtliche Eigenthümlichkeit des Princips und des Stoffes hergestellt. Das geschah durch Ermittelung der Beziehung und Zweckbestimmung, welche wir bereits oben (§ 3) als die Weltrechtsordnung bezeichneten. Der Kantianer Pölitz erkennt als Zweck des Nebeneinanderbestehens der Völker die Verwirklichung der Herrschaft des Rechts auf dem gesammten Erdboden, der Kantianer Zachariä verlegt in sein s. g. Staatenrecht die Vorschriften für die gegenseitige Unterstützung der Staaten zur Verwirklichung des Rechts, der Hegelianer Bitzer setzt als Aufgabe der Staaten: die allgemeine Wirklichkeit des Rechts darzustellen, der Krausianer Ahrens erkennt neben der Selbstständigkeit eines Volkes seine Gemeinschaft mit allen anderen Völkern an und der jüngere Fichte verlangt eine „ergänzende Gemeinschaft zwischen den Staaten und Völkern vermittelst der Rechtsidee". In allen diesen Aussprüchen ist die Weltrechtsordnung gefordert. Hiermit hat die Philosophie das Princip, welches wir als das maassgebende erkannten, in seinen beiden Hauptbestandtheilen „dem Recht" und „der internationalen oder Weltordnung" bereits ermittelt und ausgesprochen.

Während aber in solcher Weise richtig das Princip begriffen ward, fehlte es nicht bei anderen Denkern an Irrthümern. Hegel erkannte nur das besondere und nicht das allgemeine Wohl als maassgebend, welche Besonderheit schon von einem seiner Anhänger, Bitzer, überwunden ward. Andere verkannten die zur Durchführung der Weltrechtsordnung nothwendige Selbstständigkeit und Unabhängigkeit der Staaten, und erträumten für die Zukunft einen Staatenstaat. Der ältere Fichte und Kant nennen ihn Völkerbund, Zachariä Völkerstaat, Kahle Staatenbund und Audisio Völkersenat. Aber diese Projecte übersahen die nothwendige Selbstständigkeit und Unabhängigkeit der Staaten, welche zur Verwirklichung des Völkerrechts eben so sehr erforderlich ist, als die Weltrechtsordnung. Diese kann nur als der Ausdruck freier Selbstbestimmbarkeit der Staaten [208]) verwirklicht werden, denn nur das Gesetz, das ein jeder souveraine Staat sich selbst giebt, wird er anerkennen und befolgen. Wird dagegen eine willenlose Unterordnung unter einen Staatenstaat gefordert, dann ist der durch das moderne Völkerrecht zu überwindende Universalstaat in anderer Form wieder eingeführt. Nicht minder hatten Fichte der ältere und Bitzer den Ausgangspunct des Völkerrechts verkannt, indem sie die rechtlichen Beziehungen der einzelnen Staatsbürger verschiedener Staaten

---

208) Richtiger ist daher auch die von Kant vorgeschlagene Bezeichnung „Staatenrecht", wogegen in der von Hegel gewählten „äusseres Staatsrecht" nur die Besonderheit „des Staates", aber nicht die Allgemeinheit „der Staaten" ausgedrückt ist. Zu allgemein ist wieder die vom jüngeren Fichte gewählte Bezeichnung: „Organismus der Staatengesellschaft", indem das diesen belebende und von Fichte doch anerkannte Rechtsprincip nicht darin sich ausgedrückt findet.

und nicht diese Staate selbst als solchen Ausgangspunct erkannten. In gleicher Weise wollte auch Höpfner im Völkerrecht die Rechte der Einzelnen auf die Völker angewandt wissen und erklärte Gros sogar ausdrücklich das Völkerrecht für angewandtes Privatrecht.

War die aus freier Selbstbestimmung zu verwirklichende Weltrechtsordnung als das Ziel erkannt worden, so konnte das System, welches diese Verwirklichung anbahnen sollte, nur in Gemässheit jener organisirt werden. Ein rechtliches Verhältniss der Staaten musste die innere Ordnung desselben darstellen. Dieses erkannte nun, wenn auch noch nicht in allgemeiner Ausdrucksweise, Warnkönig. Schon v. Martens hatte in zwei Bestandtheilen, den Subjecten und Objecten, dieses Verhältniss angedeutet, Warnkönig fügte in dem dritten, den Handlungen, das bei v. Martens fehlende Bindeglied hinzu. v. Kaltenborn sollte es vorbehalten bleiben, die Construction durch Setzung der allgemeinen Begriffe zu vollenden.

Die Bestrebungen der Philosophen sind unverkennbar gegen die von uns oben (S. 12) gerügten Mängel der Systematik gerichtet. Gegen die fehlende strenge Unterscheidung des philosophischen und positiven Rechts trat insbesondere Warnkönig auf, gegen die ungehörige Vermischung des Völker- und Staatsrechts und der Politik, insbesondere gegen letztere, aber doch nicht consequent genug, Ahrens, consequenter Zachariä, welcher die äussere Politik als selbstständige Wissenschaft hinstellte, gegen erstere und letztere Verbindung hatte schon früher der Positivist Roemer polemisirt. Die Mängel der Scheidung materiellen und formellen Rechts hatten früher Wolff und später

Höpfner und Gros, wol auch theilweise Ahrens angedeutet. Die consequente und mit Bewusstsein geschehene Durchführung dieses Gegensatzes fehlt noch jetzt.
Die Eintheilung in Friedens- und Kriegsrecht hatte bereits
v. Martens überwunden und war dieselbe demnächst
fast von allen Philosophen aufgegeben worden, nur indirect kehrte zu derselben zurück Pölitz und direct Zachariä, aber bei beiden erschien sie nicht mehr als Hauptabtheilung für das Ganze. Die Nachbildung privatrechtlicher Systematik hatte in Zachariä ihre ausgedehnteste
Anwendung erlebt und damit zugleich den umfassendsten
Beweis ihrer Unanwendbarkeit geliefert, sodass die abermalige Reception derselben durch Ahrens kaum dieselbe
wird wieder zu Ansehen bringen können. Den Mangel der
richtigen Construction des völkerrechtlichen Verhältnisses zu
heben, können Warnkönig's Andeutungen vorläufig berufen scheinen, dass dieses Verhältniss' Grundlage des
ganzen Systems werden solle, sprach derselbe Philosoph
unumwunden aus.

Vor Allem war aber das Völkerrecht in seiner reinen
Positivität auch von den Philosophen, namentlich von
Warnkönig, richtig gewürdigt worden. Ahrens und der jüngere Fichte hatten richtig die Aufgabe und das Verhältniss
der Philosophie gegenüber dem positiven Völkerrecht begriffen, und Letzterer durch seine geschichts-philosophische
Entwickelung der völkerrechtlichen Idee das zur Belebung
des gesammten völkerrechtlichen Stoffes berufene Princip
in seiner Existenz dargelegt. War ausserdem dessen rechtliche Natur (Warnkönig, Ahrens und der jüngere Fichte)
und Beziehung zur Weltrechtsordnung (Pölitz, Zachariä,

Bitzer, Ahrens und der jüngere Fichte) erkannt worden,
so scheint die Philosophie gegenüber den Mängeln der Auffassungen und Bearbeitungen des positiven Völkerrechts die
Mittel zur Abhülfe theilweise geboten zu haben. Nur die
ausführlichere Entwickelung des völkerrechtlichen Princips,
die vollständige Durchführung des Unterschiedes materiellen
und formellen Rechts und die allgemeinere Construction des
Rechtsverhältnisses bleiben der Zukunft vorbehalten.

§ 6.

Die Darstellungen des positiven Völkerrechts nach G. F. v. Martens bis auf die neueste Zeit.

Saalfeld, Schmalz, Klüber, Schmelzing, Pölitz, Kent, Wheaton, Manning, Wildmann, Oppenheim, Heffter.

Das erste völkerrechtliche Werk, welchem wir in diesem Jahrhundert begegnen, ist der zum Gebrauch akademi-
scher Vorlesungen bestimmte völkerrechtliche Grundriss des
Göttinger Historikers Saalfeld [209]). Saalfeld vertheilt
den völkerrechtlichen Stoff in zwei Theile : das Völkerrecht in
Friedens - und in Kriegszeiten, und kehrt somit zu der durch
v. Martens aufgegebenen Eintheilung zurück. Im ersten
Theil wird im ersten Capitel von Europa im Allgemeinen,
als einem grossen Staatskörper, gehandelt, im zweiten

---

[209]) Grundriss eines Systems des europäischen Völkerrechts, Göttin-
gen 1809. Dieser Grundriss wurde später (1833) als Handbuch zum Gebrauch
der grossen gebildeten Classe weiter ausgeführt. Da der Verf. mit dieser
Ausführung das wissenschaftliche Studium zu bereichern nicht beabsichtigt
(vergl. d. Vorw.), so wird 'auch nur auf jenen akademischen Grundriss hier
Rücksicht zu nehmen sein. Die Systematik ist in beiden Werken im Wesentlichen dieselbe, die Darstellung, dem Zweck beider angemessen, eine verschiedene. Im ersteren wird gelehrt, im letzteren belehrt.

von dem Eigenthum der Völker, im dritten von den Rechten und Verbindlichkeiten der Völker in Beziehung auf die Unterhaltung des unter ihnen bestehenden freundschaftlichen Verhältnisses. Das letztgenannte Capitel zerfällt in drei Abschnitte. Der erste enthält das Gesandtschaftsrecht, der zweite handelt von den Völkerverträgen, der dritte von den Auskunftsmitteln, die entstandenen Streitigkeiten unter den Nationen ohne Krieg auszugleichen.

Betrachtet man Europa als die Persönlichkeit des Völkerrechts, das Eigenthum als den Repräsentanten des Sachenrechts und fasst das dritte, die Verbindlichkeiten behandelnde Capitel als das Obligationenrecht auf, so ist in der Saalfeld'schen Anordnung die privatrechtliche wiederzufinden. Die Saalfeld'sche Rubricirung des Gesandtschaftsrechts unter die Rechte und Verbindlichkeiten lässt sich dadurch erklären, dass diejenigen Persönlichkeiten, welche die Verbindlichkeiten der Völker vermitteln, auch bei diesen selbst abgehandelt werden sollen. Die Zweckbestimmung der Gesandten, „welche von einem Staate an den anderen geschickt werden, um mit demselben über öffentliche Angelegenheiten zu verhandeln" [210]), schien Saalfeld wol genügend, um diese Classification zu rechtfertigen. Nur der zweite, die Verträge behandelnde Abschnitt gehört aber eigentlich in das dritte Capitel, denn der dritte ist rein processualistischer Natur, indem er A. die schriftlichen Beweismittel, B. die Retorsion, C. die Repressalien abhandelt.

---

210) Saalfeld a. a. O. § 36. In ähnlicher Weise behandelten Höpfner (vergl. oben S. 76) und Hufeland (vergl. oben S. 78) die Gesandten bei den Verträgen, weil diese durch jene meistentheils geschlossen werden.

Wie nahe lag es hier, das auf den Krieg, das weitere internationale Rechtsmittel, bezügliche Recht anzuknüpfen. Dem
Verf. lag Das um so näher, als er den Krieg der gütlichen
Ausgleichung, einem anderen Mittel, die entstandenen Streitigkeiten unter unabhängigen Staaten zu endigen, zur Seite
stellte. Statt dessen ward die alte Abtheilung in Friedens-
und Kriegsrecht respectirt und hierdurch das zusammenge-
hörige Processualistische getrennt.

Der Verf. selbst ist einer Nachbildung privatrechtlicher
Anordnung nicht geständig. Er wählte diejenige, „welche
ihm zur leichteren Uebersicht des Ganzen die bequemste
schien, verzichtete auf ein schulgerechtes System und hielt
sich davon überzeugt, dass ein solches beim Völkerrecht,
welches nur auf dem in der Erfahrung gegebenen beruht,
ein vergebliches Bemühen sein wird" [211]). In diesem Geständniss ist nun, gegenüber v. Martens' Streben nach einer
bewussten Ordnung, ein wesentlicher Rückschritt zu finden. Zu einem Rechtssystem konnte das Völkerrecht sich
bei Saalfeld nicht gestalten, weil er die juristische
Methode zu vermeiden bestrebt war und der historischen
allein praktisch wichtige Resultate vindicirte [212]). Desshalb
stellte er auch im ersten Capitel ein nicht juristisches, sondern historisch-politisches Verhältniss: das System des politischen Gleichgewichts in die erste Reihe und leitete aus
demselben sowol die Unabhängigkeit aller Staaten, als die
Sicherung des rechtlichen Zustandes in Europa ab. Erhob
er hiermit ein politisches Institut zum Ausgangspunct des

---

211) Saalfeld a. a. O. Vorr. S. X.
212) Saalfeld a. a. O. § 3.

Völkerrechts, so konnte auch für dieses die Construction eines Rechtsverhältnisses nicht erwartet werden, das dennoch stattgehabte Anschliessen an die überlieferte privatrechtliche Systematik erscheint lediglich als ein Erzeugniss der eingestandenen Bequemlichkeit des Verfassers. Der Mangel an Klarheit über den Ausgangspunct des Völkerrechts anlasste denn auch bei dem Verf. den Irrthum, dass der Versuch der Aufstellung eines Systems für das Völkerrecht ein vergeblicher sein würde. Unklarer Auffassung der Subjecte des Völkerrechts ist es zuzuschreiben, dass der Verf. die Souveraine nicht als solche Subjecte betrachtet und ihnen nur einen, dem Inhalt nach unwesentlichen, Anhang „von dem persönlichen Zeremoniel der Regenten" widmet.

Wenn auch Saalfeld die Martens'sche Anordnung im Grossen und Ganzen nicht befolgte, so hat er jedenfalls theilweise dieselbe im Einzelnen angewandt. Sein erstes Capitel ist dem Martens'schen ersten Buch geradezu nachgebildet. Beide behandeln: 1) den Ursprung der Europäischen Staaten, v. Martens § 13, Saalfeld § 1; 2) die Regierungsform derselben, v. Martens' drittes Hauptstück, Saalfeld § 5; 3) deren Religion, v. Martens' viertes Hauptstück, Saalfeld § 6; 4) deren Machtstellung als souveraine und halbsouveraine Staaten, v. Martens §§ 14, 15, 16, 17, Saalfeld § 7, und als Land- und Seemächte, v. Martens § 19, Saalfeld § 8.

In anderen Einzelheiten unterscheidet sich dagegen die Saalfeld'sche Anordnung von der Martens'schen. Denn v. Martens rubricirt die Verträge unter die Erwerbungsarten positiver Rechte unter den Völkern (2. Buch, 2. Haupt-

stück), Saalfeld dagegen unter die Rechte und Verbindlichkeiten derselben. Unter diese rubricirt er auch das
Gesandtschaftsrecht, während v. Martens demselben ein eigc-
nes Buch, nach Abhandlung der Gegenstände des materiellen Völkerrechts, das sechste widmet. v. Martens hatte den
wesentlichen Fortschritt angebahnt, den Krieg in Verbindung
mit den übrigen internationalen Rechtsmitteln : der Retorsion und den Repressalien, abzuhandeln unter der gemeinsamen Rubrik : „Vertheidigung und Verfolgung der Rechte
der Völker durch thätliche Mittel", Saalfeld behinderte an
der Nachfolge die Wiederaufnahme der alten Eintheilung in
Friedens- und Kriegsrecht.

Saalfeld's Hauptverdienst um die Wissenschaft des
positiven Völkerrechts scheint uns darin zu bestehen, dass
er die historische Seite des Völkerrechts hervorhob, indem
der Stoff desselben allerdings, damit er als positiver charakterisirt zu werden berechtigt bleibt, rein geschichtlich sein
muss und das philosophische Moment nur auf dessen Anordnung Einfluss gewinnen darf [213]. Ferner war er be-

---

213) Es verdient gewiss hervorgehoben zu werden, dass schon Saalfeld richtig bemerkt, dass der philosophische Gesichtspunct, aus welchem
man bis zu ihm fast allein das Völkerrecht behandelte, demselben manche
Tadler und Verächter zuzog. Er sagt namentlich (Vorr. S. V) : „Man stellte
willkührlich aus der Natur der Sache geschöpft sein sollende, gewöhnlich aber
aus der herrschenden Modephilosophie entlehnte Prinzipe an die Spitze und
deduzirte daraus ein Völkerrecht, welches mit dem, was in der Völkerpraxis
befolgt wurde, selten etwas mehr als den Namen gemein hatte. Wie hätte
man auch erwarten können, dass dies natürliche oder allgemeine Völkerrecht, — so beliebte man es zu nennen, ob es gleich nichts weniger als
allgemein war, — über dessen Prinzipe die Völkerrechtslehrer selbst nichts
weniger als einig waren, anders als nur höchst zufällig mit der Praxis übereinstimmen würde. Aus diesen Widersprüchen, worin das theoretische Völkerrecht bei jeder Gelegenheit mit der Praxis verwickelt wurde, musste beinahe nothwendig Verachtung desselben hervorgehen".

strebt, diesen Stoff in seiner geschichtlichen Eigenthümlichkeit aufzufassen. Die Nothwendigkeit der Veränderlichkeit
des Völkerrechts (vergl. Vorr. S. VI) erkannte er richtig,
verfehlt war aber die Anerkennung eines politischen Systems
als Ausgangspunct. Von dieser unrichtigen Annahme ver-
leitet, erklärte Saalfeld auch die Wandelbarkeit des Völkerrechts aus dem vorläufigen Mangel eines unumstösslich festen
Staatensystems und giebt sich· der Ansicht hin, dass das
Völkerrecht durch das jedesmalige bestehende politische
System modificirt werde (vergl. Vorr. S. VI). Das Völkerrecht
kann sich indess in seiner Eigenthümlichkeit und zur Selbstständigkeit nur ohne Mitwirkung und ohne Abhängigmachung
von der Politik entwickeln, die irrige Ansicht von der
nothwendigen Beeinflussung des Völkerrechts durch die Politik
hat nicht blos die reine Entwickelung jenes behindert, sondern beruht auch auf einem Verkennen der grundverschiedenen Wesenheit beider Gebiete und der sie beherrschenden
Principien. Nur das Eine kann, weil es eine unleugbare
Thatsache ist, nicht in Abrede genommen werden, dass die
äusseren Verhältnisse der Staaten, sowol von dem Völkerrecht
als der Politik, in Angriff genommen werden; aber wo das
Princip jenes eindringt, hört die Herrschaft dieser auf, wo
die Herrschaft dieser sich ausschliesslich festsetzt, ist der Einfluss jenes zeitweilig paralysirt. Es ist aber Saalfeld ferner
bei der Ausführung mit seinen Grundansichten in Widerspruch gerathen. Er vermeidet das Rechtssystem als Ausgangspunct, verwirft die juristische Methode und wendet
dennoch nicht nur privatrechtliche Systematik an, sondern
auch Institute und Sätze. Als Erwerbungsarten des Eigenthums erscheinen ihm, wie unter den Einzelnen, so auch

unter den Völkern, die Occupation, Accession (§§ 10, 11, 12, 13) und bei der ersteren recipirt er die Regel „*res nullius cedit primo occupanti*". Ja die Verträge will er ausdrücklich nach Regeln des Privatrechts behandelt und nur die strengeren (?) Regeln ausgeschlossen wissen [214]. Saalfeld hat somit durch seine Ausführung seine Ansicht über die Methode corrigirt und interpretirt und den ursprünglichen Irrthum der rein historischen Methode, durch die Natur des völkerrechtlichen Stoffes gezwungen, aufgeben müssen.

Nach Saalfeld erscheinen in ziemlich kurzen Zwischenräumen vier Bearbeitungen des Völkerrechts von Schmalz, Klüber, Schmelzing und Pölitz. Das erstgenannte ist das von der Kritik am schärfsten angegriffene.

Saalfeld's Buch trat auf inmitten der Napoleonischen Universalherrschaft als mahnende Stimme an ein altes, in Vergessenheit gerathenes Institut. Schmalz dagegen schrieb („das europäische Völkerrecht", 1817) zu einer Zeit, wo das Völkerrecht in seine unverjährbaren Rechte wieder eingesetzt worden war. Er hatte also nicht an das Verlorengegangene zu mahnen und erinnern, es lag ihm lediglich ob: den thatsächlich herrschenden und durch die wichtigen Thatsachen des Wiener Congresses neu und fester begründeten Zustand wissenschaftlich zu gestalten. Aber gegen das Thatsächliche fehlte der Verf. schon wesentlich dadurch, dass er in seinem positiven Völkerrecht auch Wünsche, *pia desideria* aussprach, wie sie nur in ein philosophisches Völkerrecht hineingehören. Er wollte die Wissenschaft des

---

214) Saalfeld a. a. O. § 78.

Völkerrechts aus dem Gesichtspunct bearbeiten: „wie das Recht der Völker den wesentlichen Ur-Ideen des Rechten überhaupt gemässer, wie es gerechter und die Politik edler werden möge". Was ferner die Anordnung des Stoffes betrifft, so ist sie lediglich in Abtheilungen und Ueberschriften vollzogen. Zwischen diesen und dem unter sie rubricirten Stoffe besteht weder ein innerer Zusammenhang, noch ein Fortschreiten vom Einen zum Anderen. Nur die mangelnde Abtheilung des Buchs in §§ wird entschuldigt [215]): als ob durch §§ die Systematik ersetzt wird?.

In acht Bücher vertheilt der Verf. den völkerrechtlichen Stoff. Das erste Buch bespricht die Natur, Ausbildung und Wissenschaft des Völkerrechts. Das zweite handelt von den Mächten Europa's, also dem Subject, und geht dann auf allgemeine Rechtsnormen der europäischen Völker ein, welche doch sehr gut im ersten Buch, bei der Behandlung der Natur des Völkerrechts, hätten mitbehandelt werden können. Sodann wird sofort, ohne vorherige Erörterung der Objecte, auf die Acte eingegangen, welche jene zu den Subjecten in Beziehung setzen sollen, und unmittelbar anschliessend auf einen rein processualistischen Gegenstand: „die schriftlichen Verhandlungen unter den Mächten". Das dritte Buch behandelt die Organe des völkerrechtlichen Verfahrens später als das Verfahren selbst und früher als einen Hauptbestandtheil des materiellen Völkerrechts: die Objecte. Zu diesen letzteren oder vielmehr nur zu einem derselben gelangt der Verf. erst im vierten Buch, welches zunächst von den Gebieten der Völker handelt, und dann

---

215) Schmalz, d. europ. Völkerr., Vorrede S. III.

durch Erörterung der Rechte der Völker in Bezug auf die
Staatsverfassung, die Rechtspflege und Staatsverwaltung,
Kategorien der inneren Politik auf das Völkerrecht über-
trägt. Das fünfte Buch kehrt wieder zu den Subjecten
zurück, indem dort die persönlichen Verhältnisse der Souveraine behandelt werden, geht dann zu einem Object, den
Meeren über, dann zu einem Act, durch welchen die Völker zu den Objecten in Beziehung treten: dem Handel,
und schliesslich zu einem unter die allgemeinen Rechtsnormen des Völkerrechts gehörigen Gegenstande: der Unabhängigkeit der Völker. Im sechsten Buch werden dann
übereinstimmend mit v. Martens' Repressalien, Retorsion und
der Krieg behandelt. Das siebente handelt dagegen wieder
von Verträgen, indess nur von den auf den Krieg bezüglichen, und das achte von verbündeten Mächten, deren
Verhältniss doch wol auch ein vertragsmässiges und sich
auf den Krieg beziehendes ist, und daher sehr gut in dem
vorhergehenden Buch hätte mitbehandelt werden können.
Den Schluss dieses Buchs bildet die Neutralität, welche
gleich am Anfange der Behandlung des Krieges, als Gegensatz zu den Kriegführenden, ihre Stelle hätte finden müssen.

Ein jeder denkender und unsere, die Schmalz'sche
Eintheilung charakterisirenden, Bemerkungen beachtender
Leser wird selbst ermessen können, ob in einem solchen
willkührlichen Durcheinander eine Systematik zu erblicken
sei oder nicht? Wir müssen darauf verzichten, bei Schmalz
irgend etwas für die Systematik Fruchtbringendes und Neues
entdecken zu wollen. Denn die oben erwähnte Stellung des
Krieges, in Verbindung mit der Retorsion und den Repressalien, ist nicht neu, sondern nachgeahmt, und es hat dem-

nach Schmalz lediglich, gegenüber Saalfeld, das Verdienst, v. Martens' nachgeahmt zu haben, was jener übersah und dadurch zugleich, wie sein Vorgänger, aus der Abtheilung in Friedens- und Kriegsrecht herausgekommen zu sein.

Schmalz hatte ausserdem schon früher in seiner Encyclopädie des gemeinen Rechts [216]) auch das Völkerrecht mitberücksichtigt. Er unterscheidet hier allgemeine Grundsätze über die rechtlichen Verhältnisse der Völker überhaupt (Abschn. I) und besondere über die einzelnen Verhältnisse der Völker (Abschn. II). Hier ermittelt er wenigstens im ersten Abschnitt ein Subject des Völkerrechts, welches eine die äusseren Hoheitsrechte besitzende Regierung darstellen soll (§ 603), geht dann zur Machtstellung der Staaten (§ 604 u. 605), der Religion (§ 606), zu den Quellen (§ 607 u. 608), zu dem schriftlichen Verfahren (§ 609), den Gesandten (§ 610—614), der Retorsion und den Repressalien (§ 615), dem Kriege (§ 616—621) über. Der zweite Abschnitt behandelt das Eigenthum (§ 622—624), die Intervention (§ 625), die Servituten (§ 626), die Gegenstände des s. g. internationalen Privatrechts (§ 627—632) und endlich die Titulaturen der Souveraine (§ 633), das Gleichgewicht der Macht (§ 634 u. 635), die Consule (§ 636) und die Verwandtschaft der regierenden Häuser (§ 637). Dass in diesem willkührlichen Nacheinander keine Systematik zu finden sei, bedarf kaum eines Nachweises. Die nicht richtige und unvollständige Bezeichnung der Subjecte kann auch ebensowenig als verdienstlich gelten, wie die wol rein zufällige Behandlung des gütlichen und gewaltsamen Ver-

---

216) 1804.

fahrens im Zusammenhange, wobei ausserdem die Organe auch wiederum dem Verfahren folgen, anstatt demselben vorauszugehen.

Klüber's *(droit des gens. moderne de l'Europe, 1819)* Systematik war schon durch seine Ansicht über die Stellung des philosophischen Völkerrechts zum positiven bedingt. Er sagt: *,,Le droit des gens naturel y doit entrer de beaucoup. Devant servir de base à un système du droit établi entre les nations par des conventions expresses ou tacites, il y vient en considération sous un double rapport. D'abord il remplit les lacunes qui ne se présentent que trop souvent dans un système du droit des gens positif, et sous ce rapport il est d'un usage essentiel; ensuite il sert de ciment a ce même système, en classant et liant les principes''*[217]). Dass nun aber Klüber nicht blos den Einfluss des philosophischen Völkerrechts in den zwei genannten Beziehungen wollte, zur Ausfüllung der Lücken des positiven Völkerrechts und zur Classificirung und Verknüpfung der einzelnen Sätze[218]), geht aus seiner Anordnung hervor.

Zunächst unterscheidet er zwei Haupttheile. Der erste ist gewidmet den Staaten überhaupt und den europäischen insbesondere. Der zweite den gegenseitigen rechtlichen Beziehungen der Staaten. In diesem letzteren Theile werden die Rechte zunächst (Tit. I) absolut, sodann (Tit. II)

---

217) Klüber, *droit d. gens mod. de l'Europe, 1819*, *Préf.* S. 4. Die von Morstadt besorgte zweite Auflage in deutscher Sprache (die erste erschien 1819) hat keine von der ersten franz. abweichende Anordnung.

218) Diese mit dem franz. Text nicht ganz übereinstimmende Wiedergabe ist der Klüber'schen Uebersetzung (vergl. 2. Aufl. der deutschen Ausgabe) entnommen.

hypothetisch behandelt, also naturrechtlich. Im zweiten Titel
wird in den zwei verschiedenen Abtheilungen desselben die
alte Eintheilung in Friedens- und Kriegsrecht wieder aufgenommen.

Eine fehlende Unterscheidung zwischen positivem und
philosophischem Völkerrecht kann Klüber nicht zur Last
gelegt werden, wol aber gestattete er dem Naturrecht zu
grossen Einfluss auf den Inhalt und die Anordnung des positiven Völkerrechts. Als Quellen des Völkerrechts werden
zwar zunächst die Verträge, sodann die Analogie, aber dann
auch das natürliche Völkerrecht hervorgehoben: *„on doit y
avoir recours toutes les fois que le droit positif est insuf-
fisant"*. Besonders wichtig zur Beurtheilung des Einflusses
auf die Anordnung ist der Ausspruch: *„D'ailleurs, le
droit des gens naturel est très important pour former
la théorie du droit des gens positif"* [219]). Dabei wird
der Inhalt des positiven Völkerrechts, wenn auch in unter-
brochener Anordnung, wiedergegeben. Im ersten Haupttheile werden die Staaten, also die Subjecte des Völkerrechts,
erörtert, und erst im zweiten die diesen zuständigen
Rechte der Selbsterhaltung, Unabhängigkeit und Gleichheit.
Erst im zweiten Titel des zweiten Haupttheils finden wir die
anderen Bestandtheile des völkerrechtlichen Verhältnisses:
droit de la propriété d'état (chap. I), zur Bezeichnung
des Rechts der Objecte, und die Verträge *(chap. II: droit
des traités)* als die hervorragenden Acte, durch welche
die Subjecte zu den Objecten in Beziehung gesetzt werden. Als drittes Capitel erscheint das Recht der Unterhand-

---

[219) Klüber a. a. O. S. 18, § 5.

lungen, insbesondere durch Gesandte — also ein Theil
des Gesandtschaftsrechts, welches denn auch hauptsächlich hier abgehandelt wird, indem ausserdem, nach einigen
einleitenden §§ über die Unterhandlung überhaupt, nur von
Consuln und Courieren die Rede ist. Hierauf folgt die Behandlung der *droits des états dans l'état de guerre,* wobei das Kriegsrecht *(chap. I)* vom Neutralitätsrecht *(chap.
II)* getrennt wird, während dieses gleich am Anfange des
Kriegsrechts bei der Unterscheidung kriegführender und
nichtkriegführender Theile, und dann in den einzelnen Abtheilungen des Kriegsrechts, namentlich auch bei dem See-
kriegsrecht, zu erörtern gewesen wäre. Das Schlusscapitel
(chap. III) bildet das Recht des Friedens.

Klüber hat nicht nur dem Naturrecht einen unbegründeten Einfluss auf Inhalt und Anordnung des positiv-völkerrechtlichen Stoffes verstattet, die alten Eintheilungen des
Naturrechts als Hauptabtheilungen, und des Friedens- und
Kriegsrechts als Unterabtheilungen wieder aufgenommen,
sondern lässt sowol eine Erkenntniss der Bestandtheile des
völkerrechtlichen Rechtsverhältnisses als eine Unterscheidung
des materiellen und formellen Rechts vermissen. Denn wenngleich er in letzterer Beziehung Retorsion und Repressalien,
wie seine Vorgänger v. M a r t e n s und S c h m a l z, bei dem
Kriegsrecht abhandelt, so befinden sich doch die sonstigen
processualistischen Beziehungen der Völker, namentlich die
Lehre von den vermittelnden Organen derselben: den Gesandten, in einem früheren Abschnitt [220]).

---

220) Auch das Urtheil des Engländers M a n n i n g über K l ü b e r's Anordnung lautet nicht günstig, er erklärt sie geradezu für sehr schlecht (*Comment. on the law of nat.* S. 41).

Zum Theil früher, zum Theil gleichzeitig, zum Theil später erschien der systematische Grundriss des praktischen Europäischen Völkerrechts von Julius Schmelzing [221]. Dem Verfasser wird „das praktische Europäische Völkerrecht nur durch die politische Geschichte verständlich" [222]. Die geschichtlichen Anführungen des Verf. beziehen sich indess hauptsächlich nur auf die Verhältnisse der deutschen Bundesstaaten, und unter diesen zunächst nur auf Baiern. Das Auskunftsmittel, welches der Verf. zur Abhülfe dieses von ihm selbst gewiss erkannten Uebelstandes vorschlägt: „dass jeder andere Lehrer beim Vortrage des Europ. Völkerrechts nach diesem (seinem) Leitfaden, oder jeder angehende Jurist beim Selbstunterrichte, an die Stelle der Notizen, welche zunächst Baierns völkerrechtliche Beziehung angehen, ohne Schwierigkeit die einschlägigen seines Vaterlandes setzen kann" [223], ist jedenfalls nicht ausreichend, da ja das Völkerrecht nicht auf der Geschichte der rechtlichen auswärtigen Verhältnisse eines Staates, sondern aller ruht, und das positive Völkerrecht nicht bald durch diese, bald durch jene Notizen in seiner Positivität dargestellt werden kann, sondern dessen Inhalt vielmehr aus der Gesammtgeschichte entwickelt werden muss und durch Belegen mit Beispielen aus der Einzelgeschichte weder Gültigkeit, noch Allgemeinheit erhält. Schmelzing hat sich in der Systematik der des römischen Privatrechts angeschlossen. Denn er theilt das

---

221) Der erste Band erschien 1818, also vor Klüber's Werk, der zweite 1819, also in demselben Jahre, und der dritte 1820, also ein Jahr später.

222) Schmelzing a. a. O. Vorrede S. VI.

223) Schmelzing a. a. O. Vorrede S. VII.

Völkerrecht in folgende drei Abtheilungen : I. die rechtlich-
politische Persönlichkeit — (also etwa das Personenrecht),
II. das Sachenrecht, III. das Obligationenrecht. Schon seiner
Vieldeutigkeit wegen hätte das Epitheton „politisch“ vermieden werden müssen, aber jedenfalls ist hiermit kein bestimmter,
einheitlicher Ausgangspunct dem Völkerrecht vindicirt.
Das Verhältniss des Völkerrechts zur äusseren Politik fasste
Schmelzing ganz so, wie nach ihm Warnkönig, auf.
Er erklärt zwar, gleich diesem und dem jüngeren Fichte,
die Staaten für juristische Personen, aber sucht die Garantie
des Völkerrechts, gleich Warnkönig, in einem Institute
der äusseren Politik, dem politischen Gleichgewicht, welches
zur Aufrechthaltung des Rechtszustandes unentbehrlich sein
soll [224]). Andererseits leitet Schmelzing richtig die Wirksamkeit des positiven Völkerrechts aus dem Gesammtwillen der Völker ab [225]), wonach denn auch die Garantie der
Existenz dieses Rechts in diesem Gesammtwillen selbst liegt
und anderswoher nicht begründet zu werden braucht. Für
eine rechtliche Darstellung der politischen Persönlichkeit
spricht ferner die fast vollzogene Identificirung dieser mit
der rechtlichen. Denn Schmelzing fasst die politische
Persönlichkeit eines Staates auf als die Selbstständigkeit, die
unbeschränkte Herrschersmacht nach Innen und äussere Unabhängigkeit von jedem anderen Volke, und nennt dieselbe ausdrücklich rücksichtlich ihrer rechtlichen Wirksamkeit Souverainetät [226]). Weiter wird in der Anerkennung der politi-

---

224) Schmelzing a. a. O. § 394.
225) Schmelzing a. a. O. § 5.
226) Schmelzing a. a. O. § 27.

schen Persönlichkeit auch die der rechtlichen gefunden [227]).
Aus dem Begriff der rechtlich gefärbten politischen Persönlichkeit der Europäischen Völker werden dann folgende
systematische Unterabtheilungen entwickelt: 1) die Befugniss zu Ansprüchen auf den üblichen Rang und das völkerrechtliche Ceremoniell, auf verschiedene Ehrenbezeugungen,
Präcedenz-Beziehungen, Titel und Würden; 2) die Unabhängigkeit der Verfassung und Staatsverwaltung in ihren
verschiedenen Seiten von allen Einflüssen anderer Völker;
3) die dem Oberhaupt des Staates und den Organen seiner
Selbstthätigkeit zukommenden persönlichen Rechte und Vorzüge. Da nur in der unbedingten Ausübung und allgemeinen Anerkennung dieser dreifachen Rechtsverhältnisse
die politische Persönlichkeit der Europäischen Völker sich
ausspreche, so sei die erste derselben gewidmete Abtheilung, systematischer Vollständigkeit halber, in drei Hauptstücke einzutheilen: 1) die Verhältnisse der Europäischen
Völker in Beziehung auf Rang und Völker-Ceremoniell;
2) die Unabhängigkeit und Freiheit der Europäischen Völker, sowol rücksichtlich ihrer äusseren, als inneren Staats-
verhältnisse, und 3) die Persönlichkeit und Familienrechte
der Souveraine [228]). Das erste Hauptstück bezieht sich
lediglich auf im Völkerrecht anerkannte Formalitäten und
gehört somit allenfalls in das formelle Völkerrecht. Wir
möchten diese Verhältnisse aus dem Völkerrecht ganz aus-
scheiden, denn was an ihnen, mit Ausnahme etwa der völkerrechtlichen Anerkennung, völkerrechtlicher Natur sein

----

227) Schmelzing a. a. O. § 28.
228) Schmelzing a. a. O. § 29.

soll, vermögen wir nicht zu fassen. Es war schon früher üblich, und Schmelzing ging diesem Gebrauch wol nur einfach nach, Alles, was sich auf die äusseren Verhältnisse der Staaten bezog, auch in den Complex eines abgehandelten Völkerrechts hineinzutragen, aber was war dann da Alles zusammen? Recht und Politik, Rechtssatz und Formelwesen! Uns scheint das ganze, auf die äusseren Beziehungen der Staaten bezügliche Ceremonialwesen in eine äussere Staatspraxis, deren Wesen und Grenzen freilich auch noch wenig bestimmt sind, hineinzugehören. Ferner hätte man, nachdem in dem zweiten Hauptstück die Unabhängigkeit der Europäischen Völker behandelt worden, in dem dritten eine correspondirende Behandlung der Souveraine erwarten können, statt Dessen ist aber dasselbe betitelt: die Persönlichkeit und Familienrechte der Souveraine. Der Souverain kömmt indess im Völkerrecht nur als Staatsoberhaupt in Betracht, seine Stellung als Familienoberhaupt findet ihre Begründung in dem besonderen inneren Staatsrecht.

Das Sachenrecht der Völker wird in vier Hauptstücken behandelt. Das erste handelt von den Erwerbsarten des Völkereigenthums, das zweite von den Landesgebieten der Völker, das dritte von dem Eigenthum und der Herrschaft des Meeres und der Flüsse, das vierte von den Benutzungsarten des Meeres und der Flüsse [229]). Es fehlt hier die richtige Reihenfolge und Zusammenfassung.

Schmelzing hat in dem Satze: „Mit der rechtlichpolitischen Persönlichkeit der Völker, mit ihrem Rechte auf den Gebrauch der Dinge der Aussenwelt und die verschie-

---

[229] Schmelzing a. a. O. § 214.

denen Gegenstände des Besitzes und Eigenthums, ist das
Recht auf ihre verschiedenen äusseren Handlungsweisen
das beide Urrechte 'gleichsam belebende Mittelglied, — in
nigst verbunden" [230]), die drei Bestandtheile eines Rechts
verhältnisses und ihre gegenseitige Stellung zu einander
richtig im Grundgedanken erfasst. Indess tritt diese Auf
fassung uns weder aus der Haupteintheilung des Werkes,
noch aus der Einreihung der einzelnen Bestandtheile in die
gewählten Abschnitte entgegen. Statt der Subjecte, Objecte
und Acte sind das Personen-, Sachen- und Obligationenrecht recipirt und die Einreihung der einzelnen Gegenstände
unter dieses letztere ist wahrhaft willkührlich zu nennen,
sie verräth keine Einsicht in das Wesen des angedeuteten Mittelgliedes. Es werden bei dem Obligationenrecht
der Völker unterschieden die Befugnisse und Verbindlichkeiten der Europäischen Völker aus ihren freundschaftlichen Verhältnissen und aus feindlichen [231]). Unter die
ersteren (I. Hauptst.) sind sodann rubricirt: das Gesandt-
schaftswesen, die Völkerverträge, der Verkehr und Handel
der Völker, die schriftlichen Verhandlungen der Staaten
und Souveraine [232]). Es sind somit zunächst Gegenstände
des materiellen Rechts: Verträge, Verkehr und Handel,
mit Gegenständen des formellen Rechts: Gesandte und schrift-
liche Verhandlungen der Staaten und Souveraine, verbunden.
Ist nun schon diese Zusammenstellung an und für sich zu
tadeln, so leuchtet noch viel weniger ein, wie irgend eine

---

230) Schmelzing a. a. O. § 268.
231) Schmelzing a. a. O. § 269.
232) Schmelzing a. a. O. § 270.

dieser Materien mit Recht unter die Befugnisse und Verbindlichkeiten der Europäischen Völker rubricirt werden
könne. Gegen die Einreihung des Gesandtschaftswesens unter
die Befugnisse und Verbindlichkeiten sprachen wir uns schon
oben bei Saalfeld aus. Die Verträge, der Handel und die
Verhandlungen sind doch aber nicht die Befugnisse und Verbindlichkeiten selbst. Diese werden nur begründet und geformt
durch Verhandlungen und Verträge und entspringen aus dem
Handel. Die beiden ersteren erscheinen dagegen wol als Acte,
welche die Subjecte zu den Objecten in Beziehungen setzen,
als welche sie Schmelzing aber, trotz seiner Andeutung des
nothwendigen Mittelgliedes, nicht charakterisirt hat. — Das
zweite Hauptstück des Obligationenrechts handelt von den
Befugnissen und Verbindlichkeiten der Europäischen Völker
aus ihren feindlichen Verhältnissen. Der erste Abschnitt
geht von dem Entstehen feindseliger Verhältnisse unter den
Völkern und Verletzungen des Völkerrechts aus, der zweite
wendet sich zu den verschiedenen Arten der Rechtsverfolgung unter den Völkern, und der dritte endet mit der
Art und Weise der Aufhebung der feindseligen Verhältnisse unter den Völkern [233]). Der zweite Abschnitt wird
weiter ganz sachgemäss in zwei Titel abgetheilt. Der erste
ist den Mitteln der gütlichen Ausgleichung der Streitigkeiten
und der zweite der durch den Krieg gewidmet. Eigenthümlich und auf den ersten Augenschein unrichtig hierbei ist,
dass Retorsion und Repressalien, die doch entschieden den
Charakter gütlicher Ausgleichung verleugnen, in eine Linie mit
der schiedsrichterlichen Dazwischenkunft dritter Mächte ge-

233) Schmelzing a. a. O. § 424.

stellt werden [234]). Der gesammte zweite Theil des Obligationenrechts ist aber rein processualistischer Natur und
erinnert der erste und zweite Abschnitt an Hufeland's
Abtheilungen: die Art zu verletzen und die Art zu schützen.
Hätte dem Verfasser beliebt, an dieser Stelle auch die Organe des völkerrechtlichen Verfahrens abzuhandeln und die
übrigen formellen Verhandlungsweisen in den äusseren Beziehungen der Staaten, so wäre der gesammte völker-pro-
cessualistische Stoff wenigstens beisammen gewesen. Indess
ist es schon anzuerkennen, dass Schmelzing dem Kriege
eine so wesentlich richtige Stellung neben anderen processualistischen Formen gab. Gleichzeitig umging er zwar
hierdurch auch die rein äussere Eintheilung in Friedens-
und Kriegsvölkerrecht, aber im Uebrigen ist diese durch
die Unterscheidung der Befugnisse und Verbindlichkeiten
aus freundschaftlichen und feindschaftlichen Verhältnissen beibehalten worden, und die Unterordnung des Krieges unter das Obligationenrecht ist mindestens ebensowenig
principiell, wenn nicht etwa der Krieg als eine *obligatio
ex delicto* aufgefasst werden sollte, welcher Auffassung indess nur der unrechtmässige unterliegen könnte. Eine Spur
der nur *verbotenus* vermiedenen Eintheilung findet sich ausserdem in dem § 444, welcher die Ueberschrift: „Völkerrecht in Kriegszeiten" trägt.

Die Systematik Schmelzing's ist, abgesehen von der
unglücklichen Reception der privatrechtlichen Ordnungsnamen
und der falschen Rubricirung des Krieges, nicht als gänzlich
verfehlt anzusehen. Denn freilich ist das formelle Völker-

---

234) Schmelzing a. a. O. § 429.

recht nur zum Theil aus dem materiellen ausgeschieden und
daher auch nicht in allen seinen Theilen zusammengehörend
behandelt, aber die einzelnen Bestandtheile des völkerrechtlichen Rechtsverhältnisses sind doch gebührend zu Ausgangs-
puncten der drei Haupttheile des Systems erhoben worden.
Denn in dem ersten Haupttheil sind sowol die Völker oder
Staaten, als auch die Souveraine, und somit die beiden
Subjecte des Völkerrechts behandelt. Im zweiten finden die
Objecte des Völkerrechts Berücksichtigung und im dritten
werden, wenigstens in den Verträgen, vermittelnde Acte zwischen Subject und Object behandelt. Aber freilich findet
sich dabei in dem ersten Haupttheil das in die äussere
Staatspraxis hineingehörende Ceremoniell, und in dem dritten
eine Behandlung der Organe des auswärtigen Verfahrens:
der Gesandten, und die Art der schriftlichen Verhandlungen,
welche letztere gleichfalls eine passendere Stelle in der äusseren Staatspraxis fänden. Was ferner die Auffassung des
Stoffes anlangt, so spricht sich Schmelzing zwar entschieden für die Positivität aus, aber erbringt diese in ungenügender und beschränkter Weise, andererseits hat er den
Inhalt des Völkerrechts weder bestimmt genug als einen
rechtlichen aufgefasst, sondern schwankt vom Politischen
zum Rechtlichen, noch die Unabhängigkeit des Völkerrechts von der Politik begriffen.

Wir müssen jetzt der Zeitfolge nach abermals zu Pölitz
zurückkehren. Das positive, von Pölitz praktisch genannte,
Völkerrecht, die systematische Darstellung der von den gesitteten und christlichen Völkern und Staaten angenommenen Grundsätze des Rechts und der Klugheit für die Erhaltung und
Behauptung der in ihrem gegenseitigen äusseren Verkehr beste-

henden politischen Formen [235]), enthält: 1) die Darstellung des praktischen Systems dieser Völker und Staaten nach seiner Grundlage und Ankündigung in einzelnen politischen Formen; 2) die Darstellung der in dem gegenseitigen Verkehre derselben praktischen Grundsätze des Rechts und der Klugheit; 3) die Darstellung der zwischen denselben, nach erfolgten Rechtsbedrohungen und Rechtsverletzungen, praktischen Grundsätze für die Anwendung des Zwanges und Herstellung des Friedens. Der zweite und dritte Theil soll entsprechen der Eintheilung des philosophischen Staatenrechts, „weil dieses die Grundlage des praktischen Völkerrechts bildet, obgleich in dem letzteren die durchgängige Rücksicht auf die Ergebnisse der Geschichte und der Staatskunst hinzukommt, wodurch namentlich auch der ganze erste Theil des praktischen Völkerrechts vermittelt wird" [236]). Die Nothwendigkeit des ersten Theiles wird dadurch begründet, dass seit dem Wiener Congresse an die Stelle der früher in ihren Zwecken

235) Pölitz bringt für diese Wissenschaft den Namen: praktisches Staatenrecht in Vorschlag, weil es nicht von den im philosophischen Sinne genommenen Völkern selbst geübt wird, sondern von den Regierungen und zwar der im europäischen und amerikanischen Staatensystem bestehenden Reiche und Staaten, wesshalb auch seit der Anerkennung der politischen Selbstständigkeit der nordamerikanischen Staaten die Benennung europäisches Völkerrecht zu eng gewesen sei. Für die Setzung des Epitheton „praktisch" anstatt „positiv" wird aber angeführt, dass es keinen Codex positiver Rechte und Gesetze giebt, über deren Befolgung die europ. und amerikan. Völker und Staaten gemeinschaftlich sich vereinigt hätten, und für deren Aufrechterhaltung ein rechtlich bestimmter Zwang stattfände. Dieses praktische Völkerrecht sei eigentlich nur ein Abstractum der allgemeinen Grundsätze und politischen Formen aus dem in dem wirklichen Verkehre der europäischen und amerikanischen Reiche und Staaten seit den drei letzten Jahrhunderten vorgekommenen Verträgen und politischen Vorgängen. Pölitz a. a. O. Bd. V, S. 6 ff.

236) Pölitz a. a. O. S. 14 ff.

und politischen Interessen vereinzelten Staaten ein Staatenverein getreten sei mit gewissen allgemeinen Zwecken und Interessen. Von der Möglichkeit einer systematischen Darstellung des praktischen politischen Föderativsystems, der praktischen politischen Formen und Grundsätze des Rechts und des Zwanges, wird die Wissenschaft des praktischen Völkerrechts abhängig gemacht [237]).

Pölitz behandelt im ersten Theil Begriff und historische Entwickelung des Staatensystems, das politische Gleichgewicht als Grundlage desselben und dessen Ankündigung in einzelnen politischen Formen, wobei zunächst die einzelnen Reiche und Staaten Europa's nach ihrer politischen Würde, nach ihrem politischen Gleichgewicht, nach ihrer Souverainetät, nach ihrer Regierungsform, und sodann das amerikanische Staatensystem behandelt werden [238]); im zweiten Theil die schon im philosophischen Völkerrecht erörterten ursprünglichen (unbedingten) und sodann die erworbenen (bedingten) Rechte der Völker und Staaten [239]). Auf das Urrecht der Individualität und Freiheit werden zurückgeführt das Recht der Souverainetät, auf Eigenthum und Gebietsbesitz, in Beziehung auf die Fremden; auf das Urrecht der Unabhängigkeit von Andern das Verfassungsrecht, die Hoheitsrechte im Inneren in Hinsicht auf Gesetzgebung, Justiz und Polizei, in Hinsicht auf Finanzen und Handel, in Hinsicht auf Cultur, Sitten etc. und das Hoheitsrecht über die Colonien; auf das Recht der Gleichheit mit

237) Pölitz a. a. O. S. 11 ff.
238) Pölitz a. a. O. S. 34 ff.
239) Pölitz a. a. O. S. 90 ff.

Anderen der Begriff des Völkerceremoniells, die Grundsätze
in Hinsicht der im europäischen Staatensystem geltenden
Rangordnung und die im europäischen Staatensystem gegenwärtig geltende Rangordnung. Als Anhang zu diesen ursprünglichen Rechten der Völker und Staaten wird das
Nothrecht erörtert, welches die auf einem sittlichen Ideale
ruhende philosophische Rechtslehre (das Naturrecht) zwar
nicht anerkennen könne, das indess für Staaten, als bürgerliche Vereine, in der Wirklichkeit wohl gedenkbar sei. In
dem, die erworbenen Rechte der Völker und Staaten betreffenden Abschnitt ist die Lehre von den Völkern- und Staaten-
verträgen, und als Anhang dazu sind die Völker- und
Staatendienstbarkeiten enthalten. Der dritte Theil ist wesentlich processualistischer Natur [240]. In dem Staatensystem
soll der Zwang als das rechtliche Mittel sich ankündigen,
entweder angedrohten Rechtsverletzungen im Voraus zu begegnen, oder begonnene nicht fortsetzen zu lassen, oder
thatsächlich eingetretene zu ahnden und sich für dieselben
Genugthuung und Ersatz zu verschaffen. Demgemäss wird
zunächst gehandelt von den gütlichen Ausgleichungsmitteln
bei eingetretenen Missverständnissen, Streitigkeiten und Feind-
seligkeiten, sodann der Begriff des rechtlich gestalteten
Zwanges und dessen verschiedene Arten : Retorsion, Repressalien und Krieg, entwickelt, erst dann zur Darstellung der
rechtlichen Formen des Krieges vorgeschritten [241], und
an diese eine Durchführung der Grundsätze für die Wieder-

---

240) Pölitz a. a. O. S. 194 ff.

241) S. 241 ff. wird das Recht der Neutralität behandelt, nachdem im
vorhergehenden § die verbündeten, coalisirten und hülfeleistenden Staaten
abgehandelt sind. Es erscheint somit dieses Recht hier in der richtigen Auf-

herstellung des vormaligen Rechtszustandes oder des Friedens angeschlossen.

Die Diplomatie als Wissenschaft umfasst bei Pö-
litz [242]), da sie die vorbereitende wissenschaftliche Bildung
der diplomatischen Personen bezweckt: 1) eine Uebersicht über die wissenschaftlichen, von den diplomatischen
Personen geforderten Kenntnisse; 2) die Rechte und Pflichten der im Auslande angestellten diplomatischen Agenten
(das eigentliche Gesandtschaftsrecht), und 3) die auf Geschichte und Staatskunst beruhenden allgemeinen Grundsätze
für die Unterhandlungskunst mit auswärtigen Staaten.

Der Inhalt der dem positiven Völkerrecht und der Diplomatie ausserdem coordinirten äusseren Staatspraxis ist
mehr angedeutet als ausgeführt worden [243]). Als Zweck
der Staatspraxis überhaupt wird bezeichnet, dass durch sie
alles Das im Staatsleben verwirklicht werde, was Vernunft,
Geschichte und Völkersitte als den Rechten und der Wohl-
fahrt der Staaten gemäss anerkannt haben. Sie soll das
von der eigentlichen Staatskunst als Theorie aufgestellte
von der praktischen Seite umschliessen. Daher könnten
auch die einzelnen Theile der Staatspraxis nur die der
Staatskunst sein, und da diese sowol auf das innere als
äussere Staatsleben sich beziehe, so müsse gleiche Beziehung und Unterscheidung auch bei der Staatspraxis als
Wissenschaft statthaben. Eben wegen dieser Verbindung mit

---

einanderfolge, nicht, wie bei anderen früheren Schriftstellern, als blosser
Anhang, dessen Inhalt gleichsam im System selbst keinen gehörigen Platz
fand.

242) S. 257 ff.

243) Pölitz a. a. O. S. 329 ff.

der Staatskunst dürfe aber auch in den Kreis der Staatspraxis
nur das eigentlich das Staatsleben Betreffende gezogen
werden. Andererseits folge aber auch aus dieser Abhängig-
keit der Staatspraxis von der Staatskunst, dass die wissenschaftliche Darstellung jener nur eine kurze und gedrängte
Uebersicht Dessen enthalten könne, was aus der politischen
Theorie in die Praxis übergehen und in's wirkliche Staatsleben eintreten soll.

Ueber die Praxis im äusseren Staatsleben verbreitet
sich Pölitz sehr kurz, nachdem er freilich in Anbetracht
der Nothwendigkeit der vereinten Vorübung in der Staatspraxis das auf beide Theile des öffentlichen Staatslebens
bezügliche Allgemeine vorher erledigt hat. Es wird nur
erwähnt, dass in der Staatspraxis in beiden Beziehungen,
des Friedens und Krieges, die Grundsätze behauptet und
angewendet werden müssen, welche in allgemeinen Umrissen die Staatskunst dafür aufstellt und welche nach den
besonderen, durch Verträge, Herkommen und Völkersitte
festgesetzten Formen in dem praktischen Völkerrecht entwickelt werden. Ausserdem folgen einige Auslassungen
über den Geschäftsstyl.

Pölitz hat zwar auch das Völkerrecht auf Grundsätze
der Klugheit basirt, indess unterscheidet er von demselben
eine auf das äussere Leben sich beziehende Staatskunst,
deren Wesen hier ausführlicher zu erörtern freilich nicht
in der Aufgabe unserer Schrift liegt, welche es hauptsächlich mit dem Völkerrecht zu thun hat. Bei der bei man-
chen Völkerrechtsschriftstellern erfolgten ungehörigen Vermischung beider principiell geschiedener Gebiete ist es
indess gewiss nicht unwichtig, auf eine Behandlung, wie die

Pölitz'sche, näher einzugehen, welche beide Gebiete neben einander wissenschaftlich darzustellen unternommen hat, da aus einer solchen wol am ehesten entnommen werden könnte: 1) ob das Völkerrecht ausschliesslich auf Grundsätze des Rechts und die äussere Staatskunst ausschliesslich auf Grundsätze der Klugheit zu begründen sei, und 2) ob die äussere Politik, wie vielfach bezweifelt wird, überhaupt als System dargestellt werden könne.

Pölitz definirt die Staatskunst (Politik) [244]) als die wissenschaftliche Darstellung des Zusammenhanges zwischen dem inneren und äusseren Staatsleben, nach den Grundsätzen des Rechts und der Klugheit. Die Lehre von dem inneren Staatsleben wird von der des äusseren getrennt [245]). Die letztere soll enthalten [246]): 1) die Darstellung der Grundsätze der Staatskunst für die Wechselwirkung und Verbindung des einzelnen „Staates mit allen übrigen Staaten, und 2) die Darstellung der Grundsätze der Staatskunst für die Anwendung des Zwanges nach angedrohten oder erfolgten Rechtsverletzungen. Diese Staatskunst stehe in der Mitte zwischen dem philosophischen Staatenrecht und dem praktischen Völkerrecht. Die auf sie bezügliche Lehre müsse mit den im Staatenrecht aufgestellten Grundsätzen des Rechts die aus der Geschichte hervorragenden Regeln der Weisheit und Klugheit für die Wechselwirkung der neben einander bestehenden Staaten verbinden. Sie habe zunächst das aus der Bestimmung eines

---

244) Bd. I, S. 7 f.
245) Bd. I, S. 341 ff.
246) Bd. I, S. 578 ff.

jeden einzelnen Staates sich ergebende Staatsinteresse zu berücksichtigen. Gegenstand derselben sei die Entwickelung der Begriffe vom politischen Gewicht und Range der Staaten. Demgemäss werden in derselben die Mächte nach ihrem politischen Gewicht und das politische Gleichgewicht erörtert. Die praktische Ausführung dieser Idee wird theils in die Geschichte des europäischen Staatensystems, theils in das praktische Völkerrecht verwiesen. Ferner werden in der äusseren Staatskunst Verträge, Bündnisse, Garantien und Gesandte behandelt, indess nur der Begriff derselben festgestellt. „Alles was in dem Verkehr der wirklichen Staaten nach den verschiedenen Gattungen und Formen der Verträge und Bündnisse vorkommt, so wie die durch Verträge oder Völkersitte festgesetzten Rechte, Verhältnisse und Rangabstufungen der Gesandten, gehören nicht der Staatskunst, sondern dem praktischen Völkerrechte an." Hierauf folgt die politische Unterhandlungskunst. Ihre Aufgabe und die Art der Lösung derselben, so wie die Art der dazu Berufenen wird festgestellt, sonst aber diese Lehre in die Diplomatie verwiesen. Der zweite Theil der äusseren Staatskunst setzt zunächst fest den Zweck des Zwanges zwischen den Staaten und dessen Arten. Die Hauptart desselben: der Krieg soll zwar in Bezug auf seine Mittel hauptsächlich rechtlich gestaltet sein, zugleich aber sollen diese, nach den aus der Geschichte hervorgehenden Regeln der Staatsklugheit, mit steter Berücksichtigung der Verhältnisse der im Kriege begriffenen Völker und Länder, nach der physischen und geistigen Kraft derselben, und nach ihren Verbindungen mit anderen auswärtigen Staaten, angewandt werden. Endlich wird festgestellt: wann der Zweck des Krieges erreicht sei. Die rechtliche Seite aller zum Zwange zwischen den einzelnen Staaten gehörenden Gegenstände wird in das Staatsrecht, das aber, was nach Vertrag, Völkersitte und Herkommen darüber im europäischen und amerikanischen Staatensystem besteht, in das praktische Völkerrecht verwiesen. Alsdann werden der Krieg, das Eroberungsrecht und der Völkerfriede aus dem Standpuncte der Staatskunst betrachtet, womit die Darstellung der äusseren Staatspraxis abgeschlossen ist. Bei diesen letztgenannten Betrachtungen, namentlich über das Eroberungsrecht, ist die rechtliche Auffassung von der politischen nicht ganz streng geschieden, vielmehr die letztere rechtlich gefärbt. Die dem Kriege gewidmeten Auslassungen sind dagegen rein politisch. Die Bemerkungen über den Völkerfrieden enthalten nur eine Polemik gegen die Haltbarkeit der Idee des ewigen Friedens und eine anerkennende Erhebung des politischen Gleichgewichts.

Wir gehen von der Ansicht aus, dass der abgeschlossene Inhalt des Völkerrechts wesentlich bedingt sei durch eine klare Erkenntniss des Zwecks und Wesens desselben einerseits und durch die Stellung desselben zu verwandten Wissenschaften andererseits. In beiden Beziehungen liegen Leistungen von Pölitz vor, wenngleich die letzterer Beziehung überwiegend sind. Wenn wir bei Schmelzing eine durchgeführte Scheidung des Politischen und Rechtlichen vermissten und rügen mussten, so hätte dieser Mangel von Pölitz, welcher die rechtlichen und politischen Wissenschaften neben einander darstellte, vermieden werden müssen. Man wäre berechtigt gewesen, in seinem praktischen Völkerrecht nur Grundsätze des Rechts und in seiner

12 *

äusseren Staatskunst nur Grundsätze der Klugheit dargestellt zu sehen. Statt dessen erkennt er aber als Aufgabe des Völkerrechts, Grundsätze des Rechts und der Klugheit darzustellen und vindicirt auch der äusseren Staatskunst gleiche Verbindung. Hiermit ist die principielle Scheidung beider Wissenschaftsganzen nach den wesentlich verschiedenen Grundgedanken des Rechts und der Klugheit ausser Acht gelassen und wird auch die Nothwendigkeit einer solchen Scheidung nicht bewiesen. Die Coordination der Diplomatie, welche schon Zachariä als besondere Wissenschaft perhorrescirte, erbringt aber der Anordnung des auf die äusseren Staatenbeziehungen bezüglichen Stoffes durchaus keinen Vortheil. Der Inhalt derselben ist, so weit er die Gesandten (Thl II) betrifft, schon im formellen Völkerrecht begriffen. Die Ausscheidung des Gesandtenrechts aus dem Völkerrecht zur ausführlicheren monographischen Behandlung mag nicht getadelt werden, aber damit ist die Selbstständigkeit einer Gesandtschaftswissenschaft weder erbracht, noch erwiesen. Die ausserdem der Diplomatie vindicirte Uebersicht über die von den diplomatischen Personen geforderten wissenschaftlichen Kenntnisse (Thl I) kann nur den Inhalt einer Einleitungsschrift in das diplomatische Studium bilden, und die Darstellung der Grundsätze für die äussere Unterhandlungskunst mit den Staaten (Thl III) gebührt der ausserdem von Pölitz coordinirten äusseren Staatskunst oder der äusseren Politik. Die Zweckmässigkeit der Coordinirung einer äusseren Staatspraxis ist anzuerkennen, aber so lange nicht die für das Völkerrecht und die äussere Politik maassgebenden Auffassungen und deren Inhalt fest bestimmt sind, werden die Auffassung und der Inhalt der äusseren Staatspraxis gleichfalls schwankend bleiben. Unseres Erachtens wird diese theilweise denselben Gegenständen, wie jene, aber nur in anderer Behandlung, sich zuzuwenden haben, theilweise einzelne Gegenstände für sich ausschliesslich beanspruchen. Zu diesen letzteren Gegenständen rechnen wir namentlich die ganze Lehre vom Ceremoniell und die Specialitäten des mündlichen und schriftlichen Verfahrens, namentlich auch die Lehre vom diplomatischen Styl. Ausserdem wird die äussere Staatspraxis unseres Erachtens das streng Rechtliche nicht zum Gegenstande haben können, sondern grösstentheils nur das, was sich als Üsance herausgebildet hat, welche indess mit der einen Erscheinungsform des aus der gemeinsamen Völkerüberzeugung hervorgegangenen internationalen Rechts, der Gewohnheit oder dem Herkommen nicht zu verwechseln ist. Diese Üsancen haben dann auch nicht den strengen Rechtscharakter, sind weder Recht, noch können sie als solches gefordert werden, sondern tragen den Charakter blosser Gebräuche. Wenn nun Pölitz als Aufgabe der Staatspraxis setzt, dass sie die Aufstellungen der Theorie der Staatskunst von der praktischen Seite umschliesse, so hätten wir ihm nur dann beistimmen können, wenn er aus der Staatskunst das Rechtliche zuvörderst ausgeschieden und in das Völkerrecht nicht Lehren, wie die der Rangordnung und des Ceremoniells, hineingenommen hätte. Die unterlassene Trennung des Rechtlichen und Politischen ursachte auch hier, wie überall, wesentliche Mängel in der Vertheilung des Inhalts. Der erste Theil des Pölitz'schen praktischen Völkerrechts gehört, seinem Inhalt und der Auffassung nach, ganz in das System der äusseren Politik hinein. Erst der zweite Theil beginnt

mit dem einem ersten Theile des positiven Völkerrechts gebührenden Inhalt: den völkerrechtlichen Ur- oder Grund-
rechten, enthält aber wiederum, wie bereits bemerkt, die in
die äussere Staatspraxis hineingehörenden Rangverhältnisse
und das Ceremoniell. Die ausserdem daselbst stattgehabte
Behandlung der Hoheitsrechte möchte nur insoweit zulässig
erscheinen, als sie Anlass zu völkerrechtlichen Concessionen gewähren können, wodurch zugleich die Sonderstellung des internationalen Privatrechts vermieden werden
könnte. Ausserdem muss die Wiederaufnahme der Abtheilung in ursprüngliche und erworbene Rechte in dem
zweiten Theile als ein Rückschritt zur naturrechtlichen Auffassung gerügt werden. Dagegen wäre die zusammenhän-
gende Darstellung des Processualistischen rühmend anzuerkennen, wenn nicht auch von Pölitz, wie bei ähnlichen
Eintheilungen seiner Vorgänger, die Organe des Processualistischen gänzlich übergangen worden wären, und zwar bei
ihm zu dem Zweck, um sie, in nicht zu billigender Weise,
mit anderem Zubehör in einer besonderen Wissenschaft, der
Diplomatie, abzuhandeln.

Wenn wir hier die von Engländern und Amerikanern
geschehenen Bearbeitungen des positiven Völkerrechts anschliessen, so geschieht es mit Rücksicht auf ihren, den
vorstehend erörterten Schriften verwandten Standpunct. Je
weniger nun bisher die Leistungen dieser Autoren eingehend
von der deutschen Kritik besprochen [247] und der Völker-

---

247) v. Kaltenborn charakterisirt nur Wheaton ausführlich (Krit.
d. Völkerr. S. 115 ff.) und beruft sich in Bezug auf Oke Manning und
Kent (S. 125 ff.) lediglich auf v. Mohl. v. Mohl hat zwar auch hier das
unbestrittene Verdienst, die Werke der Fremden in Deutschland eingebürgert
zu haben, ist indess auf die Systematik der genannten und anderer Schrift-

rechtswissenschaft überhaupt, als der von allen Nationen, aus einem allgemeinen Bedürfniss gepflegten Wissenschaft, zum Eigenthum geworden sind, desto mehr Aufforderung liegt vor, diese Erscheinungen in ihrem Werthe, indess immer doch unter vorzugsweiser Berücksichtigung der Systematik, zu würdigen.

Schon zu Hugo Grotius' Zeiten bearbeitete der Engländer Zouchy das positive Völkerrecht, welchen wir eingehend oben gewürdigt haben. Hundert Jahre später trat, ganz im Gegensatz zu ihm, Rutherforth auf, welcher im neunten Capitel des zweiten Buches seiner *Institutes of natural laws being the substance of a course of lecture on Grotius de iure belli ac pacis (London 1754)* der von Grotius behaupteten Positivität des Rechts entgegentrat und das Völkerrecht für ein angewandtes Naturrecht erklärte[248]). v. Kaltenborn schliesst dessen Leistung lediglich der Wolff'schen Periode an, enthält sich sonst jeder weiteren Bemerkung über ihn[249]) und verweist auf Wheaton. Auch Heffter weist Rutherforth (welchen er bald so [S. 3, 1.], bald Rutherford [S. 22] schreibt) ebendahin[250]). Ist nun dieses Urtheil begründet, so hätten wir allerdings diesen Schriftsteller bereits früher erwähnen müssen, indess war es uns nicht vergönnt, diese Leistung aus

---

steller nur sehr kurz eingegangen und charakterisirt, mit Berücksichtigung des Zweckes seiner umfassenden Arbeit, auch den Standpunct und Inhalt nur allgemein (vergl. v. Mohl a. a. O. S. 396 ff.). Unsere Ergänzungsarbeit wird indess, da uns nicht alle die durch v. Mohl besprochenen Werke vorlagen, leider nur eine unvollständige sein.

248) Vergl. Wheaton, *histoire des progrès du droit des gens, 1853*, 1, S. 250.

249) v. Kaltenborn, Krit. d. Völkerr. S. 77.

250) Heffter, d. europ. Völkerr. 1855, S. 22.

eigener Anschauung kennen zu lernen, und wir haben, abgesehen davon, dass Rutherforth, seinem Standpuncte nach, für unsere Aufgabe „die Systematik des positiven Völkerrechts" wol wenig Ausbeute versprechen möchte, ihn nur hier bei der Besprechung der Leistungen der Engländer nicht ganz übergehen wollen [251]).

In diesem Jahrhundert unterzog sich zuerst der Bearbeitung des Völkerrechts in englischer Sprache ein ursprünglicher Praktiker, James Kent, welcher 26 Jahre hindurch richterlichen Pflichten obgelegen hatte und sodann Rechts-Professor im Collumbia-College wurde. Sein Riesenwerk: „*Commentaries on american law*" behandelt im ersten Bande auch das Völkerrecht. Es steht an der Spitze dieser 1854 in achter Auflage [252]) erschienenen Commentare, welche amerikanischen Studirenden bestimmt sind. Nur der erste Theil des ersten Bandes behandelt das Völkerrecht (S. 1—194). Weder ist der Inhalt desselben erschöpft, noch gebührend geordnet. Er ist vertheilt in verschiedene Lecture's, von welchen die erste die Begründung und Geschichte des Völkerrechts, die zweite die Rechte und Pflichten der Nationen im Friedenszustande, und die dritte bis neunte das Kriegsrecht, die neunte aber die Verletzungen des Völkerrechts darstellen. Der Krieg bildet den Hauptinhalt (S. 56—184). Man ersieht leicht, dass der Verf. der üblichen Eintheilung in Friedens- und Kriegsrecht beitrat.

---

251) Vergl. übrigens über die Leistungen der Engländer auf dem Gebiete des Völkerrechts Oke Manning a. a. O. *préf.*

252) Diese liegt auch uns vor. Sie ist nicht durch den Verfasser, sonder von William Kent, unter Mitwirkung von Dorman Bridgman Eaton Esq., besorgt worden (vergl. d. *advertisement*).

Desshalb finden wir bei ihm auch keine Scheidung des materiellen und formellen Rechts. Die Ambassadeure und Consuln sind beim Friedensrecht behandelt. Aber auch innerhalb dieses letzteren ist die Anordnung eine gänzlich willkührliche, nur durch Ueberschriften übersichtliche. Es wird begonnen mit dem Interventionsrecht, übergegangen zur Jurisdiction über angrenzende Gewässer, sodann zu den Rechten des Handels, des Durchzuges durch ein Land und schiffbarer Ströme, und hierauf zur Auslieferung von Flüchtlingen, den Gesandten und Consuln. Allen diesen Fragen sind nur 28 Seiten gewidmet. In der siebenten Lecture werden als Verletzungen des Völkerrechts behandelt: die Verletzung sicheren Geleits, der Gesandten, die Piraterie und der Sklavenhandel.

Das Völkerrecht ruht bei Kent auf der Vernunft, Moral und dem Gebrauch. Er widerspricht sowol der Begründung durch blosses Naturrecht, als auf blos positive Institutionen, und will beide mit einander verbinden. Indess erklärt er für den brauchbarsten und praktischen Theil des Völkerrechts das positive, auf Gebrauch, Uebereinkunft und Zustimmung (*usage, consent* und *agreement*) begründete Recht [253]). Das Völkerrecht bestehe aus allgemeinen Rechtsprincipien, welche gleich anwendbar seien auf die Beherrschung von Individuen, als auf die Beziehungen und das Benehmen der Völker, aus einer Sammlung von Gebräuchen, Üsancen und Meinungen, Erzeugnissen der Civilisation und des Verkehrs, und aus einem Codex des conventionellen oder positiven Rechts.

---

253) Dabei verkennt Kent keineswegs den grossen Einfluss der Verträge auf das Völkerrecht, er behauptet vielmehr (S. 12), dass dieselben einen directen und sichtbaren Einfluss auf dasselbe geübt hätten.

In Ermangelung des letzteren müssten die Principien vernünftigerweise aus den Rechten und Pflichten der Nationen und der Natur moralischer Verpflichtung abgeleitet werden. Nur das auf das Naturrecht begründete Völkerrecht binde alle Zeitalter und die gesammte Menschheit [254]). Ausserdem müsse man sich indess auch in Ermangelung conventionellen Rechts berufen auf officielle Documente, Ordonnancen einzelner Staaten und gerichtliche, auf das Handelsrecht und die Pflichten der Neutralen sich beziehende Entscheidungen. In Ermangelung anderer authentischer Sanctionen sollen auch die Meinungen hervorragender Staatsmänner und die Schriften ausgezeichneter Iuristen angezogen werden [255]). Der Verfasser macht in seinem Buche eine ausgedehnte Anwendung von geschichtlichen Ereignissen, englischen und amerikanischen Staatsschriften und Präjudicien, benutzt die alten völkerrechtlichen Werke bis Vattel am Meisten und ausserdem grösstentheils nur englische. Das Bestreben, den Stoff zu ordnen, ist nirgends sichtbar, der Stoff selbst ist aber durch die benutzten mannigfaltigen Quellen ein zu mannigfaltiger, als dass er als wahrhaft positiver erscheinen kann, und auch ein zu wenig allgemeiner, weil er oft nur amerikanisch ist. Es liegen hier mehr Excurse über völkerrechtliche Fragen, als ein Völkerrecht selbst vor und der Inhalt ist jedenfalls unvollständig. Von den Subjecten werden die Fürsten, die Objecte gänzlich, oder nur mit Rücksichtsnahme auf den Krieg (Lecture IV), von den Acten selbst die Verträge übergangen. Es liegt we-

---

254) Kent a. a. O. S. 1—4.
255) Kent a. a. O. S. 19.

sentlich nur eine vollständigere Behandlung des Kriegsrechts
vor, alles Uebrige, mit Ausnahme der Quellen und einzelner
Rechte, ist unvollständig. Dessenunerachtet stimmen auch
wir gerne in das dem Verf. gebührend ertheilte Lob v.
Mohl's [256]) in Bezug auf den vorwiegend praktischen
Inhalt ein, halten aber dessen Arbeit mehr für eine Vorarbeit für Andere als an und für sich sehr brauchbar, da
bei der nicht gehörig geschiedenen, gleichzeitigen Berufung
auf allgemeine und specielle Quellen, bei dem Mangel jeder
Ordnung und der nur theilweisen Vollständigkeit ein völkerrechtlicher Gebrauch nur zur Behandlung einzelner Fragen
und nach Ausscheidung blos speciell-amerikanisch begründeter Sätze möglich erscheint.

In Bezug auf Vollständigkeit verdienen jedenfalls den
Vorzug Henry Wheaton's *elements of international law*.
Der diplomatische Praktiker Wheaton bestimmte sein
Buch [257]) Diplomaten und Staatsmännern. Er basirt das
Völkerrecht, den Inbegriff der in den gegenseitigen Bezie-
hungen der Völker in Friedens- und Kriegszeiten zu be-
obachtenden Regeln, auf die gewöhnlich natürliches Völ-
kerrecht genannte, internationale Moral. Die Mehrzahl der
Regeln des Völkerrechts sei indess der durch das unpar-

---

256) v. Mohl a. a. O. S. 400.

257) Die erste Ausgabe erschien 1836 englisch in London und erfolgten dann zwei in Philadelphia, eine französische 1848 in Paris, welche gleichfalls vom Verfasser selbst besorgt wurde. Dagegen wurde die VI. Ausgabe
von Beach Lawrence 1855, nach des Verfassers Tode, herausgegeben.
Diese lag uns nicht vor, sondern nur die französische von 1848. Marquard-
sen (krit. Zeitschr. f. d. ges. Rechtsw. IV, 1) rühmt an derselben die grössere historische Vollständigkeit, so dass wol die Anordnung dieselbe geblieben
ist und somit die frühere, uns zugängige Ausgabe für unseren Zweck genügen möchte.

theiische Urtheil der Publicisten und der internationalen Tribunale gebilligten veränderlichen Völkerpraxis entlehnt [258]). Die Schriften der Publicisten, welche die auf die gesellschaftliche Verbindung der Nationen anwendbaren Regeln und deren Modificationen durch den Gebrauch und die allgemeine Uebereinkunft lehren, werden als die erste Quelle des Völkerrechts bezeichnet. Erst die zweite bilden die Verträge, die dritte die Verordnungen souverainer Staaten zur Regulirung des Prisenrechts, die vierte die internationalen Tribunale: die gemischten Commissionen und Prisengerichte, die fünfte die einzelnen Regierungen abgegebenen Gutachten von Rechtsgelehrten, und die sechste die Geschichte der Kriege, Unterhandlungen, Friedensverträge und anderer internationaler Transactionen. Die Publicisten sollen besonders ihrer Unpartheilichkeit wegen in Betracht kommen. Die Verträge können entweder das allgemein anerkannte Recht bekräftigen, oder Ausnahmen von demselben bilden, oder zur Erklärung und Auslegung dienen, sie bilden das positive Völkerrecht [259]). Sie haben nicht blos unter den contrahirenden Theilen Gesetzeskraft, sondern es trägt eine Reihenfolge derselben zur Bildung einer allgemeinen Regel bei. Der Gebrauch ist aus den in der Praxis der Nationen befolgten Präcedentien abzuleiten. Indess müsse die Regel aus geschichtlichen Beispielen abgeleitet werden, und könne nicht *a priori* den Werth eines Ereignisses bestimmen [260]).

---

258) Wheaton, *élémens d. droit international, 1848. I. Préf.*
259) Wheaton a. a. O. S. 25 ff.
260) Wheaton, *hist. d. progr. d. droit des gens, 1853.* I, S. 389.

Wheaton gewann allmälig über die Bildung des positiven Völkerrechts eine richtigere Ansicht. In den *Elements* ist das Völkerrecht blos durch historische Beispiele
belegt, nach der später von ihm verkündeten Ansicht
in der *hist. d. progr. d. dr. d. g.* soll es auf historischem
Grunde ruhen. Die für das Seerecht angegebenen Quellen
sind indess nicht als allgemein völkerrechtliche zu bezeichnen, und der Einfluss der Wissenschaft scheint gleichfalls
überschätzt. Wir hätten bei der dadurch an den Tag ge-
legten Achtung vor der Wissenschaft eine bessere Anordnung des Stoffes erwarten können. Diese ist aber im Wesentlichen die althergebrachte Eintheilung in Friedens- und
Kriegsrecht. Der erste Theil ist allgemeinen Inhalts. Er
behandelt die Definitionen, Quellen des Völkerrechts, und die
Völker und souverainen Staaten; der zweite die ursprünglichen oder absoluten internationalen Rechte: das Recht
der Erhaltung und Unabhängigkeit, der Civil- und Criminallegislation, der Gleichheit und des Eigenthums; der
dritte, den internationalen Rechten der Staaten in ihren
friedlichen Beziehungen gewidmete, Theil beginnt mit dem
Gesandtschaftsrecht und geht dann zum Recht der Unterhandlung und Verträge über; der vierte erörtert unter der
Hauptüberschrift: „die internationalen Rechte in den feindlichen Beziehungen" den Krieg.

Dass bei Wheaton keine Scheidung des materiellen
und formellen Rechts durchgeführt ist, leuchtet ein. Denn
ein Theil des materiellen Völkerrechts: „die Verträge", ist
mit einem Theil des formellen: „den Verhandlungen" und
sogar in einem Capitel verbunden. Sonst enthält indess
der dritte Theil, da er ausserdem die Gesandten abhandelt,

nur formelles Recht, während ein anderer Theil des formellen Rechts: „der Krieg", freilich wiederum eine für sich geschlossene Abtheilung auf Grund der Unterscheidung des Friedens- (Thl III) und Kriegsrechts (Thl IV) bildet. Die Construction des völkerrechtlichen Rechtsverhältnisses ist nicht minder mangelhaft. Das Internationalrecht wird zwar angewandt auf die Staaten, Fürsten und sogar auf Privatpersonen und Corporationen, aber zunächst im Allgemeinen nur behauptet, dass sie diesem Recht unterworfen seien. Auf die Fürsten in ihren persönlichen Beziehungen oder in ihren Eigenthumsrechten, welche von jenen Beziehungen mit fremden Staaten, Souverainen oder Unterthanen abhängig sind, während dieselben Beziehungen der Privatpersonen oder der Corporationen das internationale Privatrecht bilden sollen. Als eigentlicher Gegenstand des Völkerrechts wird aber die Gesammtheit der unmittelbaren Beziehungen zwischen den Völkern und Staaten bezeichnet [261]). Demnach weiss auch Wheaton die Staaten oder Völker allein als Subjecte des Völkerrechts. Das Recht der Objecte ist bei den absoluten Rechten als Eigenthumsrecht behandelt, nimmt also keine besondere, getrennte und im System als besonderes Glied hervortretende Stellung ein. Die Acte, durch welche die Subjecte zu den Objecten in Beziehung treten, sind in einer Erscheinungsform dem Friedensrecht untergeordnet und einem formellen Bestandtheil, den Verhandlungen, beigeordnet. Es fehlt demnach sowol bei Wheaton eine Unterscheidung des materiellen und formellen Rechts, als eine vollständige Hervorhebung der Subjecte, Objecte und Acte, somit die Con-

---

[261]) Wheaton, élém. S. 29 ff.

struction des in diesen drei Bestandtheilen sich darstellenden Rechtsverhältnisses. Vorläufig hervorzuheben ist aber die bei den absoluten internationalen Rechten getrennte (in einem besonderen Capitel) Behandlung der Rechte der Civil- und Criminallegislation als internationales Privatrecht. Ueber den Werth der Benennung und Darstellung dieses in neuerer Zeit ausgebildeten Haupttheiles des Völkerrechts werden wir später im Zusammenhange mit anderen verwandten Leistungen uns auslassen.

Dem behandelten Gegenstande nach unvollständiger sind Oke Manning's *Commentaries on the law of Nations (London, 1839)*. Indess war der Verf. bei Herausgabe derselben sich dessen bewusst. Das warnende Beispiel von Fettiplace Bellers, von dessen „*Delineation of universal law*" nur das Schema herausgegeben ward, während seine zwanzigjährigen Studien zu dieser Arbeit nach seinem Tode unbenutzt liegen blieben, trieb den Verf. an, das von ihm Beendete der Oeffentlichkeit zu übergeben [262]).

Wir erhalten nur drei Bücher des Völkerrechts. In dem ersten die Definition und Geschichte des Völkerrechts, in dem zweiten dessen Quellen, in dem dritten das Kriegs- recht. Wir können uns daher nicht für berechtigt halten, an diese Anordnung, welche geständigermaassen nur Bruch- stücken gilt, einen kritischen Maassstab anzulegen. Dessen- unerachtet ist es möglich, den Standpunct des Verfassers zu charakterisiren.

Sein Werk beginnt mit einer Verwerfung der Wieder- gabe des *Ius gentium* durch *law* (Gesetz) *of nations*, indem

---

262) Oke Manning a. a. O., *Pref.* XI.

statt dessen richtiger *Rights* (Rechte) *of Nations* gesetzt würde. Auch ihm erscheint, gleich Wheaton, das
Internationalrecht, für welches er übrigens den Ausdruck
law of nations beibehält, als der Inbegriff der Regeln für
das Benehmen unabhängiger Staaten in ihren gegenseitigen
Beziehungen. Er verwirft aber die Verbindung des Natur-
und Völkerrechts, und tadelt die Hineinziehung der Beziehung der Privaten in das Völkerrecht[263]. Das Naturrecht
wird mit der Offenbarung identificirt und gleichzeitig mit
dem Utilitätsprincip, insofern durch dessen richtige Anwendung menschliche Glückseligkeit befördert wird[264]. Nur
von der durch die Offenbarung dem Naturrecht ertheilten
Sanction sei die steigende Achtung vor dem internationalen Recht zu erwarten[265]. Indess gebe es ausser
diesem Naturrecht, dessen Verpflichtungen sich Niemand ent-
ziehen könne, auch durch Gebrauch und Convention begründete Völkerverpflichtungen. Diese letzteren seien menschlichen Ursprungs, während die ersteren göttlichens sind. Das
göttliche Gesetz verordne die Befolgung des menschlichen,
positiven *(positive law)*[266]. Das Gewohnheitsvölkerrecht
(customary law of nations) (welches der Verf. offenbar
mit dem positiven identificirt), obgleich mit mehreren Ano-
malien behaftet, bilde als ein Ganzes ein bewunderungswür-
diges System zur Regelung der internationalen Beziehungen
der Staaten[267], dessen Erhebung zu einem Rechtssystem

---

263) Oke Manning a. a. O. S. 1—6.
264) Oke Manning a. a. O. S. 57 ff.
265) Oke Manning a. a. O. S. 66.
266) Oke Manning a. a. O. S. 67 ff.
267) Oke Manning a. a. O. S. 72 ff.

der Wissenschaft obliege. Verträge verpflichten zwar zunächst nur die contrahirenden Theile, indess seien Verträge, mit Recht als Beweis *(as evidence)* für das Gewohnheitsvölkerrecht anzuführen [268]). Das Völkerrecht beruhe ebenso auf dem Naturrecht, dem Gebrauch und der Convention, als das Englische Recht auf der Billigkeit *(equity)*, dem Gewohnheits - *(common law)* und dem Gesetzesrecht *(statute law)* [269]). Bei der Behandlung des Krieges werden, wie bei v. Martens, die anderen gewaltsamen Maassnahmen: die Repressalien und die Retorsion, vorausgeschickt.

Die ganze Behandlung des Manning'schen Werkes lässt die Unvollständigkeit desselben bedauern. Es enthält, ausser einem sehr verdienstlichen Abriss der Geschichte der Völkerrechtswissenschaft (Buch I, Cap. II) und einer sehr interessanten, historisch begründeten Abhandlung: über die Erzwingbarkeit des Völkerrechts (Buch II, Cap. V), nur die Erörterung der Benennung des Völkerrechts, der Quellen desselben und des Kriegsrechts. Indess steigern alle diese Leistungen wegen ihrer Vorzüglichkeit nur das ausgesprochene Bedauern. Das Werk ist mit reifem Urtheil, unter hervorragender Benutzung der fremdländischen, namentlich der deutschen und französischen, Literatur, dagegen geringerer Verwendung historischen Materials ausgearbeitet. Bemerkenswerth ist das aus der Englischen Rechtsauffassung ganz erklärliche Hervorheben des Gewohnheitsvölkerrechts und das Uebergehen der sonst derselben Auffassung entsprechenden Präjudicien. Gleichzeitig beeinträchtigt aber auch der nationale Standpunct die allgemeine Brauchbarkeit des Wer-

---

268) Oke Manning a. a. O. S. 74.
269) Oke Manning a. a. O. S. 76.

kes durch die Englischen Sondergelüste im Seerecht. Im
Gegensatz zu Wheaton hat der Verf. sowol die Quellen,
als den positiven Charakter des Völkerrechts richtiger aufgefasst, indess hat er dem Naturrecht dennoch keine richtige Stellung zum positiven Völkerrecht angewiesen. Ueber-
schätzt wird der Einfluss der Wissenschaft auf das Völkerrecht nur von Wheaton, nicht von Manning. Denn jener
erhebt sie zur ersten Quelle, dieser dagegen begründet
das Völkerrecht zunächst auf das Gewohnheitsvölkerrecht
und will dieses zu einem vollendeten System durch die
Wissenschaft erhoben wissen, was freilich von ihm nur sehr
unvollkommen geschieht.

Richard Wildman's *Institutes of international law*
(London, 1849) enthalten in zwei Bänden die internationalen
Rechte in Friedens- (Bd I) und Kriegszeiten (Bd II). Dem
Verf. ist das internationale Recht ein Gewohnheitsrecht, welches die Rechte und den Verkehr unabhängiger Staaten im
Frieden und Kriege regelt und bestimmt. Weder die Verträge, noch das Naturrecht bilden dasselbe, sondern lediglich das Gewohnheitsrecht. Denn die von diesem vorgeschriebenen Regeln können praktisch offenbar werden. Rein
speculative, allgemeine Principien werden nicht als hinreichend zur Begründung einer Regel erkannt, sie müssen dem
Gebrauch und der Praxis der Völker gemäss sein. Die Evidenz des Gebrauchs der Nationen muss aus Gesetzen und
Ordonnancen, aus Verträgen, so weit sie declaratorische Bestimmungen für das Völkerrecht enthalten, aus schriftstellerischen Werken und Urtheilen internationaler Gerichte nach
gewiesen werden. Diese Urtheile sollen nur die Lücken
der Schriften ergänzen.

Tritt schon die Eintheilung des Völkerrechts in ein Friedens- und Kriegsvölkerrecht deutlich aus dem Inhalt der zwei Bände Wildmann's hervor, so hat er diese auch ausserdem ausdrücklich für die allein zulässige erklärt. Indess können, seiner Ansicht nach, nur die Rechte des Krieges mit legaler Genauigkeit behandelt werden, weil nur für sie judiciäre Entscheidungen vorliegen. Da jedoch diese Rechte aus einer Verletzung des Friedens entständen, so könnten sie nur, nach vorheriger Behandlung des Friedensrechts, zur Erörterung gelangen [270]).

Als Gegenstand des Völkerrechts erkennt der Verf. die Rechte unabhängiger Staaten und ihrer Souveraine. Die Rechte der Souverainetät seien entweder innere und permanente, welche ein unabhängiger Staat innerhalb seines eigenen Territoriums ausübt, oder äussere und zufällige (occasionals), welche in der Anwendung von Gesandten, Consuln, in dem Recht zum Abschlusse von Verträgen und zur Kriegsführung bestehen [271]). Der Verf. vertheilt den Stoff des Friedensrechts in fünf Capitel. Das erste erörtert die Natur und Quellen des Völkerrechts, das zweite die unabhängigen Staaten und deren Territorium (das Recht der Subjecte und Objecte wird hier andeutend behandelt), das dritte die Gesandten und Consuln (die Organe des internationalen Verfahrens), das vierte die Verträge (eine Art der Acte), das fünfte das schiedsrichterliche Verfahren und die Repressalien (ein friedliches und ein gewaltsames Mittel zur Beilegung von Streitigkeiten), das sechste die Verletzungen

---

270) Wildman a. a. O. I, S. 1—37.
271) Wildman a. a. O. I, S. 38.

des Völkerrechts. Unter diesem Gesichtspunct werden die Verletzung des sicheren Geleites, Schmähschriften gegen Souveraine und hervorragende Personen in fremden Ländern, und die Piraterie behandelt. Der zweite Theil ist lediglich dem Kriegsrecht gewidmet.

Dass der Verf. für die Positivität des Völkerrechts ist, beweist nicht nur die vollständige Verwerfung des Naturrechts, sondern namentlich die Begründung des Völkerrechts auf die Gewohnheit oder das Herkommen, und dass er auch dieses bis zur strictesten Positivität erweisen will, bezeugt die vorzugsweise Hervorhebung der richterlichen Entscheidungen, wesshalb ihm auch nur das Kriegsrecht wahrhaft nachweisbar erscheint. Der Wissenschaft räumt er zwar anfänglich eine Stelle vor den Präjudicien ein, hebt aber doch nachher diese ausschliesslich hervor. Die Verträge treten gegen das Herkommen zurück, da sie nur als Auslegung dieses zur Bildung des Völkerrechts in Anwendung kommen sollen. Die Anordnung ist im Allgemeinen die übliche, in Friedens- und Kriegsrecht, indess erscheint ersteres nur zur Erklärung des letzteren, dieses also als der Haupttheil. Die Systematisirung des Friedensrechts im Einzelnen ist entschieden nur willkührlich. Unpassend erscheint die vereinte Behandlung der Subjecte und Objecte, und die Vereinigung des schiedsrichterlichen Verfahrens und der Repressalien ist nur aus ihrem gemeinschaftlichen, auf die Streitigkeiten der Völker gerichteten Zweck erklärbar. Die getrennte Behandlung der Verletzungen des Völkerrechts ist offenbar Kent nachgebildet, wenngleich Wildman die von jenem behandelte Verletzung der Gesandten und den Sklavenhandel übergeht, wogegen er die Verletzung durch Schmähschriften aufnimmt. Dass aber diese

Trennung der Anordnung des Stoffes nicht zweckdienlich sei, haben wir schon oben (vergl. S. 78) ausgeführt. Die Möglichkeiten der Verletzung des Völkerrechts sind auch weder durch die von Kent, noch durch die von Wildman rubricirten Fälle erschöpft. Das Urtheil über Wildman's Leistung würde in Bezug auf die Art der Gewinnung des Stoffes und dessen Anordnung dahin zusammengefasst werden können: dass er in der ersten Beziehung das Herkommen und die gerichtlichen Entscheidungen überschätzt und die Verträge unterschätzt, in der zweiten Beziehung aber für das Völkerrecht, mit Beibehaltung der alten, auf blos äusseren Zuständen basirten Eintheilung, nicht nur nichts Neues erbracht, sondern überhaupt der Anordnung mit seinen rein willkührlichen Abtheilungen der zwei Haupttheile, mit seinem zufälligen Nacheinander gar keine Rechnung getragen habe. Endlich ist in Grotianischer Weise das Kriegsrecht ungebührend hervorgehoben und auch in der That viel ausführlicher (Bd II, S. 1—352) als das Friedensrecht (Bd I, S. 38—186) behandelt worden.

v. Mohl hat bei Besprechung der Leistungen der Engländer noch die freilich unvollendete Bearbeitung des Völkerrechts durch R. Phillimore, *Commentaries upon International law, 1. London 1854*, hervorgehoben. Die rechtsphilosophische Einleitung soll nur Axiome ohne Beweis enthalten, die Quellen dagegen klar erörtert und das Geschichtliche, Positive und Juristische des Werkes sehr genügend, zum Theil vortreflich sein. Den *Elementos del Derecho Internacional* von J. M. de Pando (Madrid, 1843) wird der richtige Begriff vom positiven Völkerrecht abgesprochen, indem die Sätze nur subjectiv-philosophisch begründet seien. An Ferrater (Bd II, S. 149—367 seines *Codigo de Derecho international*) wird dagegen die Festhaltung des richtigen Begriffs hervorgehoben, während an Riquelme's *Elementos de Derecho Publico Internacional* (Madr. 1849) eine mangelhafte theoretische und geschichtliche Begründung der gedrängt vorgetragenen Lehren gerügt wird. Den beiden letztgenannten Schriftstellern ist indess eine gute Behandlung des internationalen Privatrechts und dem zweiten auch die des Strafrechts nachgerühmt. Dagegen wird die Leistung des Südamerikaners A. Bello (*Principios de Derecho de Gentes, Madr. 1844*) in Bezug auf das internationale Privatrecht als verwirrt und unjuristisch bezeichnet, im Uebrigen aber das Ganze als ein wohlgerathenes Compendium der landesüblichen Begriffe und Annahmen, wobei Vattel, v. Martens, Chitty und Kent benutzt seien, geschildert [272]).

Die sämmtlich eben genannten Werke sind in Bezug auf ihre Anordnung durch v. Mohl nicht gewürdigt worden. Wäre in dieser Beziehung Erhebliches oder verdienstlich Abweichendes geleistet worden, so ist nicht zu bezweifeln, dass Solches auch durch v. Mohl gebührend hervorgehoben worden wäre.

Wir wenden uns jetzt zu den beiden neuesten Bearbeitungen des Völkerrechts, von welchen die eine als System (Oppenheim) und die andere als Völkerrecht der Gegenwart (Heffter) sich ankündigt. Die erstere, der Zeit ihres Erscheinens nach die spätere, muss doch, mit Rücksicht auf die bis in die letzten Jahre hineinreichenden

---

272) v. Mohl a. a. O. S. 396 u. 401 f.

wiederholten Auflagen der letzteren dieser vorangehen. Auch glauben wir unserer Darstellung der völkerrechtlichen Bearbeitungen selbst einen anpassenden Abschluss zu geben, wenn wir das, vergleichsweise bedeutendste Werk als den Repräsentanten der relativ vorgeschrittensten Bearbeitung an das Ende rücken, und bei der schliesslichen Beurtheilung im Vergleich zu den übrigen Leistungen ermessen, welche Mängel derselben es vermieden und welche Vorzüge es späteren Werken überlassen habe.

Heinrich Bernhard Oppenheim ist bemüht gewesen, kein Compendium, sondern ein System des Völkerrechts zu liefern und zwar aus den Gedanken des Geschehenen ein neues, auf anerkannten Wahrheiten ruhendes Völkerrecht, welches seine Gewähr in den bewussten Sympathien der Völker finde. Er will dem praktischen Recht im Völkerrecht den gehörigen Raum erringen. Als seine Neuerung beansprucht der Verf. das sorgsamere Aufsuchen von Rechtsprincipien [273]).

Oppenheim erkennt als Begriff des Völkerrechts den Complex aller Rechtsnormen für die Beziehungen und Conflicte zwischen den Nationen. Die Nationen werden ausdrücklich als Rechtssubjecte aufgefasst, indess soll das Völkerrecht nicht blos die Rechtsbeziehungen der verschiedenen Staaten, sondern auch die der Bürger derselben zu einander umfassen [274]). Zu Rechtsverhältnissen, d. h. gegenseitigen Rechten an einander und Pflichten gegen einander, wird ein Verkehr über die Schranken des einzelnen

---

[273) Vergl. Oppenheim, System des Völkerrechts, 1845. Vorrede S. III, VI, XIII—XV.

274) Oppenheim a. a. O. S. 4.

Staates hinaus gefordert, und — da unbewusste Rechte dem
Begriff des Rechts selbst widersprächen — das allgemeine Bewusstsein bestimmter Normen für diesen Verkehr. In der Voraussetzung der Subjecte und Objecte des Völkerrechts wird
die Prämisse fester, bestimmter Nationalitäten und einer
kosmopolitischen Gemeinsamkeit erkannt. Nachdrücklich
remonstrirt Oppenheim gegen die Universalmonarchie und
findet den Fortschritt des Völkerrechts lediglich gesichert in
der Vielheit der Staaten, welche bewahrheite, dass sich
alles Geistige in einer lebendigen und manigfaltigen Wechselwirkung der Kräfte manifestire und verwirkliche. Auch
wird der Kosmopolitismus nicht als ein abstracter gefasst,
sondern es soll die äussere Gestaltung der Geschichte rechtliches Dasein im Völkerrecht gewinnen [275]). Als innerste
Quelle des Völkerrechts wird das allgemeine Rechtsbewusstsein, als (äussere) Quellen werden aufgeführt: die
Staatsverträge, denn die Rechtssitten bedürften in der Regel
der Bestätigung durch diese, ferner Thatsachen, aus welchen man rechtliche Folgen ziehen könne, Protocolle und
Actenstücke der Congresse und die diplomatischen Obser-
vanzen: die *comitas gentium*. Als Beispiel der letzteren wird
das Gesandtschaftsceremoniell genannt [276]) Das Verhältniss
der Philosophie zum Völkerrecht wird in folgender Weise
bestimmt. Das Völkerrecht müsse aus dem Bestehenden
erkannt, das Bestehende aus der Geschichte verstanden
werden. Die philosophische Auffassung des Völkerrechts
dürfe daher von der positiven und historischen nicht getrennt

---

275) Oppenheim a. a. O. S. 2.
276) Oppenheim a. a. O. S. 92.

werden [277]). Die Rechtsphilosophie müsse in der Geschichte die Bestätigung ihrer Wahrheit suchen [278]). Die Ethik stehe nur in einem mittelbaren Verhältniss zum Völkerrecht, ihre Auffassungsweise habe zwar auf Gestaltung des zukünftigen Völkerrechts eingewirkt, aber zur Erkenntniss des positiv bestehenden Völkerrechts sei sie höchstens als *ratio legis latae* wichtig [279]). Die Analogien des Privatrechts für das Völkerrecht werden schon wegen der Verschiedenheit der privatrechtlichen Rechtsverhältnisse und des Völkerrechts abgewiesen und nur in einigen, sehr beschränkten Ausnahmsfällen verstattet [280]), denn die privatrechtliche Auffassung verhalte sich zum Völkerrecht ebenso auflösend und desorganisirend, wie etwa die Vertragsidee zum Staatsrecht, dennoch bilde das Privatrecht die Grundlage des internationalen Privatrechts [281]).

Die Diplomatie wird nur als Kunst der politischen Unterhandlung zwischen den Beamten und Agenten des diplomatischen Verkehrs gewürdigt, deren Regeln in den *Manuels des Consuls*, *Cours de Diplomatie* etc. enthalten, und auch auf die Interpretation alter und die Auffassung neuer Urkunden bezüglich seien [282]). Dagegen wird die Beziehung des allgemeinen Staatsrechts zum Völkerrecht anerkannt, denn dieses biete dem Völkerrecht die nöthigen Stoffe, z. B. bei der Frage: was ist die Souverainetät; zur

---

277) Oppenheim a. a. O. S. 5.
278) Oppenheim a. a. O. S. 80.
279) Oppenheim a. a. O. S. 90 ff.
280) Oppenheim a. a. O. S. 7.
281) Oppenheim a. a. O. S. 90.
282) Oppenheim a. a. O. S. 92.

Lösung anderer Fragen, z. B. der: wer ist hier Souverain, sei das specielle Staatsrecht nebst seiner Geschichte nothwendig. Als erste Hülfswissenschaft des Völkerrechts wird die Geschichte aufgeführt.

Wir können uns im Allgemeinen mit den Anschauungen Oppenheim's nur einverstanden erklären. Die Positivität des Völkerrechts wird offenbar von ihm erstrebt, denn er will ja dem praktischen Recht einen gehörigen Raum im Völkerrecht einräumen, nur anerkannte Wahrheiten darstellen und erkennt die Geschichte als die erste Hülfswissenschaft an. Die Stellung der Philosophie zum positiven Recht scheint uns dagegen nur in einer Thätigkeit angedeutet. Ihr Einfluss auf die Auffassung des Positiven wird gebührend festgestellt, minder entschieden tritt aber die Philosophie des positiven Rechts hervor, die Oppenheim freilich dem Namen nach auch aufführt, aber, wie es uns scheint, auf die erstgenannte Thätigkeit beschränkt. Das allgemeine und das besondere Staatsrecht sind richtig als Hülfswissenschaften aufgefasst, wogegen das Privatrecht die Grundlage des internationalen nicht abgeben kann, denn wenn auch dieses, gleich jenem, Verhältnisse Einzelner zum Gegenstande hat, so sind sie doch immer nur Verhältnisse zu anderen Einzelnen, welche durch die Staaten, zu welchen sie gehören, vermittelt werden, indem die Einzelnen selbst gegenüber den Staaten der Ungleichheit ihrer beiderseitigen Persönlichkeit wegen, namentlich auch in Bezug auf ihr Recht und ihre Macht nicht auftreten können. Es liegen somit im s. g. internationalen Privatrecht Verhältnisse der Staaten und nicht der Einzelnen vor. Wo aber die Verhältnisse eines einzelnen keinem Staate Angehörenden in Betracht kommen,

da kann das Völkerrecht oder Staatenrecht, da ja dieser
Einzelne durch kein Volk oder keinen Staat vertreten wird,
nichts festsetzen, sondern da hängt die Feststellung der
Rechte des Einzelnen lediglich von dem Ermessen desjeni-
gen Staates ab, in welchen er sich hineinbegeben hat und
dessen Angehöriger er factisch geworden ist. Richtig wird
dagegen der Diplomatie der Charakter einer Wissenschaft abgesprochen und der Ethik die beschränkte Interpretation des
Völkerrechts verstattet. Auch den rechtlichen Charakter des
Völkerrechts und dessen Eigenthümlichkeit hat Oppenheim
richtig begriffen. Aus dem allgemeinen Rechtsbewusstsein soll das Völkerrecht entstehen, Rechtsnormen enthalten, Rechtsverhältnisse darstellen, von Rechtssubjecten
geleitet werden. Die Eigenthümlichkeit des Völkerrechts
wird in der Gemeinschaft der Vielheit der Staaten, mit Bewahrung der Selbstständigkeit derselben, somit die Weltrechtsordnung erkannt.

Können wir daher diesen Anschauungen grösstentheils
uns unbedingt anschliessen, da durch sie offenbar dem
Völkerrecht ein positiver Bestand und reiner, eigenthümlicher
Inhalt gesichert wird, so bedauern wir um so mehr, dass der
Verf. von diesen seinen richtigen Grundansichten, namentlich
von seiner durchaus positiv rechtlichen Grundanschauung
keinen entsprechenden Gebrauch zu einer demgemäss durchgeführten Systematik machte. Denn hier kehren, wie bei
Klüber, die alten naturrechtlichen Eintheilungen der absoluten Rechte (II. Thl) und bedingten Rechtsverhältnisse der Staaten zurück, und dieser Rückschritt wird
gewiss dadurch nicht gesühnt, dass die bedingten Rechtsverhältnisse auch „Beziehungen der Staaten zu einander in

Krieg und Frieden" (III. Thl) benannt werden. Denn hiermit ist auch die alte Abtheilung in Krieg und Frieden wieder aufgenommen. Als absolute Rechte sind die Souverainetät, das Staatseigenthum, die Selbstständigkeit, Unabhängigkeit und Gleichheit der Staaten, als bedingte die Verträge, die diplomatischen Agenten und das Kriegsrecht behandelt. Der gewiss verdienstliche, vorausgeschickte „allgemeine Theil", dessen Inhalt wir am Eingange angaben, und die Beschliessung des Ganzen mit der Collision der Staatsgesetzgebungen oder dem internationalen Privatrecht, sind nicht geeignet, den naturrechtlichen Schematismus zu corrigiren und suppliren. Vielmehr müssen wir die Sonderstellung des internationalen Privatrechts auch hier rügen, wenngleich Oppenheim durch dieselbe seiner bereits beurtheilten Anschauung: „dass im Völkerrecht auch die Beziehungen Einzelner zu Einzelnen in Betracht kommen", Ausdruck verliehen hat. Die Gegenstände dieses Rechts sind lediglich bei der Erörterung der völkerrechtlichen Souverainetät und namentlich bei deren Concessionen aus Rücksicht auf die Weltrechtsordnung abzuhandeln. Es braucht kaum bemerkt zu werden, dass die Scheidung des materiellen und formellen Rechts vollständig unterblieb, sowie auch die Erkenntniss und Construction des völkerrechtlichen Rechtsverhältnisses in allen drei Theilen vermisst wird. Nur die Subjecte werden genannt, während als Object, aber doch wol in einem uneigentlichen Sinne die Kosmopolitie oder Völkergemeinschaft bezeichnet wird, welche wenn die Souverainetät als subjectives Princip des Völkerrechts gefasst wird, wol im Gegensatz dazu als objectives Moment, aber dann doch nicht schlechthin als Object des Völkerrechts bezeichnet werden kann. Wenn wir daher, wie oben geschehen, die Anschauungen Oppenheim's über das Wesen des Völkerrechts und dessen Verhältniss zu anderen Wissenschaften im Ganzen billigen, so ist doch seine Anordnung jenen weder entsprechend, noch eine vollständig neue, da er auf die alten naturrechtlichen und die traditionellen kriegs- und friedensrechtlichen Eintheilungen zurückgeht. Es ist zu bedauern, dass ein so vielbegabter Schriftsteller, wie Oppenheim, nicht auch die Systematik des Völkerrechts, das er ja als System darstellen will, einer eingehenderen Beurtheilung gewürdigt hat, welchenfalls er wol entschieden, bei seiner sonstigen folgerichtigen Denkweise, ihre Mängel erkannt und sie durch gleiche Vorzüge, wie sie in seinem allgemeinen Theil enthalten sind, ersetzt hätte.

Nur noch ein Werk bleibt unserer Beurtheilung vorbehalten, aber das vergleichsweise heutzutage anerkannteste, die fast allgemein, in der Nähe und Ferne rühmlichst hervorgehobene Bearbeitung des Völkerrechts durch den auf anderen Rechtsgebieten früher bewährten August Wilhelm Heffter. Je mehr dieses Werk heutzutage alle übrigen in den Hintergrund gedrängt hat, desto begründeter erscheint eine eingehende Beurtheilung desselben, wenn wir auch hier nur innerhalb der bisher beobachteten Grenzen uns bewegen werden. Diese durch den Gegenstand unserer Schrift gebotene Beschränkung wird uns bei Heffter's Werk allerdings in die Lage versetzen, mehr ausstellen als billigen zu können, aber auch hier werden wir, wie wir im Verlaufe unserer ganzen Schrift es thaten, zuerst den Verf. selbst reden lassen und dann urtheilen, sodass der Leser über unser Urtheil, inwieweit es auf dem richtig erbrachten

Thatbestande richtig begründet sei, sich selbst wird ein Urtheil bilden können. Gerne ergreifen wir aber schon hier die Gelegenheit, dem mit Recht anerkannten Werke auch unsere Anerkennung zu Theil werden zu lassen, da wir selbst demselben unsere erste Vorliebe für das Völkerrecht und vielfache Anweisungen zu weiteren Studien verdanken.

Schon vierzehn Jahre sind verflossen, seit Heffter zum ersten Male mit seinem Europäischen Völkerrecht der Gegenwart an die Oeffentlichkeit trat. Als Civilist und Criminalist hatte er sich bewährt, nun gewährte er auch eine Beurtheilung seiner publicistischen Leistungsfähigkeit. Hugo Grotius hatte Natur-, Staats- und Völkerrecht zugleich dargestellt und dadurch die Positivität und Selbstständigkeit des Völkerrechts beeinträchtigt; Zouchy war von civilistischen zu völkerrechtlichen Studien übergegangen und würde sein Völkerrecht dadurch wesentlich privatrechtliche Nachbildung; Heffter hatte als Civilist dem Privatrecht, als Criminalist dem öffentlichen Recht, aber freilich einem Zweige des inneren Rechts sich zugewandt und ging sodann an die Bearbeitung eines durch die privatrechtliche und staatsrechtliche Auffassung vielfach getrübten äusseren Rechts. Die Gefahren der Uebertragung der Begriffe aus der Rechtswelt, in welcher dieser Autor heimisch geworden und mit deren Anschauung er glückliche Erfolge erzielt hatte, lagen nahe. Nur die klare Erkenntniss des völkerrechtlichen Stoffes und des diesen belebenden Grundgedankens konnten dagegen schützen. Wir prüfen daher zunächst Heffter's Anschauungen in dieser Beziehung.

Den tieferen Grund alles Völkerrechts findet Heffter in dem vernünftigen, d. h. auf der Nothwendigkeit des

Gedankens beruhenden Willen der Menschen, sobald er
in ein gemeinsames Bewusstsein tritt, welches auch
unter Nationen, die mit einander in Verkehr, in ein ge-
sellschaftliches Verhältniss treten, als Bedingung davon sich
erhebe [283]). Es beruhe dieses Recht auf einem allseitigen, ausdrücklichen oder doch mit Gewissheit voraus-
setzenden Einverständniss. Der die Isolirung aufgebende
Staat bilde sich im Verkehre mit anderen ein gemeinsames Recht. Dieses durch gemeinsamen Willen gesetzte
Recht bedürfe weder einer ausdrücklichen Anerkennung in
Verträgen, noch einer Bestätigung durch Gewohnheit, denn
es gäbe ein schon mit innerer Nothwendigkeit anzuerken-
nendes Recht, Grundsätze, die alle Staaten, welche dauernd
und mit Sicherheit an dem allgemeinen Staatenverkehre Theil
nehmen, anerkennen müssen. Diesem zur Seite stände ein
durch deutliche Willenserklärung sanctionirtes Recht.
Die vorzüglichste äussere Erkenntnissquelle des Europäischen Völkerrechts seien aber die Europäischen Staatshändel
und Völkerverträge, als nur mittelbare Quelle erscheine dagegen die wissenschaftliche Darstellung. Das Völkerrecht
sei in seiner Ursprünglichkeit ein Recht, welches der Einzelne selbst schützen und sich erhalten müsse. Aber als
Organ und Regulator trete die öffentliche Meinung auf und
das letzte Gericht übernehme die Geschichte, welche als
Dike das Recht bestätige und als Nemesis das Unrecht
ahnde. Die Sanction des Völkerrechts sei die Weltordnung,
welche dem Menschengeschlecht den ganzen Erdball er-
schlossen habe; und seine Bestimmung: der allseitigen

---

283) Heffter a. a. O., erste Auflage, Vorrede S. VI.

Entwickelung in dem Verkehre der Nationen und Staaten eine sichere Basis zu geben. Zu seinem Schutz könne ein gewisses Gleichgewicht der Nationen und Staaten wesentlich beitragen. Dieses Gleichgewicht, dessen Grundlagen die Nationalkraft und die gegenseitige Achtung bilden, sei als moralisches, als moralische Gesammtbürgschaft aufzufassen, worin alle Staaten nach dem nemlichen Recht zu einander und zum gemeinsamen Schutz treten und sich moralisch zur Mitabwehr der Uebermacht Einzelner verpflichtet halten. Als Institut der äusseren Politik ist dieses moralische Gleichgewicht nicht anzusehen, sondern als ethisches, indess erkennt Heffter einen naturgemässen Widerspruch zwischen Völkerrecht und Politik nicht an, denn es gebe nur eine Wahrheit und keine sich widersprechenden Wahrheiten. Eine sittlich correcte Politik könne niemals thun und billigen, was das Völkerrecht verwirft, und andererseits müsse auch das Völkerrecht gelten lassen, was das Auge der Politik für den Bestand eines Staates schlechterdings als nothwendig erkennt [284]). Hiermit kann von dem Verf. die Identificirung des Völkerrechts und der äusseren Politik nicht gewollt sein, denn diese würde ja das Nebeneinanderbestehen und die angedeutete Wechselwirkung beider unnöthig machen.

Heffter findet den tieferen Grund des Völkerrechts in dem vernünftigen Willen der mit einander in Verkehr

---

[284) Heffter a. a. O. S. 2 ff. Auch in der zweiten und dritten Auflage hat Heffter diese Anschauungen beibehalten. Wo überhaupt eine solche Uebereinstimmung in dem Inhalt und sogar in der §§-Zahl der Auflagen stattfindet, citiren wir blos den §, bei einer etwaigen Abweichung wird die Auflage hinzugefügt.

tretenden Nationen, sobald er in ein gemeinsames Bewusstsein tritt und begründet dasselbe auf einem allseitigen, gewissen Einverständniss. Wir erkennen diese im Anschluss
an Hegel unternommene Zurückführung auf den Willen
der Nationen an und ebenso das gestellte Requisit, dass er
ein gemeinsam bewusster werde, indess hätte der Wille
nicht blos so allgemein, sondern als ein rechtlicher charakterisirt werden müssen. Aber auch hierdurch wäre noch
nicht die völkerrechtliche Eigenthümlichkeit desselben erbracht, welche nur seiner Zweckbeziehung auf das Völkerrecht und der Bestimmung dieses entnommen werden kann.
Als solche Bestimmung erkennt Heffter die Gewährleistung
einer sicheren Basis für die allseitige Entwickelung in
dem Verkehr der Nationen, und erkennen wir hierin eine
den Verkehr schützende Weltrechtsordnung, indess
ist diese nicht blos als Mittel, sondern auch als Selbstzweck aufzufassen. Wenn daher auch in beiden Rücksichten weder die rechtliche, noch die internationale
Eigenthümlichkeit des völkerrechtlichen Grundprincips von
Heffter prägnant ausgedrückt worden sind, so scheint uns
doch der gegebene Text die unternommene Interpretation
zuzulassen. Klarer tritt die Abscheidung des Völkerrechts
von der Politik hervor, da ein jeder Zweig für sich bestehen und ein jeder den anderen respectiren soll. Auch ac-
ceptiren wir gerne die ausgesprochene naturgemässe
Uebereinstimmung beider Gebiete, insoweit diese überhaupt
wegen Gleichheit der Gegenstände und der einem jeden der
Gebiete eigenthümlichen Zwecke möglich scheint. Eine völlige Uebereinstimmung würde ohnehin, wie bereits erwähnt,
die Nothwendigkeit des Nebeneinanderbestehens beider Gebiete

14

aufheben. Nicht vollkommen einverstanden sind wir dagegen mit den als Organ, Regulator, Gericht, Sanction und zur Garantie angegebenen Factoren. Sie erscheinen sowol als zu zahlreiche Palliative einerseits, als auch als zu zahlreiche Instanzen andererseits. Auch hier möchte die Einheit der Vielheit vorzuziehen sein, denn letztere könnte leicht den Verdacht anlassen, als bedürfe das Völkerrecht so vieler Schutzmittel und so vieler Richtstühle, und stände nicht selbstkräftig und sich selbst richtend da. Wir ziehen daher die Angabe eines in der Natur des Völkerrechts selbst liegenden rechtlichen Mittels vor, indem wir das Völkerrecht weder von der schwankenden öffentlichen Meinung, noch von der zu spät richtenden Geschichte, noch von dem politischen Gleichgewicht, einer bei Heffter freilich ethischen Macht abhängig machen wollen, noch von dem gegenseitigen Vortheil und Nachtheil der Befolgung oder Nichtbefolgung, welche doch weder als ethische, noch als rechtliche, sondern nur als politische Motive gelten können. Das den allgemeinen Willen ausdrückende gemeinsame Einverständniss, auf welches das Völkerrecht begründet ist, wird auch als alleiniges Mittel zur Bewahrung der Gültigkeit desselben erkannt werden müssen. Mit dem Aufhören des allgemeinen Willens und des durch ihn gewirkten allgemeinen Einverständnisses hört auch das Fortbestehen des Völkerrechts sicherlich auf, und kann durch keine anderen Mittel erhalten werden, während mit dem Fortbestande jenes Willens und Einverständnisses das Völkerrecht in alle Ewigkeit gesichert ist. Dass zum Fortbestehen dieser Grundbedingung des Völkerrechts auch die angedeuteten Factoren mitwirken können, räumen wir ein, aber gesichert ist der

Fortbestand hauptsächlich nur durch jene, dem allgemeinen Willen entstandene Uebereinstimmung, während dieser Wille selbst als Resultat der gemeinsamen Rechtsüberzeugung der Völker sich aufweist, welche Ueberzeugung nur durch Ausgleichung der national verschiedenen Rechtsanschauungen und Vermittelung derselben zu einer gemeinschaftlichen internationalen erfolgen kann. Eben dieser letzteren Quelle wegen erkennen wir auch mit Heffter an, dass die völkerrechtlichen Ausdrucksweisen des Willens, wie die der rechtlichen Gewohnheiten und Verträge der Völker, nur äussere Erkenntnissformen seien, während wir andererseits nicht zugeben können, dass die Staatshändel mit den Verträgen, wie bei Heffter, in eine Reihe gestellt werden, denn die letzteren sind ein deutlich formulirter, abgeschlossener Willensausdruck und die ersteren nur ein Mittel, welches diesen Ausdruck erbringen kann. Können wir daher im Ganzen mit der Heffter'schen Anschauung, nach geschehener Auslegung derselben, uns einverstanden erklären, und scheint uns auch im Gemässheit dieser eine stattgehabte Uebertragung staats- und privatrechtlicher Auffassung nicht wirksam gewesen zu sein, so tritt doch aus der Systematik die völkerrechtliche Eigenthümlichkeit in gleicher Weise nicht hervor.

Von der Betrachtung der Wichtigkeit des Krieges aus gelangt Heffter zur Darlegung seiner Systematik [285]). Sie ist die traditionelle des Rechtes des Friedens und des Rechtes des Unfriedens oder des Actionenrechts. An diese Abtheilungen wird angeschlossen die „Darlegung und Feststellung der äusseren Staatenpraxis, insbesondere der Formen des

---

285) Heffter § 4.

diplomatischen Verkehrs". Die Abtheilung des Rechts des Friedens in die Rechtsverhältnisse der Personen, Sachen und Obligationen wird dadurch motivirt, dass auch andere Gebiete des Rechts in dieselben zerlegt werden. Indess ist das doch nur bei einem anderen Gebiete: dem Privatrecht der Fall. Auch wird die Hoffnung ausgesprochen, dass diese, der älteren Jurisprudenz entsprechende Darstellung den Vorzug der Einfachheit und grösseren Klarheit habe. Unter der älteren Jurisprudenz kann hier wol nur die civilistische gemeint sein, denn die völkerrechtliche hat, wie wir das bei Grotius (vergl. S. 24) und Zouchy (S. 31) erwiesen, eine fast unscheinbare oder nur partielle privatrechtliche Nachbildung aufzuweisen. Die Bewährung einer Ordnung für das Privatrecht hat aber noch nicht gleiche Anwendbarkeit für das Völkerrecht zur Consequenz, denn nicht eine anderweitig bewährte Ordnung vindicirt einem fremden Stoffe sofort Uebersichtlichkeit, sondern nur eine diesem Stoffe gemässe, nicht jede Materie passt in dieselbe Form hinein. — Das Recht des Unfriedens soll die Wege der internationalen Rechtsverfolgung zeigen, aber diese können nicht ohne Organe zurückgelegt werden und werden nicht schon durch die in jenem Abschnitt allein erörterten gewaltsamen Rechtsmittel: Retorsion, Repressalien und Krieg, erschöpft. Die dem Recht des Unfriedens fehlenden Organe und gütlichen Maassregeln der Rechtsverfolgung sind freilich in die demselben coordinirte äussere Staatenpraxis aufgenommen worden, aber es ist dadurch nur Zusammengehörendes getrennt und der Staatenpraxis ein ihr nicht gebührender Inhalt zugewiesen worden. Heffter ist somit mit seiner Haupteintheilung zu der alten, an blos äussere Zustände anknüpfenden Ordnung zurückgekehrt, hat diesen beiden Kategorien eine dritte, zu ihnen in keinem Paritätsverhältnisse stehende: die Staatenpraxis, coordinirt und ausserdem, gleich Schmelzing, nur in Bezug auf das Personenrecht entschiedener und in Bezug auf das Obligationenrecht mit Ausscheidung des früher behandelten Kriegsrechts, die privatrechtliche Systematik recipirt. Diese Combination einer auf blos äusseren Zuständen: dem Frieden und Kriege, begründeten und einer anderweitig entlehnten, dem Stoffe fremden Ordnung widerspricht nicht blos dem Requisit der einer Systematik nothwendigen Einheit, sondern auch der Anforderung, dass die Ordnung eine nicht blos äusserlich angepasste Form, sondern eine dem Grundgedanken des Stoffes entstammende sei. Der Grundgedanke construirt das Rechtsverhältniss und mit den Bestandtheilen dieses gliedert sich der Inbegriff der auf dieses Verhältniss bezüglichen Bestimmungen — das System.

Die richtige Systematik ist demnach nicht blos durch das richtige Erkennen des völkerrechtlichen Grundgedankens, sondern auch durch die Anwendung dieses Gedankens auf das Rechtsverhältniss bedingt, und der Mangel dieser Anwendung ursacht denn auch bei Heffter das Zurückgehen zu alten, schon durch v. Martens aufgegebenen Eintheilungen und Nachbildungen. Das Rechtsverhältniss, das oberste und Grundverhältniss des Völkerrechts hat zu Bestandtheilen: Subjecte, Objecte und Acte. Als Subject nennt Heffter: I. den Menschen an sich; II. die einzelnen, im gemeinsamen Rechtssystem begriffenen Staaten; III. die Souveraine derselben und ihre Familien; IV. die einzelnen Staatsangehörigen als solche, anderen Staaten gegenüber; insbesondere

V. die diplomatischen Agenten. Wir reduciren diese Subjecte auf zwei : I. die Staaten oder Völker und II. die Souveraine. Subject des Völkerrechts kann nur diejenige Persönlichkeit sein, welche das Recht setzt, vertritt und an welcher es zunächst haftet. Diese Persönlichkeiten sind aber im Staaten- und Völkerrecht, schon dem Wortverstande nach, nur die Staaten oder Völker, und die diese, bei bestehender monarchischer Ordnung, vertretenden Souveraine. Zwar können auch die Rechte des Menschen an sich Inhalt völkerrechtlicher Bestimmungen werden, wie das z. B. die religiösen Satzungen des westphälischen Congresses und die den Sklavenhandel betreffenden Bestimmungen des Wiener bezeugen. Aber es emanirten dieselben nicht von den Menschen an sich, sondern von den auch in ihrem Interesse versammelten Staaten und Souverainen, oder durch das Medium des im Auftrage dieser handelnden Gesandten, sowie die Staaten und deren Souveraine auch die Ausführung der genannten Bestimmungen übernommen haben. Ebenso können auch die Verhältnisse des einzelnen Staatsangehörigen den Inhalt völkerrechtlicher Bestimmungen abgeben, aber diese Einzelnen setzten dieselben weder fest, noch vollziehen sie das Festgesetzte, noch vertreten sie dasselbe, sondern alles Das geschieht nur durch die Staaten und Souveraine. Aehnlich sagt auch Heffter : „der andere Bestandtheil des antiken Völkerrechts, gleichsam das gemeinsame Privatrecht aller Menschen von gleicher Sitte, hat sich dagegen in dem inneren Rechtssystem der Einzelstaaten verloren ; dem heutigen Völkerrecht gehört er nur insofern an, als gewisse Menschenrechte und Privatverhältnisse zugleich auch unter die Tutel oder Gewährleistung verschiedener Natio-

nen gestellt sind" (§ 1). Inwieweit nun positive Bestimmungen über diese Verhältnisse und Rechte bestehen,
insoweit geben sie auch den Inhalt des positiven Völkerrechts ab. Wir sind daher, unter Voraussetzung dieser Ein-
schränkung, mit Heffter nur in Bezug auf den Ort der
Stellung dieser Rechte und Verhältnisse im System nicht
einverstanden. Endlich können auch die Gesandten nicht
als Subjecte des Völkerrechts betrachtet werden, denn auch
sie setzen weder das Völkerrecht fest, noch vollziehen sie
dasselbe aus eigener Machtvollkommenheit, sie wirken im
Auftrage der sie ernennenden und bestimmenden Macht.
Indess ist auch Heffter bei der Behandlung der Subjecte
der von ihm unternommenen Coordination nicht treu geblieben. Denn er behandelte als Subjecte des Völkerrechts in
dem denselben im ersten Buche gewidmeten ersten Abschnitte wol den einzelnen Menschen, die Staaten, die Souveraine und Staatsangehörigen, aber die diplomatischen Agenten sind in das dritte Buch verwiesen, wenngleich er derselben bei Aufzählung der zweiten Kategorie völkerrechtlicher Personen neben den Souverainen und deren Familien
als „unmittelbare Vertreter" erwähnt [286]). Sollte den Verf.
da nicht etwa die Ansicht geleitet haben, dass die Gesandten dennoch keine Subjecte, sondern nur Organe des formellen Völkerprocesses sind? Die Entfernung derselben von
den Subjecten und deren Einordnung in die Lehre von den
Formen scheint das ersichtlich anzudeuten. Aber auch die
gesonderte Behandlung der Verhältnisse der Staatsangehörigen hat Heffter nicht durchzuführen vermocht, auch seiner

---

[286]) Heffter § 48.

eigenen Anordnung nach leicht vermeiden können. Er behandelt unter der Rubrik: „Modalitäten der allgemeinen
Rechte der Einzelstaaten im gegenseitigen Verhältniss unter
einander" die „Verhältnisse der Staatsgewalten zu auswärtigen Souverainetätsacten und Rechtsverhältnissen in Colli-
sionsfällen". Diese Verhältnisse werden sodann in Betreff
der Justizverwaltung, und zwar mit Unterscheidung der Straf-
rechtspflege und des bürgerlichen Rechts behandelt. Erfasste demnach Heffter, wie schon früher Zachariä [287]),
diese Verhältnisse unter dem richtigen Gesichtspuncte völkerrechtlicher Modalitäten der Rechte der Staaten, so hätte
die ausserdem erfolgte Behandlung der internationalen Rechtsverhältnisse der Staatsangehörigen in einer eigenen, den
Verhältnissen der einzelnen Menschen, Staaten und Souveraine coordinirten Abtheilung vermieden werden können.
Indem aber Heffter die einzelnen Staatsangehörigen als
Subjecte des Völkerrechts setzte, nöthigte er sich freilich
selbst, ihnen jene Gleichstellung mit den anderen Subjecten
in der Behandlung zu gewähren. Ferner hat Heffter die
auch von uns als Subjecte anerkannten Souveraine nicht
blos in ihrer völkerrechtlichen Bedeutung erfasst. Er behandelt, gleich Schmelzing [288]), nicht blos die völkerrecht-
lich-persönlichen, sondern auch die staatsrechtlichen Fami-
lienverhältnisse der Souveraine, und sogar das blos staatsrechtliche Verhältniss ihrer Familien. Als völkerrechtlich
werden zwar blos deren Rangverhältnisse bezeichnet, indess
wird sich wol schwerlich für dieselben ein Herkommen, mit

---

287) Vergl. oben S. 100 ff.
288) Vergl. oben S. 163.

dem Charakter einer zwingenden Rechtsgewohnheit nachweisen lassen, und sind sie entweder durch das innere Staatsrecht oder auch nur durch die innere Staatspraxis festgesetzt. Giebt doch auch Heffter zu, dass die den Gliedern
fürstlicher Familien von fremden Staaten erwiesenen Auf-
merksamkeiten und gewährten Vorrechte nur aus vollständig
freiwilliger Courtoisie, nicht auf Grund irgend eines allgemeinen Rechts gewährt werden, die nähere Bestimmung
der Rechtsverhältnisse derselben aber nur von der verfas-
sungsmässigen Staatsgewalt abhängig sei (§ 55). Wenn
aber ausserdem bei Gelegenheit der Behandlung des völkerrechtlichen Verhältnisses der Familie des Souverains angeführt wird, dass einem wirklichen Mitregenten oder souverainen Reichsverweser, mit Ausnahme der Titel, gleiche
Rechte, wie dem Souveraine selbst, gebühren, so hätte diese
Bemerkung wol richtiger bei der Feststellung des Begriffs
und der Erscheinungen der völkerrechtlichen Souverainetät
überhaupt ihren Platz gefunden, denn diese Rechte geniesst
ja der Mitregent nicht als Familienglied, sondern als dem
Souverain gleichgestellter Regent, somit als völkerrechtliches Subject, wie denn ja auch Heffter eben dieser
Gleichstellung wegen des Mitregenten schon früher Erwähnung thut (§ 48).

Mit der Behandlung des zweiten Abschnitts, dem Recht
der Sachen, können wir uns im Ganzen einverstanden erklären, wiewol zunächst die Behandlung des nur in beschränkter Weise in dem Eigenthum bestimmter Staaten
stehenden Meeres als das Allgemeine, der des sonstigen
Staatseigenthums als das Besondere hätte vorausgehen können. Sodann aber sind uns Zweifel darüber entstanden, ob

die Erwerbsarten, welche Heffter selbst als Handlungen und Begebenhei(en charakterisirt, — welche letzteren wir nach unserer Systematisirung unter dem sie vereinigenden Begriffe der Acte zusammenfassen, — in dem Recht der Sachen oder, nach unserer Systematisirung, in dem der Objecte ihren Platz finden. Die privatrechtliche Systematik hat das freilich hergebracht und die Behandlung der Erwerbsarten bei dem zu Erwerbenden erscheint auch an und für sich hingehörig und übersichtlich. Aber wenn in der That die Acte der dritte Bestandtheil des völkerrechtlichen Rechtsverhältnisses sind und das Bindeglied zwischen beiden, werden denn da nicht auch alle Acte in dem ihnen gewidmeten dritten Abschnitt des Systems des Völkerrechts zu behandeln sein? Diese Stellung der Erwerbsarten scheint uns im Völkerrecht, wo sie die Begründung der wichtigsten Rechtsverhältnisse herbeiführen, ungleich nothwendiger als im Privatrecht. Eine jede völkerrechtliche Erwerbung bedarf zu ihrer Sicherstellung nicht blos des Willens des Erwerbers, sondern auch den wirklich geführten Nachweis des Fehlens eines auf gleiche Erwerbung berechtigten Willens. Sämmtliche völkerrechtliche Acte sind nur insoweit von rechtlichen Erfolgen begleitet, als sie der Ausdruck des allseitig anerkannten Willens sind. Auch die Erwerbsarten können nur als der Ausdruck eines allseitig in seinen Erfolgen sicher gestellten Willensausdruckes völkerrechtlich begründend wirken, und daher scheint es uns richtig, dass sie zu den übrigen Acten, welche gleichfalls dem völkerrechtlichen Willen emaniren, hinübergeleitet werden. Denn beziehen sich auch die Erwerbsarten auf Objecte, so erscheinen sie doch selbst nicht als solche, sondern als thätige Bindeglieder zwischen Subjecten und Objecten. Der Verf. beabsichtigt diese Anschauung bei Veröffentlichung seiner Systematik im zweiten Bande dieses Werkes ausführlicher zu begründen.

Der dritte, blos dem Recht der Verbindlichkeiten gewidmete Abschnitt konnte nicht die Vollständigkeit erreichen, welche durch eine vereinte Behandlung sämmtlicher völkerrechtlicher Acte hätte erreicht werden können. Dagegen ist der Verf. bemüht gewesen, durch fortgesetzte Nachbildung privatrechtlicher Systematik anderweitige Vollständigkeit zu erreichen. Wir erwähnen nur beispielsweise die Anwendung der Verbindlichkeiten ohne Vertrag *(quasi ex contractu)* auf das Völkerrecht. Die bezüglichen Fälle sind freilich construirt, aber doch eigentlich nicht völkerrechtlich nachgewiesen. Der von Heffter für diese Erweiterung angeführte Satz: dass dasjenige, was alle Gesetzgebungen und Rechtsverwaltungen civilisirter Völker unter Privatpersonen als ein sich von selbst verstehendes Recht angenommen haben, unmöglich unter den Staatsgewalten selbst eine Chimäre sein könne, wird doch durch das bald darauf folgende Geständniss: „dass in der Völkerpraxis höchst selten Fälle der Anwendung vorkommen werden", wesentlich abgeschwächt, wenn nicht vollständig entkräftet. Erdachte Möglichkeiten, wie sie Heffter in diesem Abschnitt construirt, — denn es wird kein einziger geschichtlicher Beleg, geschweige denn ein allgemeiner Nachweis geliefert, — können keine Stelle in einem System des positiven, d. h. geltenden und auf geschichtlicher Grundlage zu erbauenden Völkerrechts finden. Die wissenschaftliche Darstellung des Positiven überschreitet ihre Befugniss, wenn

sie, anstatt Geschaffenes in eine Form zu bilden, selbst
schaffen will. Es kann daher auch die Uebertragung privatrechtlicher Verhältnisse nur dann im System des positiven
Völkerrechts Platz greifen, falls sie schon thatsächlich durch
die allein dazu berechtigten Subjecte des Völkerrechts statt-
gehabt hat. Heffter selbst stimmt Dem bei, indem er die
wissenschaftliche Darstellung nur für eine mittelbare Quelle
des Völkerrechts erklärt.

Der Behandlung des Völkerrechts im Zustande des Unfriedens oder des Actionenrechts (II. Buch) können wir
im Ganzen unsere Anerkennung nicht versagen, nur hätten
wir auch hier, wie bei den Verbindlichkeiten, statt des Theiles
das Ganze gewünscht. Zu diesem gehört aber, — und hier
hätte sich Heffter von der privatrechtlichen Nachbildung
unbeschadet der völkerrechtlichen Eigenthümlichkeit leiten
lassen können, nicht blos das Verfahren, sondern auch die
Organe, deren Ausscheidung ein coordinirtes drittes Buch:
die Formen des völkerrechtlichen Verkehrs oder die Staatenpraxis in auswärtigen Angelegenheiten sowol im Kriege
wie im Frieden, hervorrief. Dieses Buch zerfiel in den
zwei ersten Auflagen blos in drei Abschnitte: I. Allgemeine Ceremonialrechte im Verkehr der Nationen und ihrer
Souveraine bei persönlichen Annäherungen; II. Der diplomatische Verkehr der Staaten; III. Gebrauch von Kundschaftern; in der dritten Auflage ist zwischen den zweiten
und dritten Abschnitt ein neuer: „besondere Anstalten für
den socialen Verkehr der Völker", hineingeschoben, welchen
Heffter selbst den Anfang einer Rubrik für ein Völkerrecht der Zukunft nennt [289].

---

289) Vergl. die Vorrede zur dritten Auflage.

In dem zweiten und im dritten Buche ist offenbar derjenige Stoff enthalten, welcher den Inhalt des Völkerprocesses und der äusseren Staatenpraxis ausmacht, nachdem freilich zuvörderst alles Politische, namentlich des dritten Buchs zweite Unterabtheilung: die diplomatische Kunst, in die äussere Politik verwiesen worden ist, denn Inhalt des Völkerrechts kann nie eine Kunst bilden. Wir hätten den rechtlichen Stoff so vertheilt. Das zweite, als formelles Völkerrecht oder Völkerprocess zu überschreibende Buch hätte nicht blos, wie bei Heffter, das Verfahren, sondern auch die Organe enthalten müssen, denn ohne diese kann jenes weder im Frieden, noch im Kriege gehandhabt werden. Als Organe erscheinen aber nicht blos die Gesandten. Das Verfahren in den Beziehungen der Völker ist entweder ein gütliches oder gewaltsames. Diesen Unterschied acceptirt auch Heffter. Er handelt zunächst von den gütlichen Versuchen (§ 107 ff.) und geht sodann zu den Gewaltmaassregeln (§ 110 ff.): Repressalien, Retorsion und dem Kriege über. Mit dem Kriege beginnt er einen neuen Abschnitt (II.): „der Krieg und sein Recht“. Aber nicht blos die unmittelbare Folge desselben auf die übrigen Gewaltmaassregeln, sondern auch die Charakterisirung desselben als Anwendung des äussersten Zwanges, als äusserste Selbsthülfe [290]), stellt die unmittelbare Verbindung mit den übrigen, ausdrücklich auch als Maassregeln der Selbsthülfe [291]) bezeichneten Repressalien und Retorsion wieder

---

290) Heffter § 113.
291) Heffter § 110.

her. Diese principielle Verschiedenheit des gütlichen und gewaltsamen Verfahrens fordert eine entsprechende Verschiedenheit der Organe. Als oberstes und erstes Organ für beide Arten des Verfahrens erscheint die höchste Staatsmacht. Die mittleren Organe sind für das gütliche Verfahren das Ministerium des Auswärtigen, für das gewaltsame das Ministerium des Krieges, die unteren für das friedliche Verfahren: die Gesandten und überhaupt die mit diplomatischem Charakter behafteten Persönlichkeiten, so wie die Handelsconsuln, für das gewaltsame die Kriegs-Oberbefehlshaber. Hier könnte das Bedenken gegen die regelmässige Vermittelung des Verfahrens durch die genannten Organe erhoben werden, dass die gewaltsamen Maassregeln der Retorsion und Repressalien auch ohne Mitwirkung der genannten mittleren und unteren Organe ausgeübt werden, aber dagegen ist nur Das anzuführen, dass das oberste Organ: die höchste Staatsgewalt auch bei jenen Maassregeln wirksam bleibt und es dieser vorbehalten ist, auch andere Organe zur Vollziehung derselben zu bestellen. Diese Organe nehmen durch Ausführung solcher Aufträge momentan den Charakter gewaltsamer und zwar äusserer Organe an, wie sie ja auch nur in specieller Auftragsertheilung und mit specieller Genehmigung der obersten Staatsmacht handeln. Diese ausnahmsweise Bestellung von Organen erkennt auch Heffter an. Er bemerkt in Bezug auf die Repressalien: „Nur unabhängige Mächte können von den Repressalien Gebrauch machen, jedoch dürfen sie auch Einzelnen ihrer Angehörigen die Ausübung überlassen" (§ 110), und in Bezug auf die Retorsion: „Niemals versteht sich sodann die Ausübung der Retorsion gegen fremde Staa-

ten ganz von selbst als ein Recht der einzelnen Staatsge-
nossen, sondern es bedarf dazu eines legislativen Beschlusses
der Staatsgewalt und einer Autorisation für die Behörden
oder die Einzelnen. Jene allein hat auch zu bestimmen,
in welcher Form und in welchen Grenzen die Retorsion bestehen, wem endlich der Vortheil davon zuwachsen soll"
(§ 111). Ferner könnte aber gegen die Charakterisirung
des Ministeriums des Krieges als ein äusseres Organ eingewandt werden, dass dasselbe keine directen Beziehungen
zu fremden Staaten eröffnen könne und auch mitten im Frieden thätig sei, aber auch hier ist ja in ersterer Beziehung
bestimmend, dass das Kriegsministerium die Leitung der
Maassregeln gegen die Angriffe äusserer Feinde in sich
concentrirt und kömmt in letzterer Beziehung nicht der Gegensatz der Zustände des Friedens und Krieges, welchen
letzteren selbst Heffter nur ein thatsächliches Verhältniss
(§ 113) nennt, in Betracht, sondern der Zweck der von dem
Ministerium ergriffenen Maassregeln, welcher offenbar eine
gewaltsame Durchführung des Staatswillens in den äusseren
Beziehungen ist. — Was aber endlich das Verfahren, den
zweiten Haupttheil des Völkerprocesses betrifft, so greift
hier nicht blos die angegebene Unterscheidung des Gütlichen
und Gewaltsamen Platz, sondern es gehört auch principiell
in dasselbe nur Dasjenige hinein, was einen rechtlichen
Charakter trägt. Correspondirt der Völkerprocess dem
Völkerrecht, so ist auch offenbar, dass jener, der das
Recht verwirklichen soll, diese Aufgabe nur in rechtli-
chen Formen und rechtlicher Weise vollziehen kann.
Was daher lediglich politisch ist, gehört in die äussere
Politik, und was nicht als Rechtsmittel und Rechtsact, son-

dern blos als Üsance oder Observanz erscheint, wird in die
äussere Staatenpraxis hinüberzuführen sein. Zu dem Inhalt
der letzteren rechnen wir daher die gesammte Lehre vom
Ceremoniell und diplomatischen Styl im weiteren Sinne. Bei
den in dem auswärtigen Geschäftsverfahren vorkommenden
Schriftstücken sind diejenigen, welche den rechtlichen
Charakter der Organe begründen, wie z. B. die Beglaubigungsschreiben der Gesandten, offenbar Gegenstand des
Völkerprocesses, das Wesen anderer auf die rechtliche
Stellung der Mission nicht unmittelbar bezüglichen Schriftstücke ist dagegen in der Staatenpraxis zu erörtern. Heffter stimmt hiermit überein, indem auch er in der Staatenpraxis die Ceremonialrechte (?) im Verkehr der Nationen
und ihrer Souveraine (erster Abschnitt) und in einer eigenen
(II.) Unterabtheilung des diplomatischen Verkehrs der Staaten
(zweiter Abschnitt) bei der Form der Staatsverhandlungen
die diplomatische Verhandlungsweise (§ 239), die diplomatische Correspondenz (§ 237), die diplomatischen Schriften
(§ 238) und den diplomatischen Styl (§ 236) erörtert.

Dagegen aber, dass der dritte und vierte Abschnitt
Inhalt der Staatenpraxis sein können, möchten wir einige Bedenken erheben. Der dritte ist den besonderen Anstalten
für den socialen Verkehr der Völker gewidmet. Es werden
dahin gerechnet: internationale Post-, Eisenbahn- und Telegra-
phen-Verbindungen, desgleichen Quarantaine-Einrichtungen,
internationale Fürsorge für Gewerbe, Anstalten für Handels-
und Schifffahrtsverkehr und Consuln [292]). Wir möchten,
mit Ausnahme der Quarantaine und Consuln, auch diese

---

[292]) Vergl. die dritte Auflage.

Verhältnisse, weil sie uns als Concessionen der völkerrechtlichen Souverainetät zu Gunsten des internationalen Verkehrs
erscheinen, bei den Modalitäten der Rechte der Staatssouverainetät, also im internationalen Völkerrecht abgehandelt
wissen. Die Quarantainen vermögen wir aber weder als internationale Anstalten überhaupt, noch als internationale
Verkehrsanstalten insbesondere aufzufassen. Sie werden
lediglich von einem einzelnen Staate, ohne Mitwirkung
eines anderen, errichtet und unterhalten, und dieser erlässt
auch die für sie erforderlichen, in den Complex des inneren Staatsrechts gehörenden, Vorschriften. Auch behindern
sie eher den internationalen Verkehr, als sie ihn befördern,
indem die damit nothwendig verbundenen Absperrungen als
Verkehrsbeförderungen nicht angesehen werden können. Ihr
Zweck ist auch hauptsächlich, den einzelnen Staat vor
Ansteckung zu bewahren, sie gereichen also vorzüglich zum
besonderen, nationalen Wohl und haben somit keine allgemeine, internationale Bedeutung. Die Consuln dagegen gehören, insoweit sie mit einem diplomatischen Charakter
behaftet sind, zu den Organen des Völkerprocesses. Wenngleich die Handelsconsuln keine allgemein zu fordernde In-
stitution sind, sondern ihre Installirung blos auf dem frei-
willigen Ermessen eines jeden einzelnen Staates beruht und
in der Regel eine nur in Separatverträgen ausdrücklich aus-
bedungene ist, so geniessen doch auch sie völkerrechtliche
Rechte und Vorrechte und üben internationale Functionen,
welche sie gleichfalls als völkerrechtliche Organe qualificiren. Auch Heffter (3. Aufl. § 246) sagt: „Ihre (sc.
der Consuln) Einsetzung beruht lediglich auf einem Einverständniss der beiden betheiligten Staatsgewalten. Kein Staat

würde schuldig sein, gegen seinen Willen die Anordnung eines Consuls zu dulden; man lässt sie sich daher auch ausdrücklich in Verträgen versichern". Die Rechte und Vorrechte, so wie die Verpflichtungen der Consuln werden in den §§ 247 u. 248 behandelt. Endlich wird bei der Festhaltung jener angedeuteten Auffassung aus dem Gesichtspuncte der Concession der völkerrechtlichen Souverainetät einem jeden, auf eine zukünftige internationale Verkehrserweiterung bezüglichen Recht stets eine anpassende Stelle im System des Völkerrechts gesichert sein.

Der vierte Abschnitt: Gebrauch von Kundschaftern steht aber ganz isolirt in der Staatenpraxis da und ist wol auch nicht gecignet, das Schlusscapitel derselben zu bilden. Wir vermögen die Kundschafter als Organe des Völkerprocesses nicht anzusehen, denn wir kennen wol ein gegen sie, aber nicht ein für sie oder zu ihren Gunsten bestehendes Recht. Auch haben sie ebensowenig völkerrechtliche Verpflichtungen. Ihrem Recht und ihrer Pflicht nach sind sie durch den sie gebrauchenden Staat bestimmt, gegenüber dem Völkerrecht erscheinen sie als Schutzlose, gegen welche jedes gegen den Feind erlaubte gewaltsame Verfahren gerechtfertigt ist.

Wenn wir hiermit die Darstellung und die mit dieser schon vielfach verknüpfte Beurtheilung Heffter's schliessen, so glauben wir, durch unser Urtheil den allgemein anerkannten Werth des Werks nicht haben beeinträchtigen zu können, denn dieser ist weniger in einer dem Völkerrecht eigenthümlichen Systematik, als in einer umfassenden Behandlung der Gegenstände gefunden worden. Die Erlangung einer bisher nicht erreichten Vollständigkeit des Systems war offenbar Heffter's Hauptstreben. Indess konnte er dadurch sowol zu einer geringeren Beachtung der Form, als zu einer der Eigenthümlichkeit des Völkerrechts nicht gemässen Erweiterung des Inhalts sich verleiten lassen. Wir sind zunächst überzeugt, dass, wenn die auf Erlangung eines vollständigen Inhalts gerichtete Sorgfalt in gleicher Weise auch der Form zugewahdt worden wäre, Heffter's Bearbeitung alle übrigen Darstellungen auch in dieser Beziehung hinter sich gelassen hätte. In der Form hat aber Heffter nicht wesentliche Fortschritte gemacht. Die traditionelle Eintheilung in Friedens- und Kriegsrecht, und die privatrechtliche Nachbildung sind bei Heffter ersichtlich hervorgetreten und haben als Ordnungsbegriff für das Ganze sich auch bei ihm als unwirksam erwiesen. Die Abscheidung materiellen und formellen Rechts ist nicht streng durchgeführt, indem das Völkerrecht des Unfriedens nur einen Theil des formellen Rechts, die Staatenpraxis aber einen anderen enthält. Die Staatenpraxis begreift aber, neben dem ihr gebührenden Inhalt, nicht nur formelles Recht (das Gesandtschaftsrecht), sondern auch materielles (die Grundsätze über die Anstalten für den socialen Verkehr der Völker). Die Construction des völkerrechtlichen Rechtsverhältnisses fehlt und die Repräsentanten des einen Bestandtheils desselben sind zwar vervielfacht, aber nicht in berechtigter Weise, indem im äusseren Staatenrecht nur Staaten und deren oberste Machthaber als Subjecte erscheinen können. Die Hineintragung politischer Kunst in das Völkerrecht widerspricht aber der dem Völkerrecht erforderlichen scharfen Trennung der grundverschiedenen Begriffe des Rechts und der Klugheit. Gegen die Anordnung der einzelnen Abschnitte ist Manches zu bemerken gewesen und sind die Ursachen dieser Mängel wol wesentlich in der civilistischen Auffassungsweise des Verf. zu suchen, wodurch namentlich auch das Verständniss seines Werks für Nichtjuristen erschwert ward.

Die vergleichsweise Beurtheilung der Heffter'schen Leistungen wird im folgenden Paragraphen erfolgen, in welchem wir die Leistungen der zweiten Periode im Zusammenhange zu würdigen bestrebt sind.

§ 7.

Beurtheilung der zweiten Periode der Anordnung des positiv-völkerrechtlichen Stoffes.

Auch diese Periode der Anordnung des positiv-völkerrechtlichen Stoffes weist uns an den betrachteten Darstellungen die oben (S. 12) gerügten Mängel der Systematik nach. Der hauptsächlichste Fortschritt scheint uns darin zu liegen, dass die geschichtliche Begründung des Völkerrechts immer mehr erstrebt und dadurch die Trennung des Philosophischen und Positiven angebahnt ward. Als entschiedener Vertreter dieser Richtung erscheint Saalfeld, indess wollte er irrthümlicher Weise das Verständniss des positiven Völkerrechts aus der politischen und nicht aus der völkerrechtlichen Geschichte erlangen. Schmelzing erkennt zwar die Nothwendigkeit des geschichtlichen Belegens seiner Sätze an, aber diese Beispiele sind nicht der allgemeinen Geschichte, sondern der Deutschlands, besonders Baierns, entnommen, eine historische Grundlegung wird vermisst. Dagegen hat Wheaton allmälig begriffen, dass es nicht genüge, das

Völkerrecht mit geschichtlichen Beispielen zu glossiren, sondern dass es auf historischem Grunde ruhen müsse.
Oppenheim führt in gebührender Weise die Geschichte
als erste Hülfswissenschaft des Völkerrechts auf, weist
aber desshalb den Einfluss der Philosophie nicht ab, sondern
beschränkt ihn richtig auf die Auffassung und will in der
Darstellung des positiven Völkerrechts dem praktischen
Recht den gehörigen Raum erringen und nur anerkannte
Wahrheiten (?) berücksichtigen. Kent will zwar philosophisches und positives Recht mit einander verbinden, aber
er erklärt auch gleichzeitig das positive, auf Gebrauch,
Uebereinkunft und Zustimmung begründete Recht für den
brauchbarsten und praktischen Theil des Völkerrechts, und
will das philosophische Recht nur *in subsidium* angewandt
wissen. Auch benutzt er vielfach geschichtliche Ereignisse
und beruft sich auf Präjudicien und Staatsschriften. Wildman eifert gegen die von Kent gewollte Verbindung, begründet aber einseitig das Völkerrecht blos auf die Gewohnheit und lässt die Verträge nur als declaratorisches Inter-
pretationsmittel gelten. Auch Manning spricht sich gegen
die Verbindung des Natur- und Völkerrechts aus, und weist
ebenfalls ausdrücklich dem Gewohnheitsvölkerrecht die Aufgabe der Regelung der internationalen Beziehungen zu. Den
ausgedehntesten Einfluss des philosophischen Rechts auf das
positive verstattete Klüber. Er drängt das Naturrecht geradezu als Inhalt in das positive Völkerrecht hinein. Auch
Schmalz will das Völkerrecht den Urideen des Rechts
gemässer gestalten und nimmt unbedenklich philosophische Wünsche in das Völkerrecht auf. Pölitz legt seinem
praktischen Völkerrecht das philosophische Staatenrecht

zu Grunde. Demnach war die Trennung des Philosophischen und Positiven von allen Schriftstellern dieser Periode zwar nicht vollzogen, wol aber hatte sich in Saalfeld, Schmelzing und Wheaton, mehr noch aber in Oppenheim, Manning und Wildman eine Reaction herausgebildet. Heffter hat sich über das Verhältniss der Philosophie zum positiven Recht nicht klar ausgesprochen. Vorzugsweise erkennt Heffter ein Recht aus innerer Nöthigung an und nennt dasselbe ein ungeschriebenes, von selbst verstandenes, für jeden Staat, welcher mit Sicherheit an dem allgemeinen Staatenverkehr Theil nehmen wolle (§ 3). Was ist denn aber das für ein Recht? Ist es etwa wegen seiner Nothwendigkeit ein philosophisches, oder wegen seiner allgemeinen Anerkennung und Gültigkeit ein positives? Viele seiner Sätze erscheinen fast nur als die Consequenzen seiner Rechtsanschauungen und sind nicht gehörig geschichtlich begründet. Wo aber das subjective Moment so vorherrscht, werden wir eher eine philosophische Anschauung als eine positiv begründete indicirt sehen.

Aber selbst wenn auch bei Heffter eine Trennung des Philosophischen und Positiven stattgefunden hätte, so ist doch damit allein die zweckgemässe Darstellung des Positiven nicht gesichert. Das erkannte zwar Oppenheim, indem er der Philosophie einen Einfluss auf die Auffassung des Positiven einräumte, aber seine Darstellung ist keineswegs durchweg geschichts-philosophisch, sondern ergeht sich vielfach in blos subjectiven Anschauungen. Die weitere Vollendung der Vermittelung des Positiven und Philosophischen wird nicht blos von der principielleren Bearbeitung der Völkerrechtsgeschichte und der Verwendung des Erlang-

ten auf das System, sondern auch von der richtigen Erkenntniss der eigentlichen Quelle des Völkerrechts abhängig sein. In dieser Beziehung liegen uns aber sehr weit
auseinandergehende Anschauungen vor und namentlich ist
das Wort „Quelle" auf zu viele, blosse Erscheinungsformen
angewandt. Dieser bildliche Ausdruck kann, trotz des etwa
entgegenstehenden Sprachmissbrauchs, nur in der eigentlichen Bedeutung des Wortes selbst gebraucht werden.
Dann ergiebt sich aber als Dasjenige, aus welchem das
Recht hervorströmt, nur die internationale Rechtsüberzeugung der Völker [293]). Aus den blossen Rechtsanschauungen der Völker entstehen, wenn sie vollständig
bewusst und widerspruchslos fest werden, Rechtsüberzeugungen. Diese Ueberzeugungen bestimmen den Willen der
Völker und diesen allgemeinen Willen drücken mehrere [294])
übereinstimmende, auf die äusseren Verhältnisse der Völker
sich beziehende Handlungen aus, deren Inbegriff ein allgemeines Herkommen constituirt, während andererseits in be-
stimmterer, präciserer Weise der Wille in Verträgen zum Aus-

---

293) Oppenheim hat daher auch wol, den Abstand zwischen dem
allgemeinen Rechtsbewusstsein als Quelle und den Staatsverträgen fühlend,
jenes als innerste Quelle (S. 8) und diese blos als Quellen (S. 92) bezeichnet, aber es bleibt unbestimmt, wie dann diese letzteren, ob als innere,
ob als äussere zu qualificiren sind. Uns aber, die wir die Verträge nur als
Erscheinungsformen, nicht als Quellen auffassen, kann schon desshalb jede
weitere Unterscheidung, da wir ja überhaupt nur eine Quelle anerkennen,
gleichgültig sein.

294) Wenn Oppenheim (S. 92 ff.) behauptet, dass die Völkerrechtssätze nicht durch die Menge, oder durch eine bestimmte Anzahl von
Thatsachen, sondern aus dem, gewissen Thatsachen innewohnenden Rechtsbewusstsein, aus dem wohlverstandenen Geiste des Geschehenen, dem Rechtsbewusstsein in den Präcedentien erkannt werde, so scheint uns die blosse
Zahl freilich auch nicht zu genügen, aber ebensowenig eine vereinzelte
Thatsache.

druck gelangen kann. Ein allgemeiner Inhalt von Verträgen, welcher zum Inhalt eines allgemeinen Herkommens in Gegensatz tritt, wird wegen seiner bindenderen Verpflichtungsweise zwar augenblicklich einen vorzüglicheren Werth der Gültigkeit beanspruchen, wenn aber der Inhalt des Herkommens mehr der allgemeinen Rechtsüberzeugung entspricht, bald ausser Geltung kommen. Nur die Rechtsüberzeugung der Völker ist daher die ursprüngliche, eigentliche Quelle des Völkerrechts und alle übrigen s. g. Quellen bilden den Inhalt des positiven Völkerrechts nur insoweit für die Dauer, als sie jener entsprechen und aus ihr hervorgingen. Das Herkommen und die Verträge sind die wesentlichsten Erscheinungsformen dieser Ueberzeugung. Wenn daher sowol diese Erscheinungsformen, als auch andere Factoren als Quellen des Völkerrechts aufgeführt werden, so beruht Das auf einer falschen Anwendung des durch den Ausdruck Quelle gegebenen Bildes, und ist zugleich eine falsche Gleichstellung mit der alleinigen und eigentlichen Quelle. Als s. g. Quellen sind aber wesentlich zwei verschiedene Gattungen angesehen worden. Einmal s. g. natürliche und sodann positive. Als natürlichste erscheint die Rechtsüberzeugung selbst. In dieser Auffassung wollen wir das Natürliche nicht anstreiten, wol aber in einer anderen, welche zugleich die gangbare ist. Man hat das Natürliche dem *a priori* gleichgesetzt und dieses natürliche Recht als Quelle des positiven Völkerrechts erkannt. Das geschah namentlich durch Wheaton, der das gesammte Völkerrecht auf das natürliche gründete, durch Klüber, der natürliches Recht zum Inhalt des Positiven erhob, und durch Kent, der die Lücken des Positiven durch das natürliche Völker-

recht ausfüllen will. Der Satz *a priori* aber, der nicht zu
einer positiv nachweisbaren Rechtsüberzeugung der Völker
geworden ist, denn die ursprüngliche Erkenntniss kann solche
Anerkennung sich erringen, ist kein positiver Rechtssatz,
und ist er wiederum zum positiven geworden, so hat er für
das Völkerrecht seine Geltung nicht desshalb zu beanspruchen, weil er *a priori* galt, sondern weil er hinterher anerkannt ward. Richtig bemerkt daher Wildman, dass rein
speculative allgemeine Principien zur Begründung einer Regel
nicht hinreichen, sondern dass sie dem Gebrauch und der
Praxis der Völker gemäss sein müssen. Wenn daher die
Wissenschaft einem System des Völkerrechts dadurch Vollständigkeit sichern will, dass sie dort, wo sie durch positive Bestimmungen unausgefüllte Lücken zu finden glaubt,
Sätze *a priori* hineinbringt, so kann sie für ein solches
System den Charakter des in'allen Theilen Positiven nicht
beanspruchen und verletzt ausserdem das einem System unbedingt nothwendige Requisit der Einheit, da sie, anstatt
eines rein positiven oder eines rein philosophischen Systems,
ein Conglomerat von Sätzen wesentlich verschiedener Gültigkeit zusammenfasst. Damit aber ein in allen seinen Theilen
positives System des Völkerrechts in der Zukunft dargestellt werde, erscheint zuerst eine Ausscheidung aller blos
a priori gültigen Sätze, alles uneigentlich „natürlich" und
richtiger philosophisch" genannten Rechts erforderlich. Die
zweite zu vollbringende That wird aber die durch die Ausscheidung des rein Philosophischen entstandenen Lücken
wesentlich, wenn nicht vollständig, ergänzen. Diese That
wird nemlich in einer sorgfältigen Ermittelung alles schon
wirklich Positiven, vorzugsweise in der Erscheinungsform

des allgemeinen Herkommens und des übereinstimmenden
Inhalts mehrerer, auf denselben Gegenstand sich beziehender
Verträge bestehen. So lange diese, freilich nicht geringe
geschichtliche Arbeit nicht ausgeführt ist, wird eine Anschauung des gesammten positiven Völkerrechts unmöglich sein. Das allgemein Positive aus der Gesammtheit des Positiven auszuscheiden, wird aber wesentlich eine
Gedankenthat und somit eine philosophische sein, und eine
abermalige solche That wird das Ganze in den 'dasselbe
bildenden Gliedern zu dem Organismus zusammenschliessen,
der das Abbild des daseienden, aber nicht vollständig er-
fassten wirklichen Lebensorganismus des Völkerrechts darzustellen allein berufen ist. Diese den Stoff erforschende
und ordnende Thätigkeit ist das Werk der Wissenschaft,
aber sie ermittelt nur das Daseiende und bildet es in seiner
Ordnung der lebendigen Gliederung nach, eben desshalb ist
sie auch nicht eine Quelle, nach Wheaton sogar die erste,
des positiven Völkerrechts, sondern sie schöpft nur aus
dieser und füllt das Geschöpfte in das ihr dargereichte Ge-
fäss. Manning hat Das partiell ausgesprochen, wenn er
der Wissenschaft die Aufgabe zutheilt, das Gewohnheitsvölkerrecht zu einem vollendeten System zu erheben. Die
Wissenschaft erzeugt weder den Inhalt, noch die Form,
sondern gewinnt nur den ersteren und bildet die letztere
nach. Wenn daher die Resultate der wissenschaftlichen
Arbeit in ein System des positiven Völkerrechts aufgenommen werden sollen, so kann das nur unter der Voraussetzung
geschehen, dass diese Resultate allgemein-positiv begründet sind. Unter dieser allgemeinen Positivität ist aber nicht
diejenige zu verstehen, welche aus der Geschichte der äusseren

Beziehungen blos eines engeren Complexes von Staaten oder gar eines einzigen abgeleitet wird, wie bei Saalfeld der deutschen oder Baierns, und bei fast allen Amerikanern und Engländern, welche die Entscheidungen ihrer Prisengerichte als Quellen des Völkerrechts aufführen, sondern es ist nur dann eine allgemeine Positivität nachgewiesen, wenn die Mehrzahl der das Völkerrecht setzenden Staaten in unverkennbarer Weise ein übereinstimmendes Herkommen beobachtet oder solche übereinstimmende Bestimmungen in Verträgen festgesetzt hat. Dass diese Sätze rechtlicher Natur sein müssen, ist, da das Völkerrecht nachgewiesen werden soll, selbstverständlich. Daher kann durch die politische Geschichte, wie Saalfeld will, nie das Völkerrecht verständlich werden, denn Gegensätze stossen sich ab, können sich nicht gegenseitig begründen und beweisen. Zur Begründung des allgemein Positiven können zwar auch benutzt werden die von Wheaton fälschlich als Quellen bezeichneten Verordnungen souverainer Staaten zur Regulirung des Prisenrechts, die internationalen gemischten Commissionen und Prisengerichte, die einzelnen Regierungen von Rechtsgelehrten abgegebenen Gutachten, die Geschichte der Kriege, Unterhandlungen, Friedensverträge und andere internationale Transactionen, ferner die von Oppenheim an Wichtigkeit den Staatsverträgen als Quellen gleichgestellten Thatsachen, aus denen man rechtliche Folgen ziehen kann, die Protocolle und Actenstücke der Congresse und Ministerialconferenzen. Aber die Anwendung der von diesen vielfach verschiedenen, aber doch fast alle auf die äusseren Beziehungen der Staaten sich beziehenden, Factoren ausgegangenen Bestimmungen kann lediglich nur insoweit Statt haben, als dadurch ein völkerrechtlicher, allgemeiner und positiver Willensausdruck der Völker constatirt werden kann, alles blosse Dafürhalten vermag nicht das positive und alles vereinzelte Singulaire nicht das allgemeine Völkerrecht zu erbringen.

Wenn ferner die ungehörige Vermischung des Völker- und Staatsrechts in dieser Periode fast ganz aufgehört hat, so ist doch die Vermengung des Politischen und Rechtlichen bestehen geblieben. Saalfeld erhob das politische Gleichgewicht, Schmelzing die rechtlich-politische Persönlichkeit zum Ausgangspunct des Völkerrechts, Pölitz hält das Völkerrecht für einen Inbegriff von Grundsätzen des Rechts und der Klugheit. Dagegen haben alle übrigen Schriftsteller und namentlich auch die englischen die rein rechtliche Natur des Völkerrechts wohl begriffen. Oppenheim erfasst nicht nur das Völkerrecht als Inbegriff von Rechtsnormen, sondern bezeichnet auch ausdrücklich die Völker als Rechtssubjecte und ihre Verhältnisse als Rechtsverhältnisse. Auch Heffter erkennt die Staaten als in einem gemeinsamen Rechtssystem stehende Rechtssubjecte.

Das formelle und materielle Recht ist auch in dieser Periode von keinem Schriftsteller durchgehend und unter ausdrücklicher Hervorhebung dieses Gegensatzes geschieden worden. Zwar hat die durch v. Martens gewählte Reihenfolge zufällig die processualistischen Bestandtheile zusammengefügt, aber es folgt auf sie ein materieller Bestandtheil, und hierdurch, so wie durch die willkührliche Aufeinanderfolge der einzelnen formellen Theile selbst ist das Unvollkommene und Unabsichtliche dieser Reihenfolge unzweifelhaft erwiesen. Nur die gemeinschaftliche Behandlung des gewaltsamen Ver-

fahrens: der Retorsion, Repressalien und des Krieges
wurde immer allgemeiner, namentlich durch v. Martens,
Schmalz, Klüber, Schmelzing, Pölitz, Manning und
Heffter recipirt. Schmelzing ging sogar einen Schritt weiter
vor und behandelte mit diesem Processualistischen auch die
Mittel der gütlichen Ausgleichung, aber indem er mit den letzteren die Repressalien und Retorsion in eine Linie stellte und
dadurch ein Verkennen der wesentlich verschiedenen Natur
der gütlichen und gewaltsamen Mittel an den Tag legte,
kann sein Vorschreiten als ein Fortschritt nicht angesehen
werden. Heffter bildet einen eigenen Abschnitt: das
Actionenrecht, welches die Wege der internationalen Rechtsverfolgung zeigen soll, aber es enthält dieses nur die gütlichen und gewaltsamen Mittel, nicht die einem Process un-
entbehrlichen Organe. Wir können daher wol Heffter
nachrühmen, dass er die Nothwendigkeit der Zusammenfassung des Processualistischen erkannte, aber weder ist dasselbe vollständig beisammen, noch hat er hiermit dem Bestreben, formelles und materielles Recht zu scheiden, un-
verkennbaren Ausdruck geliehen. Auch scheint uns die
Uebertragung der civilistischen Bezeichnung: Actionenrecht
der Trennung des materiellen und formellen Rechts um so
weniger förderlich, als die Actionen nicht blos in formeller, sondern auch in materieller Beziehung im System
des Civilrechts in Betracht kommen. Ebensowenig wie die
civilrechtlichen Klagen auf das Völkerrecht angewandt werden können, ebensowenig scheint die Uebertragung jener
Bezeichnung auf das Völkerrecht gerechtfertigt.

Die fast allgemeine Anwendung der Eintheilung des
Völkerrechts in Kriegs- und Friedensrecht in den Darstellun-

gen dieser Periode könnte beinahe auf die Nothwendigkeit
und Gemässheit dieser Kategorien für das Völkerrecht schliessen lassen. Wir erkennen darin aber nur einen, Vielen
gemeinsamen Irrthum und eine zum Missbrauch gewordene
Systematik. Nur v. Martens, Schmalz und Pölitz haben
diese Eintheilung überwunden. Dagegen finden wir sie als
Hauptabtheilung bei Saalfeld, Kent, Wheaton und Wildman, als Unterabtheilung bei Schmalz, Klüber und Oppenheim. Heffter benennt die Gegensätze anders, indem
er von einem Recht des Friedens und Unfriedens spricht,
auch behandelt er unter der Rubrik dieses letzteren nicht
blos, wie Einige, beim Kriegsrecht dieses Recht allein, oder,
wie Andere, ausserdem auch die Repressalien und Retorsion,
sondern zugleich auch die gütlichen Mittel zur Erledigung
völkerrechtlicher Streitigkeiten. Hierdurch ist er zwar der
Scheidung materiellen und formellen Rechts näher gerückt,
aber hat sie hauptsächlich desshalb nicht durchzuführen
vermocht, weil er von der alten Eintheilung in Friedens-
und Kriegsrecht die Systematik zu befreien unterliess.
Schmelzing unterschied schon früher, aber freilich nur in
einer Unterabtheilung des dritten Haupttheils seiner Systematik: dem Obligationenrecht der Völker, Verbindlichkeiten
aus ihren freundschaftlichen und feindlichen Verhältnissen. Auch er behandelt, gleich Heffter, unter der
letzteren Rubrik nicht blos die gütlichen, sondern auch die
gewaltsamen Mittel, aber mit minder richtiger Aneinanderreihung, während die Organe auch bei ihm in diesem Zusammenhange fehlen.

Die Nachbildung privatrechtlicher Systematik ist zwar
so entschieden, wie in dieser Periode von Schmelzing

und Heffter, in früherer Zeit nicht durchgeführt worden, aber von der Mehrzahl der Schriftsteller ist sie keineswegs, sondern nur von den Ebengenannten befolgt worden. Oppenheim namentlich weist ausdrücklich im Allgemeinen die Analogien des Privatrechts für das Völkerrecht schon wegen der Verschiedenheit der privatrechtlichen Rechtsverhältnisse und des Völkerrechts ab. Die bei Schmelzing und Heffter vollzogene Nachbildung ist aber, wenn man von der falschen Auffassung der Persönlichkeit durch Ersteren absieht, eine ziemlich übereinstimmende. Schmelzing bezeichnet zwar seinen ersten Theil nicht ausdrücklich als Personenrecht, indem er ihn „die rechtlich-politische Persönlichkeit" überschreibt, dagegen ist aber der zweite „Sachenrecht" und der dritte „Obligationenrecht" genannt worden. Heffter überschreibt zwar auch den ersten Abschnitt des Friedensrechts nicht mit „Personenrecht", sondern: „die Subjecte des Völkerrechts und ihre Grundverhältnisse", aber es bezieht sich dessen Inhalt auf die völkerrechtlichen Persönlichkeiten, und der zweite Abschnitt ist ausdrücklich „Sachenrecht", der dritte „Recht der Verbindlichkeiten" genannt worden. So wie Schmelzing diese Reception nöthigte, das Processualistische, namentlich auch den Krieg, unter die Verbindlichkeiten hineinzuzwängen, so erschuf Heffter in demselben Abschnitt neue völkerrechtliche Verhältnisse, gleichsam zur Rechtfertigung der angewandten Analogie. Durch diese Consequenzen hat sich denn die privatrechtliche Nachbildung abermals als unanwendbar erwiesen.

In der Construction des völkerrechtlichen Rechtsverhältnisses hat sich lediglich v. Martens versucht, aber freilich nicht mit vollständigem Erfolge. Nur Subjecte und Objecte bietet er dar, und weil er die letzteren in uneigentlicher Weise zugleich als die Acte auffasst, hat er diese selbst in ihrer Selbstständigkeit und die Objecte in ihrer Eigenthümlichkeit nicht zu erkennen vermocht. Das aus drei Bestandtheilen bestehende Rechtsverhältniss suchte er mit blos zweien zu begründen, und dieses Streben zeigt denn in unverkennbarer Weise an, dass ihm die klare Anschauung der Organisation desselben mangelte. Dessenunerachtet mag dieser erste, wenn auch misslungene, Versuch einer zu erstrebenden bewussten und dem Völkerrecht eigenthümlichen Systematik, wodurch v. Martens sowol aus der Eintheilung in Friedens- und Kriegsrecht, als aus der privatrechtlichen Nachbildung herausgelangte, anerkennend genannt werden. Viel klarer deutete Schmelzing den Grundgedanken des völkerrechtlichen Rechtsverhältnisses an, aber diese Erkenntniss behinderte ihn nicht daran, sich der privatrechtlichen Nachbildung als Haupteintheilung und einer der Eintheilung in Friedens- und Kriegsrecht verwandten Schematisirung als Unterabtheilung zu bedienen. v. Martens, welcher demnach den Versuch der Ausführung machte, ist über Schmelzing zu stellen, da dieser seiner besseren Erkenntniss zuwider systematisirte. Endlich fasst Oppenheim zunächst zwar die Subjecte in der für das völkerrechtliche Rechtsverhältniss anpassenden Weise auf, aber handelt sodann von ihnen und den Objecten zugleich in einem ganz anderen Sinne, indem er erstere als die Nationalitäten und letztere als kosmopolitische Gemeinsamkeit fasst. Eine Construction des Rechtsverhältnisses hat demnach Oppenheim nicht ein Mal in der beschränkten v. Martens'schen Weise ausgeführt, sondern sogar nur einen Bestandtheil: die Subjecte, namhaft gemacht. Auch Heffter lässt es bei der Bezeichnung des Subjects des Völkerrechts bewenden. Als diese Subjecte werden durch v. Martens, Saalfeld, Schmalz, Schmelzing, Kent, Wheaton, Manning, Oppenheim, blos die Staaten, von Heffter auch die Souveraine bezeichnet. Heffter hat hierin einen wesentlichen Fortschritt angebahnt, indem er nicht nur den Inbegriff, sondern auch den thatsächlichen Repräsentanten der höchsten Machtvollkommenheit auch in den äusseren Beziehungen als Subject des für dieselben bestimmten Rechts erkannte. Wildman führt die Staaten und Souveraine nicht als Subjecte, sondern als Objecte (Gegenstand) des Völkerrechts auf. Dagegen haben von den Erstgenannten die Meisten wol die persönlichen und Familienrechte der Souveraine im Völkerrecht behandelt, indess gehören, wie wir das schon früher ausführten (vergl. S. 163 u. 212 ff.), diese Beziehungen nur, insoweit sie sich auf die völkerrechtliche Wirksamkeit des Souverains beziehen, auch in das Völkerrecht hinein, und werden sonst vom inneren Staatsrecht geregelt. Dass Heffter aber auch noch andere Subjecte des Völkerrechts setzt, ist bei Darstellung seiner Lehre erwähnt und beurtheilt worden. Nur auf den einzelnen Staatsbürger als Subject kommen wir insofern zurück, als auch andere Schriftsteller, von ähnlicher Auffassung ausgehend, ein s. g. internationales Privatrecht herausbildeten. · Wheaton lässt dasselbe aus dem Recht der Bürger und Corporationen bestehen, Oppenheim erkennt als Inhalt des Völkerrechts auch die Rechtsbeziehungen der Bürger verschiedener Staaten, wogegen Manning ausdrücklich die Hineinziehung der Beziehungen der Privaten in das Völkerrecht tadelt. Wir sind weit davon entfernt, in Abrede zu nehmen, dass auch die Verhältnisse einzelner Staatsbürger Gegenstand völkerrechtlicher Bestimmungen werden können, nur sind diese Einzelnen nicht, wie wir das bereits oben (vergl. S. 198 u. 210 ff.) begründeten, als selbstständige völkerrechtliche Rechtssubjecte aufzufassen. Die Benennung „internationales Privatrecht“ erscheint uns ausserdem als eine *contradictio in adiecto,* indem die unter dasselbe gewöhnlich begriffenen Verhältnisse der Einzelnen im Völkerrecht, da sie unter die Gewähr der Völker oder Staaten gestellt und von diesen vertreten werden, ihre private Natur ganz einbüssen und zu öffentlichen, insbesondere internationalen Verhältnissen erhoben werden. Ebensowenig haben wir die, namentlich von Oppenheim, gesonderte Behandlung des s. g. Privatrechts billigen können, da der Inhalt desselben seine Stelle im materiellen Völkerrecht bei den Rechten der Staaten, insbesondere bei den Concessionen der völkerrechtlichen Souverainetät zu Gunsten der Rechtsordnung und Rechtspflege findet.

Nur erwähnt, nicht weitläufig widerlegt soll die von Kent, Wildman und Heffter (§ 104) geschehene Behandlung der Verletzungen des Völkerrechts werden. Abgesehen davon, dass Art und Zahl derselben durch die angeführten Beispiele nicht erschöpft werden, scheint uns eine besondere Behandlung dieses Gegenstandes um so zweckloser, als das materielle Recht vorschreibt, was das Völkerrecht fordert, und das Formelle, wie diese Sätze realisirt werden. Jede Verletzung der Vorschriften des Völkerrechts ist daher in der, in dem formellen Völkerrecht vorgeschriebenen Weise zu sühnen.

Endlich ist uns auch bei den positiven Darstellungen

die Gelegenheit geboten worden, die Stellung des Völkerrechts zu anderen Wissenschaften zu ermitteln. Pölitz hat einen von uns hinreichend (S. 175 ff.) beurtheilten Versuch durch Coordination des Völkerrechts, der Diplomatie, der äusseren Staatenpraxis und der äusseren Politik angestellt. Oppenheim hat dagegen in richtiger Weise der Diplomatie den Charakter als Wissenschaft abgesprochen, und die Beziehungen zum allgemeinen und besonderen Staatsrecht nur andeutend, aber zutreffend erörtert. Endlich hat Heffter Völkerrecht und äussere Politik richtiger als Pölitz geschieden, indess, gleich diesem, der Staatenpraxis keinen ihr eigenthümlichen Inhalt gewiesen. Unsere Ansichten über das Verhältniss des Völkerrechts zur Staatenpraxis haben wir oben (S. 176 ff. u. 220) dargelegt. Ueber den Werth dieser und anderer Unterscheidungen des Inhalts der Wissenschaften des äusseren Staatenlebens wird indess erst dadurch ein Urtheil ermöglicht werden, dass der Inhalt derselben neben einander angegeben und erörtert wird. Zugleich wird dann eine Einsicht darin erlangt werden, inwieweit eine wissenschaftliche Darstellung und Behandlung, namentlich der äusseren Politik und Staatenpraxis, möglich sei.

Wenn wir die in dieser Periode vorgeführten philosophischen Leistungen mit den Darstellungen des positiven Völkerrechts vergleichen, so finden wir bei beiden viele übereinstimmende Mängel und Vorzüge. Das Verhältniss des Philosophischen und Positiven selbst war ungleich richtiger als früher begriffen worden und in den beiderseitigen Leistungen hervorgetreten. Namentlich war durch Warn-

könig, Ahrens und den jüngeren Fichte einerseits, und
Oppenheim, Manning und Wildman andererseits nicht
nur die Trennung des Philosophischen und Positiven vollzogen, sondern auch der Einfluss der Philosophie auf die
Darstellung des Positiven und die Nothwendigkeit der Anerkennung philosophischer Sätze durch die Völker zur positiven Gültigkeit derselben begriffen worden. Dagegen wollte
auch in dieser Periode Schmalz das positive Völkerrecht
den Urideen des Rechts gemässer gestalten, Klüber das
Naturrecht in das positive Völkerrecht hineintragen und
Kent die Lücken des letzteren durch philosophisches Recht
ausfüllen. Bei Heffter war das Verhältniss beider Auffassungen und das Maass der Einwirkung des Philosophischen auf das Positive unbestimmt geblieben. Eine geschichtliche Begründung des Positiven erstrebte schon der jüngere
Fichte, indem er, über dasselbe philosophirend, an geschichtliche Entwickelungsstufen seine philosophischen Betrachtungen anknüpfte, geschichtliche Methode wollte Saalfeld, particularistisch, deutsch und bairisch war Schmelzing, und national-amerikanisch und -englisch Kent,
Wheaton, Manning und Wildman. Oppenheim wollte
zwar das Völkerrecht aus dem Bestehenden erkennen und
das Bestehende aus der Geschichte verstehen, aber hierzu
waren ihm weder geschichtliche Leistungen überkommen, noch
hat er sie selbst geliefert.

Die principielle Bearbeitung der völkerrechtlichen Thatsachen in ihrer Mehrheit oder Gesammtheit fehlt, und ohne
diese ist auf ein aus der Geschichte entwickeltes System
keine Hoffnung zu erheben. Als Sammler des Positiven
haben sich bisher immer noch Johann Jacob Moser,

Günther und die beiden v. Martens das grösste Verdienst erworben, die beste Skizze einer principiellen Entwickelung lieferte der jüngere Fichte. Für die neuere Zeit muss das in Urkunden Enthaltene mehr gesichtet, und für alle Zeiten aus dem Vorhandenen ein sich fortentwickelnder Grundgedanke allseitiger und zusammenhängender entwickelt werden.

Diesen Grundgedanken des Völkerrechts: „das internationale Rechtsprincip", wiesen die Forschungen über den Zweck des Völkerrechts auf. Als solchen Zweck erkannten von Philosophen, dem Grundgedanken nach, die Weltrechtsordnung Pölitz, Zachariä, Bitzer, Ahrens und der jüngere Fichte, und von Positivisten [295]) Heffter und Oppenheim. Zu dieser Erkenntniss war die rein rechtliche Charakterisirung des Völkerrechts erforderlich. Auch diese erbrachten Warnkönig, Ahrens und der jüngere Fichte einerseits, und Oppenheim und Heffter andererseits. Die englischen und amerikanischen Positivisten lassen eine Vermengung des Rechtlichen mit anderen Elementen ganz vermissen. Nicht minder wichtig war das Begreifen des rein Internationalen, als dessen Bestandtheile die Selbstständigkeit und Gemeinschaft erkannt werden müssen. Diese Internationalität wurde nicht blos von Allen, welche die Weltrechtsordnung erstrebten, erkannt, denn jene ist in diese einbegriffen und charakterisirt sie in unterscheidender Weise, sondern insbesondere auch bestimmt in

---

295) Wir brauchen hier den Ausdruck nur im Gegensatz zu den Philosophen, nicht aber in der eingeschränkten Bedeutung, nach welcher eine Richtung, namentlich die von Johann Jacob Moser verfolgte, so bezeichnet ward.

den beiden genannten Bestandtheilen dargelegt von Pölitz und Oppenheim. Aber sowol in Bezug auf die rein rechtliche, als rein internationale Auffassung fehlt es nicht an Irrthümern bei Philosophen und Positivisten. Der Vermengung des Rechtlichen und Politischen machten sich, namentlich unter den Positivisten, schuldig: Saalfeld, Schmelzing und Pölitz, wogegen der Philosoph Zachariä und der Positivist Heffter richtig beide Gebiete von einander trennten. Das Verhältniss zum allgemeinen, wie besonderen Staatsrecht setzt, im Gegensatz zur früheren Vermengung des inneren und äusseren Staatsrechts, Oppenheim fest. Die internationale Eigenthümlichkeit verkannten alle die Selbstständigkeit der Staaten missachtenden Projecte der Philosophen Kant, Fichte d. ä., Zachariä, Kahle und Audisio. Zachariä schützt die Erkenntniss der Weltrechtsordnung nicht vor dem Verkennen des einen Bestandtheils der Internationalität: der Selbstständigkeit.

Die von Wolff, Höpfner, Gros und Ahrens angedeutete Unterscheidung materiellen und formellen Rechts wurde von keinem Positivisten streng durchgeführt. Nur Spuren einer solchen Unterscheidung finden sich bei den Positivisten. Die schon von den Philosophen Gros, Pölitz, Warnkönig und Ahrens geschehene Verbindung der Mittel des gewaltsamen Verfahrens: Retorsion, Repressalien und Krieg, findet sich auch bei v. Martens, Schmalz, Klüber, Schmelzing, Pölitz, Manning, Heffter. Auch Heffter's Actionenrecht involvirt keine vollständige Trennung des materiellen und formellen Rechts, wie wir das weiter oben (S. 233) ausführten. Diese Trennung bleibt daher und zwar als eine dringend nothwendige zu vollziehen. Wie das

geschehen könne, haben wir (S. 63, 217 und a. a. O.)
angedeutet.

Die durch die eben gewünschte Abscheidung zu überwindende Eintheilung des Friedens- und Kriegsrechts ist von
den Philosophen fast vollständig verlassen, nur indirect von
Pölitz und direct v. Zachariä beibehalten worden. Von
den Positivisten dagegen haben nur v. Martens, Schmalz
und Pölitz dieselbe überwunden, dagegen Saalfeld, Kent,
Wheaton, Wildman, Schmalz, Klüber, Oppenheim
und Heffter sie recipirt. Auch Warnkönig (S. 126) und
Schmelzing (S. 166 u. 234) konnten sich nicht ganz von
derselben befreien. Dass diese Eintheilung zur Ermöglichung
einer principiellen Anordnung des Völkerrechts aufhören
müsse, ist gleichfalls von uns (§ 3 u. a. a. O.) nachgewiesen.

Die Nachbildung privatrechtlicher Systematik ist sowol
von den Philosophen Zachariä und Ahrens, als von den
Positivisten Schmelzing und Heffter vollzogen worden.
Die Unanwendbarkeit derselben ist bei der Erörterung jeder
einzelnen der bezüglichen Leistungen und sonst wiederholt
dargelegt worden.

Die Construction des völkerrechtlichen Rechtsverhältnisses hatten von Philosophen nur Warnkönig, von Positivisten v. Martens und Schmelzing versucht. v. Martens
hatte indess nur zwei Bestandtheile desselben, die Subjecte
und Objecte, gesetzt, und Schmelzing von seiner besseren
Erkenntniss keine Anwendung auf seine Systematik gemacht
(vergl. S. 163 ff. u. 235 ff.), während Warnkönig, weil er
von der Ueberzeugung sich leiten liess, dass dieses Rechtsverhältniss Grundlage des ganzen Systems werden müsse,
auch das formelle Völkerrecht in diese drei Bestandtheile

hineinzwängte und dadurch ihre eigenthümliche Natur beeinträchtigte. Wir sind dagegen der Ueberzeugung, dass dieses
Rechtsverhältniss nur Grundlage des Systems des materiellen Völkerrechts werden könne, während das formelle
sich nach den Organen und dem Verfahren gliedert (vergl.
S. 63 ff.).

In Bezug auf die einzelnen Bestandtheile des völkerrechtlichen Rechtsverhältnisses haben aber die Philosophen den
Irrthum mit den Positivisten gemein, dass sie Beziehungen Einzelner zu Einzelnen verschiedener Staaten oder zum
fremden Staat auch als Inhalt des Völkerrechts erkannten und
hiermit den Einzelnen als Subject auffassten. Kant, Fichte
der ältere und Bitzer einerseits, Wheaton, Oppenheim
und Heffter andererseits haben diese Auffassung sich an-
geeignet. Hierdurch ist aber die Stellung der Einzelnen überschätzt und die völkerrechtliche Bedeutung und Vertretung der
Rechte derselben verkannt worden (vergl. S. 198 u. 210 ff.).
Nur zwei Subjecte des Völkerrechts bestehen: die Staaten
und Souveraine (vergl. S. 209 ff.).

Inwieweit aber die vorstehend erörterten gemeinsamen
Vorzüge und Mängel der Philosophen und Positivisten von der
einen Richtung der anderen überkommen sind, Das lässt
sich um so schwerer feststellen, als die beiderseitigen Schriften darüber fast gar keine Auskunft geben und eine genaue
Uebereinstimmung bei den zu vergleichenden Ansichten selten
Statt hat. Hervorzuheben wäre hier nur, dass die alte naturrechtliche Eintheilung der absoluten und hypothetischen
Rechte freilich nicht zum Vortheil der Systematik des Positiven
(vgl. S. 140 ff.) in Klüber und Oppenheim wieder auflebte,
und dass Heffter die Hegel'sche Willenstheorie im Völker-

recht weiter ausführte. Auch scheint die Warnkönig'sche und Schmelzing'sche Construction des Rechtsverhältnisses, was hier auch durch die Berufung Warnkönig's auf Schmelzing constatirt wird, auf ein Anlehnen Warnkönig's an Schmelzing schliessen zu lassen. Andererseits legten der Philosoph Ahrens und der jüngere Fichte den Positivisten Heffter wesentlich und ausdrücklich ihren philosophischen Leistungen zu Grunde, wodurch freilich eine vollständige Uebereinstimmung keineswegs herbeigeführt ward. Welche der beiden Richtungen aber in der Erkenntniss weiter vorgeschritten sei, das können wir nur subjectiv ermessen. Wenn wir nemlich den von uns mehrfach gerügten Mängeln der Systematik Vorzüge gegenüberstellen, so sind diese, zum Theil wenigstens, nur von uns als solche erkannt worden und haben sich allgemeiner Anerkennung noch nicht zu erfreuen. Wir würden an den philosophischen Leistungen vor Allem die von dem jüngern Fichte versuchte Entwickelung des völkerrechtlichen Grundgedankens rühmen, die seltenere Vermischung des Rechtlichen und Politischen, das fast vollständig stattgefundene Aufgeben der Eintheilung in Friedens- und Kriegsrecht. Dagegen ist von den Positivisten immer entschiedener die Positivität des Völkerrechts und dessen geschichtlicher Charakter gewürdigt worden, wenngleich die consequente Durchführung dieser Anschauung in einem System fehlt. Endlich haben in Bezug auf die Abscheidung materiellen und formellen Rechts, und die Construction des völkerrechtlichen Rechtsverhältnisses Philosophen und Positivisten gleich Unvollendetes geleistet und in Bezug auf privatrechtliche Nachbildung in gleicher Weise gefehlt.

Wir schliessen hiermit die Darstellung und Beurtheilung der Ausführungen zu Gunsten der Systematisirung des positiven Völkerrechts. Dass das Meiste zu erreichen bleibt, ist, wenigstens nach unserer Ansicht, das Resultat der Betrachtung des Dargestellten. Aber die der Systematik vorhergehende That ist die zuerst zu vollbringende und wichtigste. Die Wissenschaft bedarf unabweisbar einer principiell bearbeiteten Geschichte des Völkerrechts. Es muss ein bestimmter Grundgedanke des Völkerrechts aus dessen thatsächlichen Erscheinungen ermittelt werden. Zwar wird das Lehr- und Lernbedürfniss, auch bevor eine solche Geschichte vorliegt, eine Darstellung des positiven Völkerrechts erfordern, aber zu einem rein positiven, principmässig construirten System wird die Wissenschaft nicht früher gelangen, als bis jene geschichtliche Arbeit durchgeführt worden ist. Dessenunerachtet wird es vorläufig nicht als unwichtig erscheinen, dass das bereits durch die bisherigen Bearbeitungen gewonnene positive Material gesichtet und geordnet werde. Hierzu wird das Völkerrecht in seine zwei Haupttheile, das materielle und formelle, zerlegt werden müssen. Das materielle wird, nach dem für dasselbe bestehenden Rechtsverhältniss, in drei Haupttheile sich gliedern: I. das Recht der Subjecte, II. das Recht der Objecte, III. das Recht der Acte. Das formelle Völkerrecht gliedert sich in zwei Theile: I. die Organe und II. das Verfahren.

Einen ausgeführten Entwurf des Völkerrechts und Völkerprocesses nach dieser Ordnung wird der zweite Theil dieser Arbeit enthalten. Zuvor werden aber in dem folgenden, den ersten Theil beendenden Capitel die Forschungen zu Gunsten der Systematisirung des positiven Völkerrechts dargestellt und beurtheilt werden, wobei zugleich die bisher veröffentlichten und dem Verf. zugängig gewordenen Entwürfe mitberücksichtigt werden sollen.

Viertes Capitel.

Die Forschungen und Entwürfe zu Gunsten der Systematisirung des positiven Völkerrechts.

*Rachel, Struv, v. Ompteda, v. Gagern, Puetter, Wasserschleben,
Stein, Hälschner, Fallati, Müller-Jochmus, v. Mohl,
v. Kaltenborn, Pözl.*

Neben den Darstellungen des positiven Völkerrechts in seinem ganzen Umfange entwickelte sich eine monographische Literatur über dessen praktische und wissenschaftliche Bedeutung. Das Streben derselben war zunächst meist darauf gerichtet, das neu entstandene Recht in seiner Existenz aufzuweisen.

Hervorzuheben sind zuerst Samuel Rachel's *de iure naturae et gentium dissertationes duae* (1676). Als richtigste Definition des Völkerrechts wird folgende bezeichnet: *ius gentium est ius plurium liberarum gentium pacto sive placito expresso aut tacite initum* (§ 16). Ein allgemeines *(ius gentium commune)* und besonderes *(ius gentium proprium)* wird unterschieden. Des ersteren bedienen sich die meisten, wenigstens die gesitteten Völker, des letzteren nur wenige Staaten und hat dieses auch nur für diese Gültigkeit. Das allgemeine Völkerrecht erhält seine Kraft und Gültigkeit durch den langen Gebrauch, das besondere hat zum Inhalt alle Bündnisse und Verträge einzelner Völker. Der Gegensatz beider Arten des Völkerrechts wird auch in der ausdrücklichen (das besondere V.) und der stillschweigenden (das allgemeine V.) Verabredung gefunden. Zugleich ist aber auch zugegeben, dass viele ausdrückliche Vereinbarungen des besonderen Völkerrechts, ihres allgemeinen Nutzens wegen, von anderen Völkern ununterbrochen nachgeahmt und solchergestalt nach und nach allgemein verbindlich geworden sind. Auch als Zweck des Völkerrechts wird der allgemeine Nutzen hingestellt und die Nothwendigkeit des Völkerrechts nicht blos dadurch erwiesen, dass verschiedene Sätze durch das Naturrecht nicht entschieden seien und es derselben doch bei dem verschiedenen Verkehr der Völker unter einander bedürfe (§ 96), sondern auch durch das eigene Zeugniss der Völker, welche vielfältig auf das Völkerrecht provociren (§ 97). Dagegen wird für nicht erforderlich erachtet, dass das Völkerrecht von der Einwilligung aller und jeder Völker abhängig gemacht werde (§ 86), dass dieselben ausdrücklich, nicht blos stillschweigend eingewilligt (§ 87) und dass sie die Vorschriften des Völkerrechts genau beobachten (§ 88).

Während Rachel kein natürliches Völkerrecht statuirt, hatte schon vor ihm Joh. Conrad Dürr *(de iuris gentium cum iure naturae consensu,* 1671*)* dem *ius gentium voluntarium* das *ius naturae* zu Grunde gelegt. Heinr. Uffelmann *(de iure naturae, gentium et civili,* 1674*)* dagegen nimmt, gleich Rachel, ein blos positives Völkerrecht an. Auch Joh. Joach. Zentgrav *(de origine, veritate et obligatione iuris gentium,* 1684*),* Nic. Andr. Pompejus *(de existentia iuris gentium,* 1688*),* Joh. Werlhof *(de genuinis fontibus recte decidendi controversias publicas et illustres,* 1688*)* und v. Ludewig *(de auspicio regum,* 1701*)* traten für die Existenz des positiven Völkerrechts auf. Pompejus hält zwar dasjenige für Völkerrecht, was alle Völker vertragsmässig zur allgemeinen Sicherheit und zum Heil des Menschengeschlechts in Bezug auf ihre gegenseitigen öffentlichen Angelegenheiten *(de negotiis publicis, quae gentes intercedunt)* begründet haben, schränkt indess das Völkerrecht blos auf drei Gegenstände: *imperium, dominium* [296]) und *praescriptio* ein, ordnet Alles unter diese drei Begriffe und schliesst sowol das Kriegs- als Gesandtschaftsrecht grösstentheils aus. Werlhof bestimmt das Verhältniss des Naturrechts zum Völkerrecht dahin, dass dieses jenes interpretire und vermehre. Auch Ludewig behauptet neben dem natürlichen ein positives Völkerrecht. Leibnitz (s. dessen Vorrede zum *Codex iuris gent. diplomat.* 1693) lässt das positive Völkerrecht aus verbindlichen Gewohnheiten und Verträgen der Völker entstehen. Als Basis desselben wird aber das Naturrecht erkannt [297]).

Wir haben schon weiter oben (S. 37) eines Planes, des von Burchard Gotthard Struv (1671—1738) herauszugebenden *corpus iuris gentium sive iurisprudentia heroica* Erwähnung gethan, welcher in diesem Capitel, welches nicht nur die Forschungen, sondern auch die Entwürfe zu Gunsten der Systematisirung des positiven Völkerrechts behan-

---

296) Sollte es hier nicht *dominium* heissen? Ompteda hat (I, S. 287) *dominum.* Auch v. Kaltenborn (Krit. d. Völkerr. S. 60) schreibt *dominium.*

297) Wir haben die vorstehenden kurzen Referate den Mittheilungen Ompteda's (I, S. 276—289) entnehmen müssen, da uns die genannten Schriften selbst nicht vorlagen.

delt, weiter besprochen werden sollte. Auch hier müssen wir an das von Ompteda (I, S. 302 ff.) darüber Mitgetheilte uns anschliessen. Darnach sollte der erste Theil neben dem Privatfürstenrecht einige völkerrechtliche Fragen und zwar über das Völkerrecht überhaupt (Cap. I), über die öffentliche *fides* und *utilitas* (Cap. II), über die *observantia*, das *iudicium* und. *arbitrium* zwischen den Völkern (Cap. III), der zweite Theil neben Fragen des allgemeinen Staatsrechts auch über das freie und beherrschte Meer (Cap. XIX), über die Völker-Servituten (Cap. XX), über den völkerrechtlichen *usus fructus* (Cap. XXI) und über die Verjährung (Cap. XXII) handeln, während der dritte Theil den Erwerbungsarten des Völkerrechts (Cap. I) und dem Gesandtschaftsrecht (Cap. XI — XXXII), der gesammte vierte Theil fast nur dem Völkerrecht gewidmet war. In dem letztern sollte nemlich auf die Lehre vom Europäischen Gleichgewicht (Cap. I), welche wir in die äussere Politik hineinversetzen, das *latrocinium gentis in gentem* und hierauf das Kriegsrecht (Cap. III — XXII) folgen. Joh. Aug. Hellfeld gab von dem nach diesem Plan ausgearbeiteten, handschriftlich vom Verf. zurückgelassenen Material, welches er in zwei Hälften theilte: das *ius illustrium privatum* (das Privatrecht der Fürsten) und das *ius illustrium publicum* (das Völkerrecht und das allgemeine Staatsrecht), sieben, nicht einmal die erste Hälfte erschöpfende Theile heraus.

Es folgen nun drei Entwürfe des Völkerrechts. Joh. Jacob Moser's Entwurf (1736) ward bereits oben (S. 44) von uns erwähnt und in den von uns ausführlich besprochenen Moser'schen beiden Schriften über das Völkerrecht in Friedens- und Kriegszeiten weiter ausgeführt. Dagegen

blieb **Ge. Chr. Seeland's** Plan eines Lehrbuchs der europäischen Staatsgelehrsamkeit, mit einigen Anmerkungen (Reval
1773), nur Plan. Der zweite Theil sollte die willkührlichen
europäischen Staats- und Völkerrechte enthalten [298]. Endlich hat **Carl Gottl. Günther's** Grundriss eines europäischen Völkerrechts nach Vernunft, Verträgen, Herkommen
und Analogie (1777) **Ompteda** zur Anleitung [299] bei dem
von ihm dargelegten Plan eines Systems des natürlichen und
positiven Völkerrechts gedient. Wir bedauern, dass dieser
von **Ompteda** so sehr gerühmte Plan uns nicht vorlag
und wenden uns daher zu dem **Ompteda'schen** Plan selbst.

Died. **Heinr. Ludw. Freiherr v. Ompteda** [300]
war der erste völkerrechtliche Schriftsteller, welcher mit
grosser Ausführlichkeit die Systematik des Völkerrechts
besprach und so ist denn, mit Rücksicht auf unser Haupt-
thema, eine eingehende Würdigung seiner Darlegung unerlässlich. Die bisher erörterten Forschungen und Entwürfe
haben, da sie sämmtlich uns nicht vorlagen, einer eingehen-
den Beurtheilung schon desshalb nicht unterzogen werden
können, auch sind die ersteren für die Systematik des positiven Völkerrechts nur insofern von Bedeutung, als sie
dieses selbst in seiner Positivität aufzuweisen und das Verhältniss desselben zum natürlichen festzustellen trachteten.
In letzterer Beziehung traten schon damals zwei Richtungen
hervor, die eine, welche nur das positive (willkührliche)

---

298) **Ompteda** bemerkt (II, S. 379) nur, ohne diesen Plan mitzu-
theilen, dass der Verf. der Ausführung des Werkes nicht eben gewachsen zu
sein scheine.

299) I, S. 30 Anm. rr).

300) Dass wir **Ompteda** früher ohne „von" erwähnt, sei hiermit
etwa darauf reflectirenden Kritikern gegenüber entschuldigt.

Völkerrecht behandelte, und die andere, welche das philosophische (natürliche) jenem zum Grunde legte. Die letztere, von uns vielfach getadelte Verbindung erstrebte auch
v. Ompteda.

v. Ompteda erwarb sich nicht blos das grosse, seine
Zeit weit überdauernde Verdienst, eine völkerrechtliche Literärgeschichte zu schreiben, welche in modernerer und
geistigerer Weise durch v. Mohl [301]) fortgeführt worden
ist, sondern erörterte auch die Mängel der Literatur bis zu
seiner Zeit (1785), an welche Erörterung er dann den Plan
eines vollständigen Systems des gesammten, sowol natürlichen als positiven, Völkerrechts anknüpfte. Diesem Plan
sandte er voraus eine Abhandlung von dem Begriffe, Umfange, den Grenzen und den verschiedenen Theilen des
natürlichen und positiven Völkerrechts (I, S. 5 ff.). In dem
von ihm aufgestellten Begriff des Völkerrechts, dem Inbegriff der Rechte und Verbindlichkeiten der Völker und Staaten, entdeckt er vier Hauptideen. Erstens sei im Völkerrecht blos von ganzen Völkern und Staaten die Rede und
werde daher in demselben weder auf Verhältnisse einzelner Menschen eines Staates gegen einzelne Menschen eines
anderen Staates, noch auch auf Verhältnisse eines zwar im
Ganzen genommenen Staates gegen einzelne Mitglieder
Rücksicht genommen. Zweitens kämen im Völkerrecht
nur solche Verhältnisse in Betracht, denen Rechte und Verbindlichkeiten zum Grunde liegen, während diejenigen,
welche aus freier Willkühr entstehen und durch blosse Con-

---

301) Zunächst in der Zeitschrift für d. ges. Staatsw. III. Bd. S. 3 ff.,
sodann in seiner Gesch. d. Staatsw.

venienz begründet sind, der Staatsklugheit (Politik) angehören. Drittens begreife das Völkerrecht nur Zwangsrechte
und Zwangspflichten, denn die Gewissenspflichten gehören
in die Völkermoral. Viertens werde im Völkerrecht nur
von solchen Rechten und Verbindlickeiten gehandelt, welche
ein Volk gegen das andere auszuüben hat, während
diejenigen eines Volkes gegen die Mitglieder seines Staates
in das allgemeine Staatsrecht hinein gehören. — v. Ompteda
hat hiermit schon im vorigen Jahrhundert den Inhalt, Umfang und die Grenzen des Völkerrechts richtig angegeben,
und es ist zu bedauern, dass trotz dem noch Darstellungen
dieses Jahrhunderts dagegen gefehlt haben. Schon nach
v. Ompteda's Auffassung wären sowol die Verhältnisse
Einzelner zu Einzelnen, namentlich aber auch die nicht völkerrechtlichen Verhältnisse der Fürsten, welche v. Ompteda
richtig dem Privatfürstenrecht zuweist, nicht zum Inhalt des
Völkerrechts zu erheben gewesen und hätte somit die von
Einigen beliebte Begründung des Völkerrechts auf die Verhältnisse Einzelner zu Einzelnen, oder die von Anderen
beliebte Auffassung derselben Einzelnen als Subjecte des
des Völkerrechts nicht Statt haben dürfen. Ebensowenig
konnten die blos persönlichen Verhältnisse der Fürsten, wie
mehrfach geschehen, im Völkerrecht zur Erörterung gelangen. Ferner hat v. Ompteda richtig aus dem Völkerrecht
das blos Politische geschieden und eine scharfe Grenze gegen
das Ethische und das allgemeine Staatsrecht gezogen. Die
durch v. Ompteda gerügten Verletzungen jener aus dem
Begriffe des Völkerrechts entwickelten Hauptideen stimmen
mit einigen der weiter oben (S. 12, P. 2 u. 6) angegebenen
Mängeln der Systematik überein. Die Hineinziehung der Ver-

17

hältnisse der Einzelnen gegen Einzelne in das Völkerrecht
haben wir, als eine unrichtige Auffassung der Subjecte,
der mangelhaften Construction des völkerrechtlichen Rechtsverhältnisses (P. 6) subsumirt.

Wenn dagegen v. Ompteda (S. 8 ff.) desshalb, weil
das Völkerrecht keinen Gesetzgeber über sich habe, das Recht
der Natur als die erste und richtigste und allgemeinste
Quelle anerkennt und von den Rechten und Pflichten Einzelner die der Völker ableitet, so hat er nicht nur die Positivität
des Völkerrechts verkannt, sondern auch eine falsche von
ihm selbst anderweitig bekämpfte Analogie angewandt. Ferner räumt er aber eine Modification des Natürlichen ein in
Rücksicht auf die vielfach verschiedenen Verhältnisse der
Völker und unterscheidet demgemäss ein modificirtes natürliches Völkerrecht. Ausserdem statuirt er, dass durch
wirkliche Handlungen und langjährige Beobachtungen in still-
schweigender Einwilligung sich ein Gewohnheitsvölkerrecht gebildet habe. Diesen drei Arten des Völkerrechts stellt
er das auf ausdrücklicher Einwilligung beruhende Vertrags-
völkerrecht zur Seite. Die drei letztgenannten Arten des
Völkerrechts sollen der erstgenannten gegenüber den Gegensatz des positiven und natürlichen Völkerrechts darstellen. Bei der Betrachtung der Bearbeitungen dieser verschiedenen Arten des Völkerrechts gelangt v. Ompteda
zu dem Resultat (S. 30), dass nur das natürliche Völkerrecht einigermaassen befriedigend bearbeitet worden sei.
Als Ursache dieses unbefriedigenden Standes der Völkerrechtswissenschaft sieht er die bei den meisten Schriftstellern vollzogene Trennung der Grundregeln von ihrer Anwendung an, denn die in dem Recht der Natur wurzelnden

Grundregeln des Völkerrechts können erst durch Anwendung
auf das Leben und den Verkehr der Völker gehörige Ausdehnung, Erläuterung und Bestimmung erhalten. Die durch
v. Ompteda vorgeschlagene Reform erstrebt eine Verbindung sämmtlicher Arten des Völkerrechts und giebt er jene
in folgenden Grundzügen an: „Man bringet zuvörderst die
verschiedene Gegenstände des Völkerrechts in eine gehörige
Ordnung und Verhältniss unter einander; man träget alsdann
bey einem jeden genau bestimmten Satze zuvörderst die
Grundregel des natürlichen Völkerrechts vor, man bemerkt
sodann, wenn diese Grundregel durch das modificirte Völkerrecht einige Abänderung erhält; man wendet hiernächst dieselbe auf das heutige Verhältniss der Völker unter einander
an, und zeiget dabei, ob durch die Gewohnheiten derselben,
oder endlich gar durch Verträge und ausdrückliche Verab-
redungen eines oder des anderen Staates ein anderes festgesetzt worden ist; woraus dann nothwendig ein vollständiges System des gesammten, sowol natürlichen als positiven Völkerrechts erwachsen muss". Gegen die vorgängige
Ordnung der Gegenstände des Völkerrechts haben wir nichts
einzuwenden, dagegen ist die Vortragung der Grundregel
des natürlichen Rechts, so wie der erlittenen Abänderung
durch das modificirte Völkerrecht und die dann erfolgende
Anwendung auf das Verhältniss der Völker, wobei eine
etwaige, auf den Gewohnheiten oder Verträgen ruhende
Festsetzung nachgewiesen werden soll, eine schwerlich aus-
führbare Sonderung, welche zugleich die Herstellung der
Positivität des Völkerrechts, die doch Hauptzweck der
Völkerrechtswissenschaft sein muss, sehr wenig zu befördern
geeignet erscheint. Den Vorrang, welchen v. Ompteda

hierdurch dem natürlichen Recht einräumte, können wir
nur dem zu seiner Zeit grossen Einfluss desselben zuschrei-
ben. Die durch v. Ompteda gewollte Verbindung des
positiven und natürlichen Rechts aber, ist von uns schon
wiederholt als unzweckmässig abgewiesen worden.

Der durch v. Ompteda seiner Abhandlung angeschlos-
sene Plan (S. 35 ff.) ist durchaus nicht als eigenthümlich
zu bezeichnen. Er theilt die mehrfach gerügten Mängel.
Die den drei Theilen des Systems vorausgeschickte Einleitung soll von den Völkern und Staaten, auf welche das
Völkerrecht Anwendung findet (Abschn. I), von dem Völkerrecht, von dessen Begriff, Umfange, verschiedenen Arten,
Abtheilungen und Quellen (Abschn. II), der Geschichte
(Abschn. III) und der Literatur des Völkerrechts (Abschn.
IV) handeln. Die dabei in Aussicht gestellte Darstellung
des Ursprungs der Staaten, der verschiedenen Staatsformen
und die Beigabe eines Verzeichnisses der heutigen Staaten
gehören indess wol kaum in das Völkerrecht, sondern die
beiden ersteren in das allgemeine Staatsrecht, während der
Nutzen des Staatenverzeichnisses für das Völkerrecht kaum
einzusehen ist und wol nur eine allgemeine Angabe des
Gültigkeitsgebiets des Völkerrechts von Erheblichkeit sein
möchte. Den Grundgedanken für die Sonderung des Völkerrechts in drei Haupttheile erbringt aber bei v. Ompteda
die Verschiedenheit der Verhältnisse. „Die Völker stehen
entweder in gar keiner besonderen Relation und Verbindung,
mithin in einem blos gleichgültigen, weder freundschaftlichen noch feindseeligen Verhältnisse; oder es herrschet
Freundschaft, oder statt dessen Feindschaft unter ihnen.“
Demgemäss wird auch das Völkerrecht vertheilt in drei

Haupttheile : „I. Thl. Von den Rechten und Verbindlichkeiten
der Völker gegen einander an und für sich, ohne Rücksicht
auf ein freundschaftliches oder feindseeliges Verhältniss
unter ihnen; II. Thl. Von den Rechten und Verbindlichkeiten der Völker gegen einander in Rücksicht eines
unter ihnen bestehenden freundschaftlichen Verhältnisses;
III. Thl. Von den Rechten und Verbindlichkeiten der Völker
gegen einander in Rücksicht eines unter ihnen eintretenden
feindseeligen Verhältnisses". v. Ompteda glaubt mit dieser
Systematik, unter deren Fächer, wie er sich ausdrückt, in
der natürlichsten Ordnung Alles und Jedes sich bringen
lasse, was irgend einen Gegenstand des Völkerrechts aus-
machet, die früheren Mängel beseitigt zu haben. Als solche
bezeichnet er namentlich zwei Arten. Nach der einen würden die Materien, nach blosser Willkühr, ohne alle Ordnung
durcheinander geworfen, nach der anderen das Völkerrecht
in das Recht des Krieges und Friedens abgetheilt und Alles
entweder in das eine oder das andere dieser beiden Fächer
untergebracht, was manche Unbequemlichkeit mit sich führe.
Indess hat v. Ompteda, wenngleich er in dem ersten Theile
auf diese Abtheilung keine Rücksicht nimmt, in dem zweiten
und dritten Theile dieselbe wieder aufgenommen. Der erste
Theil scheint aber doch auf einer blossen Abstraction zu
beruhen, denn entweder leben zwei Völker mit einander im
Frieden, oder im Kriege, ein Drittes erscheint nicht denkbar.
Denn verhalten sie sich, nach dem durch v. Ompteda für
den ersten Theil angegebenen Grundgedanken, gleichgültig
gegen einander, so wird der Entstehung von Rechten und
Verbindlichkeiten zwischen ihnen keine Veranlassung gegeben. Wir halten daher die v. Ompteda'sche Planlegung

nicht bloss desshalb für verfehlt, weil der zu ordnende Stoff
theilweise ein philosophischer, theilweise ein positiver sein
soll, sondern auch desshalb, weil die Ordnung selbst theilweise auf einem auch *a posteriori* nicht zu bestätigenden
a priori, theilweise auf den für eine Systematik des Völkerrechts nicht maassgebenden Verhältnissen oder Zuständen
des Krieges und Friedens beruht. Es bleibt daher nicht zu
bedauern, dass der gelegte Plan unausgeführt blieb, denn
durch solche Ausführung hätte v. Ompteda seiner Licht-
seite als Literairhistoriker nur eine Schattenseite als Systematiker hinzufügen können.

Nach v. Ompteda blieb bis Puetter und v. Kaltenborn
die eigentliche Systematik des Völkerrechts unerörtert. Die in
der Zwischenzeit von einigen Völkerrechtslehrern veröffentlichten Entwürfe nehmen wir um so mehr Anstand einer Beurtheilung zu unterziehen, als die in denselben enthaltenen blossen Ueberschriften uns zu einer Kritik keinen hinreichenden
Anknüpfungspunct bieten und ihr Zweck wol auch zunächst
nur der war, den Zuhörern eine vorläufige Uebersicht der
Rubriken des Inhalts zu geben.

Dagegen wenden sich in den vierziger Jahren dieses
Jahrhunderts in kurzen Zwischenräumen mehrere begabte
Schriftsteller der Erörterung der wissenschaftlichen Behandlung des Völkerrechts in besonderen Abhandlungen zu, während andere ihre Ansichten bei Gelegenheit der Beurtheilung
völkerrechtlicher Schriften veröffentlichen. In dieser Zeit
war es auch, dass die Literärgeschichte des Völkerrechts
in einer der grossen Aufgabe würdigen Weise durch v.
Mohl zuerst in Angriff genommen wurde. Von allen Leistungen war aber für die Systematik des Völkerrechts

keine hervorragender als die v. Kaltenborn'sche Kritik des Völkerrechts, ein Werk, das für alle Zeit eine ehrenvolle Stelle in der Entwickelung der Völkerrechtswissenschaft zu beanspruchen berechtigt bleibt und dessen Werth auch in gebührender Weise anerkannt worden ist.

Die erste Anregung zur Entwickelung dieses bewegten Lebens auf dem Gebiete der Völkerrechtswissenschaft gab v. Gagern's geistreiche, wenn auch in Aphorismen sich bewegende Critik des Völkerrechts (Leipzig, 1840), welcher es indessen mehr darum zu thun war, den Gegensatz der Theorie und Praxis aufzudecken, als der Theorie ein Gesetz zu geben, was er vielmehr ausdrücklich Anderen überliess. Ohne daher auf diese, schon vielfach besprochene und oft unterschätzte, oft aber auch überschätzte Leistung näher eingehen zu wollen, da sie uns für die Systematik keinen Anknüpfungspunct bietet, wollen wir ihr den Ruhm, neues Leben gebracht und erregt zu haben, nicht nehmen [302]).

K. Th. Puetter's Forschungen in seinen Beiträgen zur Völkerrechts-Geschichte und Wissenschaft (Leipzig, 1843) sind die, der Zeit nach, auf v. Gagern's Critik folgenden. Es schliessen sich denselben an sowol seine Kritiken völkerrechtlicher Schriften in Richter's (Schneider's) kritischen Jahrbüchern für deutsche Rechtswissenschaft (1845. XVIII. Bd. S. 769 ff.) als seine in der Zeitschrift für die gesammte Staatswissenschaft (1850. VI. Jahrg. S. 299 ff.) enthaltene Abhandlung: „die Staatsehre oder Souverainetät als Princip des praktischen europäischen Völkerrechts".

---

302) Unsere Ansichten über v. Gagern's Critik haben wir früher in unserer Schrift *de natura principiorum iuris inter gentes positivi* S. 11 ff. dargelegt.

Puetter's Leistungen zeichnen sich durch ernste, wissenschaftliche Haltung vor vielen anderen Schriften über das Völkerrecht sehr vortheilhaft aus. Vor Allem ist aber sein Streben zur Erforschung eines bestimmten Grundgedankens für das Völkerrecht hervorragend. Dabei hat er sehr wohl erkannt, dass auch mit diesem nur ein Anfang zur Reform der Völkerrechtswissenschaft gegeben, die Vollendung derselben als Wissenschaft aber durch eine neue Systematik geboten sei, deren Grundzüge er in seinem letztgenannten Aufsatze vorführt.

Mit Recht nimmt Puetter an, dass die richtige Begriffsbestimmung des Völkerrechts die nothwendige Grundlage jeder brauchbaren Theorie des praktischen Völkerrechts bilde [303]). Wenn er indess die Bewährung dieses Begriffs zunächst nur in der alten und mittelalterlichen Geschichte versuchte, so ist bei dem Mangel eines eigentlichen Völkerrechts in jenen Zeiten für die geschichtliche Beweisführung des Begriffs wenig gewonnen. Zwar behauptet Puetter, dass auch die Staaten jener Zeiten in ihrem Verhalten und Verfahren gegen andere Völker einem allgemeinen Gesetze gefolgt seien [304]), aber dass dieses Gesetz dem Geiste des modernen und doch eigentlichen Völkerrechts entsprochen habe, bleibt auch durch seine Beiträge zu jener Geschichte unerwiesen [305]). Die gegenseitige Anerkennung der Gleichberechtigung der Staaten, die zuerst zu erfüllende nothwendige Voraussetzung für ein eigentliches Recht

---

303) Puetter, Beitr. Vorw. S. III.
304) Puetter, Beitr. S. 12.
305) Diese blosse Behauptung zu erweisen, behalten wir uns in einer Kritik der bisherigen Leistungen für die Geschichte des Völkerrechts vor.

der äusseren Staatenbeziehungen fehlt den Staaten jener
Zeit vollkommen. Es konnte somit auch der Begriff oder
vielmehr der Grundgedanke des modernen, eigentlichen und
alleinigen Völkerrechts aus jenen Abschnitten der Geschichte
nie erwiesen werden. Puetter bestätigt Das selbst, wenn
er das Völkerrecht als den Staatswillen moderner Staaten
auffasst [306]). Wenn Puetter aber ferner den Grundgedanken von vornherein auffstellte und erst hinterher erwies; so
wollen wir, bei der unbedingten Nothwendigkeit eines solchen für die wissenschaftliche Gestaltung des Völkerrechts nur bedauern, dem Ergebniss der Forschung nicht
beipflichten zu können. Auch hat Puetter selbst später
ausdrücklich anerkannt, dass die Kenntniss des wirklich
zwischen den Staaten geltenden Rechts, der Erforschung
und Erkenntniss seines Grundes, Begriffs und Wesens vorangehen müsse [307]), indess diesem Erforderniss in seiner
letzten Abhandlung nur durch ganz allgemeine Behauptungen, aber nicht durch einen geschichtlichen Nachweis
Genüge geleistet, welchen wir allein für ausreichend erachten.

Schon die erste von Puetter aufgestellte Begriffsbestimmung des Völkerrechts weist die Souverainetät, d. h. die
Selbstbestimmung in allen Beziehungen und Verhältnissen [308]),
als den Grundgedanken dieses Rechts nach. Wenn auch
wir die Souverainetät als einen wichtigen Coefficienten zur
Bildung des Völkerrechts anerkennen müssen, so ist doch

---

306) Puetter Beitr. S. 13.
307) Puetter in Richter's Jahrb. a. a. O. S. 772 ff.
308) Puetter, Beitr. S. 17.

die ausschliessliche Erhebung derselben für das Wesen des
Völkerrechts nicht bezeichnend. Puetter bestimmt namentlich das Völkerrecht als den wirklich allgemeinen, freien,
vernünftigen Staatswillen der modernen christlichen
Staaten oder souverainen Völker — in ihren gegenseitigen
Verhältnissen zu einander, oder : als den freien, allgemeinen,
vernünftigen Staatswillen der freien christlichen Völker, wie
er sich in ihren gegenseitigen Verhältnissen als nothwendiges Gesetz bethätigt, praktisch ist [309]). Gegen diese Begriffsbestimmung wenden wir zunächst die Identificirung des
Rechts und Willens ein, während jenes nur der Ausdruck
dieses sein kann und das Recht zugleich über dem Willen
steht. Identificiren wir das Völkerrecht und den Staatswillen, so ist Alles, was dieser vollbringt, zugleich Inhalt
jenes. Zwar kann durch die Zusätze „allgemein" und „vernünftig" das Epitheton „frei", welches alleinstehend keinen
Schutz gegen Willkühr gewähren würde, regulirt werden, und
hält Puetter dafür auch schon die Hinzufügung: „vernünftig" für ausreichend [310]). Aber wenn wir auch die
gleichzeitige Bestimmung des Willens durch jene drei verschiedenen Eigenschaftswörter oder nur durch das eine gelten
lassen wollen, so genügen doch solche allgemeine Qualifi-
cationen zur Feststellung des eigenthümlichen Begriffs des
Völkerrechts nicht. Ja selbst dann, wann wir Puetter's
späterer Ausführung beistimmen, dass der freie und bewusste Wille gleichbedeutend und der Wille als ein Vorsatz
erscheint, die Vorstellung eines Zwecks, der verwirklicht

---

309) Puetter a. a. O. S. 13 ff.
310) Puetter in Richter's Jahrb. S. 784.

in's Werk gesetzt werden soll [311]), so dass also in dem freien Willen auch schon der Zweck mit enthalten ist, können wir nur dann, wann dieser Zweck als ein eigenthümlich völkerrechtlicher ausserdem bezeichnet ist, das Epitheton „frei" als ein genügendes gelten lassen. Auch die weiteren Erläuterungen der Puetter'schen Definition des Völkerrechts führen zu keinem befriedigenden Ergebniss. Puetter unterscheidet nemlich in dem praktischen Völkerrecht das wissenschaftliche Moment als natürliches, allgemeines, vernünftiges, nothwendiges oder philosophisches Völkerrecht, das aus der Natur des Staates und seiner gegenseitigen Verhältnisse zu anderen Völkern nach allgemeinen Vernunftgesetzen mit Nothwendigkeit folge und das positive, das als allgemeines Völkerechtsgesetz geltende. Beide Momente will er verbunden wissen. Denn das wissenschaftliche Moment habe seine Natürlichkeit, Allgemeinheit, Vernünftigkeit und Nothwendigkeit, seine Wahrheit eben dadurch zu erweisen, dass es nicht blos möglich, nach — den Vernunftgesetzen gedacht, sondern auch wirklich in und zwischen allen vernünftigen Völkern und Staaten als Recht erkannt oder anerkannt sei. Nur Beides zusammen, das allgemeine oder Vernunft-Völkerrecht in seiner unzertrennlichen Einheit mit dem positiven — bilde das praktische Völkerrecht. Der blosse Gedanke und schiene er auch noch so vernünftig, und die blosse Satzung oder blos positive willkührliche Bestimmung, die des vernünftigen Grundes ermangle, seien beide gleich unwahr und unrecht [312]). Puetter sprach

---

311) Puetter in d. Zeitschr. f. d. ges. Staatsw. a. a. O. S. 308.
321) Puetter, Beitr. S. 14.

diese Ansicht in ähnlicher Weise auch später aus, indem
er nur die „Gesammtheit der als vernünftig erkannten
Rechtsgesetze" als Inhalt des Völkerrechtssystems will[313]).
Wir erklären uns auch hier gegen die Verbindung des philosophischen und positiven Völkerrechts zu einem System[314]),
und halten ausserdem die Puetter'sche Begründung dieser
Gemeinschaft für nur anscheinend zutreffend. Bei der Zusammenfassung eines geltenden positiven Rechts zu einer
Einheit ist nur die Darstellung des Geltenden Zweck, die
Entscheidung über die vernünftige Begründung der
einzelnen Bestimmungen fällt der Philosophie des positiven
Rechts anheim. Das geschichtlich nachgewiesene und formell vernünftig verbundene Recht ist schon das positive,
nicht erst das philosophisch geprüfte und materiell für
vernünftig erklärte. Die Verbindung des positiven und philosophischen Rechts wird nicht nur stets darüber in Ungewissheit erhalten, welches das geltende und welches das
gelten sollende Recht ist, sondern es wird auch ein solch
gemischtes Recht nie als ein die Völker verbindendes anerkannt werden können, denn zur Positivität ist nicht die Anerkennung durch die Philosophen oder überhaupt durch die
gelehrte Welt, sondern durch die Völker selbst erforderlich.
Wird daher jene Verbindung beibehalten, so verzichtet die
Wissenschaft in ihrer Selbstgenügsamkeit von vorne herein
darauf, ein praktisches, in den Beziehungen der Völker an-
zuwendendes und von ihnen als sie verbindend anerkanntes
Recht hinzustellen. Wir theilen den Wunsch, dass das

---

313) Puetter in Richter's Jahrb. S. 772.
314) Vergl. oben S. 2 ff. und 229 ff.

Völkerrecht den Grundsätzen der Vernunft oder seinem Ideal
sich immer mehr annähere, aber bei der auch in Bezug
auf das Völkerrecht uns abgenöthigten Anerkennung der Un-
vollkommenheit aller menschlichen Entwickelung, würden wir
mit der Forderung, dass das ideale Recht auch sofort das
positive sein soll, jede praktische Anwendung des Völkerrechts in Frage stellen. Wenn dagegen nur eine begriffsmässige Gliederung der Form und Sätze des Systems des
Völkerrechts gefordert wird, wie auch Puetter mit Recht
diese will [315]), so können wir hiermit uns nur wiederholt [316])
einverstanden erklären.

Ferner begreift Puetter sehr wohl, dass das eigenthümliche Wesen des Völkerrechts, — dass sich der Staatswille in seinem Verhalten zu anderen Völkern mit vollkommener Freiheit selbst bestimme, dem juristischen Verständniss
widerstrebe, da hierdurch Völker und Staaten selbst Gesetzgeber und Kläger, Richter und Vollstrecker sein wollen
und sollen. Aber er findet nicht blos die Erklärung dafür
in den von den staats- und privatrechtlichen, durchaus verschiedenen Verhältnissen und Rechtssubjecten, welche Verschiedenheit auch wir wiederholt hervorgehoben haben.[317]),
sondern es scheint ihm auch genügend, dass das Völkerrecht in allen seinen Normen und Formen durch das selbstgenugsame, sittliche Wesen der Staaten bestimmt und
begründet werde. Der Staat erscheint Puetter als das
keines Anderen, Fremden bedürftige Wesen. Der Staat weiss,
will und darf das Rechte thun, daher müsse er vor allen

---

315) Puetter in Richter's Jahrb. S. 772.
316) Vergl. oben S. 6 ff.
317) Vergl. oben, insbesondere S. 61 f.

Dingen sich selbst wollen und das Recht der Freiheit,
der Selbstbestimmung in allen Beziehungen und Verhältnissen für sich in Anspruch nehmen, welche im Völkerrecht mit dem Namen der Souverainetät bezeichnet zu werden pflege. Vermöge dieser Souverainetät bestimme
der Staat auch sein Verhalten und Verhältniss zu anderen
Staaten und Völkern und thue ihnen nicht Unrecht, sofern
er nur die ihnen innewohnende sittliche Idee und daher sie
selbst als Staaten und souveraine Völker anerkenne und be-
handle. Dazu sei aber der Staat in und durch sich selbst
genöthigt, da er die allgemeine sittliche Idee in den anderen
Staaten wiedererkennen und ehren müsse wie sich selbst,
und dazu werde er auch durch den anderen Staat genöthigt,
weil dieser ihn sonst auch nicht anerkenne und ehre. Auf
dieser gegenseitigen Erkenntniss und Anerkenntniss der Staaten als souverainer Völker beruhe das ganze praktische
Völkerrecht.

Puetter fasst also auch in völkerrechtlicher Beziehung
den Staat als selbstgenügsames Wesen auf, während doch
gerade die Selbstgenügsamkeit nur die Isolirung, also die
gegentheilige factische Voraussetzung für das Völkerrecht
zur Folge hat. Denn es gäbe kein Völkerrecht, wenn nicht
die Staaten nach Ergänzung durch begonnene Gemeinschaft
mit anderen Staaten gestrebt hätten, wie es andererseits
eine Völkerbeziehung geben kann, welche keine völkerrechtliche ist, insofern sie nemlich das selbstgenügsame
Wesen zum Grundgedanken ihres Verhältnisses zu anderen
Staaten erheben möchte. Ferner erblickt Puetter in der
Wiedererkennung der Idee des Staates in anderen Staaten
und der Nothwendigkeit. durch die Anerkennung anderer

Staaten sich seine eigene zu sichern, die Garantie des Völkerrechts. Indess möchten wir weder die erstere Idee noch die letztere Rücksicht als Garantien gelten lassen. Vermöge der Wiedererkennung erkennt zwar der eine Staat in dem anderen den souverainen an, aber dieser blos souveraine Staat ist noch nicht der zu einem völkerrechtlichen Verhältniss sich eignende. Hinzutreten muss wesentlich der Wille, eine Gemeinschaft zu wollen und zwar eine Rechtsgemeinschaft und den Zweck dieser Gemeinschaft: die Aufrechthaltung der Rechtsordnung auch in den gemeinsamen Beziehungen der Staaten, sonst bleibt diese Wiedererkennung eben nur eine Idee ohne praktische, wenigstens ohne völkerrechtliche Erfolge. Das Motiv aber, dass ein Staat den anderen anerkennen soll, weil ihn sonst auch dieser nicht anerkenne, erscheint uns als kein rechtliches, sondern nur als ein politisches. Das Völkerrecht kann aber nur in rechtlicher Weise sichergestellt werden [318]).

Wiederholt versucht Puetter den Erweis des völkerrechtlichen Grundgedankens. Das praktische Völkerrecht soll seinen Grund und Halt im Staate haben. Aber schon die Bezeichnung des Völkerrechts oder Staatenrechts darauf hinweist, dass dieser Grund und Halt in den Staaten oder vielmehr in dem übereinstimmenden, nicht in dem unterschiedenen Willen der Staaten zur Regelung ihrer gegenseitigen Beziehungen zu suchen sei. Puetter motivirt seinen Ausspruch dadurch, dass das souveraine Recht aller christlichen Staaten positiv feststehe: von jedem geübt und von allen gegenseitig anerkannt werde, das Völkerrecht aber

---

318) Vergl. oben S. 206.

ungeachtet Dessen, dass kein Staat eine höhere als seine
Staatsgewalt über sich erkenne, unbestritten und unbestreitbar praktisches Recht sei. Diese Souverainetät sollen
die Völker und Staaten höher halten, als alle Staaten und
Systeme und als alle ihr entgegengehaltenen Völkerrechtssätze und Gebräuche [319]). Anzuerkennen ist die Auflehnung
Puetter's gegen eine willenlose Unterordnung der Staaten
unter ein Staatenprincipat, aber wenn die Staaten nicht
einmal das Völkerrecht für höher halten sollen als ihre Souverainetät, so ist überhaupt kein Völkerrecht möglich, denn
dieses Recht kann zwar einerseits nur von souverainen
Staaten geübt und gesetzt werden, aber andererseits wird
die Souverainetät wiederum bei Staaten, welche das Völkerrecht anerkennen wollen, nur mit Rücksicht auf die durch
dasselbe gebotenen Pflichten geübt. Wenn Das aber nicht
der Fall wäre, wie erklärt sich denn da Puetter wol die
von ihm selbst anerkannte Thatsache: dass das Völkerrecht
trotz der Souverainetät dennoch praktisches Recht sei?
Dass die Staaten das Völkerrecht setzen und anerkennen,
sind freilich auch Souverainetätsacte, aber nachdem sie
in dem Inhalt und dessen Anerkennung übereingekommen
sind, wird dieses anerkannte Recht ein für sie verbind-
liches, welches sie nur mit Austritt aus dem völkerrechtlichen
Verbande, d. h. durch Aufgeben der durch das Völkerrecht
ihnen gewährten Rechte und Nichterfüllung der durch dasselbe geforderten Pflichten, aufgeben können. Eine theilweise
Befolgung und eine theilweise Nichtbefolgung des Völkerrechts, nach Gutdünken und freiem Ermesssen, heisst nicht

---

319) Puetter a. a. O. S. 780.

das Völkerrecht anerkennen, denn ein anerkanntes Recht muss durchweg beobachtet werden. Erst durch dessen Beobachtung wird die bis dahin blos staatsrechtliche Souverainetät zu einer völkerrechtlich berechtigten und verpflichteten. Puetter erblickt zwar die Garantie dafür, dass ein jeder Staat das Völkerrecht anerkenne darin: dass dieses positiv und seit Jahrhunderten praktisch sei, aber wir halten Das für gar keine Garantie, denn nicht desshalb, weil ein Recht besteht, wird es auch schon geübt, sondern es ist mit diesem Bestehen nur die Möglichkeit, nicht die Nothwendigkeit der Uebung gegeben. Wenn daher Puetter selbst als eine nothwendige Voraussetzung des praktischen Völkerrechts anerkennt, dass der Staat das Recht und das Rechte auch in seinen gegenseitigen Verhältnissen und seinem Verhalten zu anderen Völkern nicht blos wisse, sondern auch wolle und thue, — so hat er den angedeuteten Unterschied der Möglichkeit und Nothwendigkeit der Uebung wohl begriffen, aber der Satz: „dass jeder Staat alle Staatshandlungen des anderen als rechtlich, gerecht und gut anerkenne, wenn sie dessen (doch wohl des anderen Staates?) Recht und Wohl entsprechen und seiner eigenen Souverainetät nicht Eintrag thuen" [320]), macht die Erfüllung jener Voraussetzung problematisch. Nicht auf Das, was dem Recht und Wohl des einzelnen Staates entspricht, kömmt es im Völkerrecht an, sondern auf Das, was das Recht und Wohl aller Staaten fordern. Puetter hat somit in seiner Grundanschauung wol als ein treuer Hegelianer sich bewährt, aber ebensowenig, wie wir die Hegel-

---

[320]) Puetter a. a. O.

sche Grundanschauung des Völkerrechts haben gelten lassen können, ebensowenig können wir die Puetter'sche anerkennen. Zwar könnte es scheinen, als ob Puetter durch den Zusatz „und seiner eigenen Souverainetät nicht Eintrag thuen" hinreichend das ausschliessliche Verhalten des anderen Staates nach seinem Recht und Wohl beschränkt.habe, aber das Völkerrecht verlangt nicht blos die Achtung der Souverainetät anderer Staaten, es bezieht sich auch auf andere Pflichten und fordert auch solche, welche durch die von den Staaten in ihren äusseren Beziehungen zu erstrebende Rechtsordnung bedingt sind. So lange ein Staat in seinem Verhalten zu anderen Staaten nichts weiter thut als deren Souverainetät achten, ist ihr Verhältniss noch lange kein völkerrechtliches, denn es kann bei der blossen gegenseitigen Achtung der Souverainetät, eine Isolirtheit der Staaten vollkommen bestehen. Das Völkerrecht ist aber undenkbar ohne factische Völkerbeziehungen, wie wir Das bereits oben andeuteten. So lange Hegel und Puetter bei dem blossen Staatswillen stehen blieben und so lange sie blos den unterschiedenen Willen der Staaten je nach dem Recht und Wohl des einzelnen Staates setzten, kamen sie nicht über die Grenzen des inneren Staatsrechts hinaus, denn der so qualificirte Wille kann nur dieses Staatsrecht erzeugen. Erst nachdem der Staatswille in den Staatenwillen, der unterschiedene Wille der Staaten in den übereinstimmenden zur Aufrechterhaltung einer Weltrechtsordnung · und das Wohl des einzelnen Staates in das aller gewandelt ist, sind die Vorbedingungen zum Entstehen und zur Uebung des Völkerrechts gegeben. — Puetter's Verdienst ist daher nicht in dem Entdecken des richtigen Grundgedankens für das

Völkerrecht zu suchen, sondern in dem Negiren eines falschen, nemlich der willenlosen Unterordnung des einzelnen Staates unter ein Staatenprincipat. Puetter forderte, solcher Auffassung gegenüber, die eine nothwendige Voraussetzung des Völkerrechts: die Selbstständigkeit der Staaten, wenn er auch die völkerrechtlich gebotene Beschränkung dieser Selbstständigkeit oder Souverainetät nicht gebührend würdigte.

Am Ausführlichsten entwickelt Puetter das Souverainetätsprincip in seiner neuesten, demselben gewidmeten Abhandlung (1850) [321]. Wir werden uns, in Bezug auf diese, auf eine Darlegung und kurze Beurtheilung beschränken können, da nur die alten Puetter'schen Ansichten weiter ausgeführt werden und somit auch unsererseits eine neue Kritik, da wir den Grundgedanken schon früher beurtheilten, nicht obliegt.

Wie in seinen Beiträgen geht Puetter auch in seiner jetzt zu erörternden Abhandlung vom Begriff des Völkerrechts aus. Aber präciser als dort fasst er ihn hier als den Inbegriff der Rechtsgesetze, welche die souverainen Völker oder Staaten als allgemein gültig und nothwendig beobachten und beobachtet wissen wollen (§ 2). Wir möchten zu dem Inbegriff der Rechtsgesetze noch den der Rechtsverhältnisse hinzufügen, dagegen aber das „beobachtet wissen wollen" abnehmen, denn die Thatsache, dass die Völker oder Staaten die Rechtsgesetze beobachten, drückt schon ihren auf die Beobachtung gerichteten Willen hinreichend aus. Freilich mochte aber Puetter, welcher den Nachdruck

---

321) In der Zeitschr. f. d. ges. Staatsw. a. a. O.

auf den Willen legt, gerade dieser Zusatz nothwendig scheinen. Daher wird denn auch bald darauf das Völkerrecht
noch besonders dargestellt als der Wille in den gegenseitigen Verhältnissen der Staaten und zwar sowol als der vernünftige und nothwendige, als auch als der eigne, natürliche und freie (§ 3). Es werden hiermit wiederholt, aber
bestimmter und klarer als früher, der vernünftige und freie
Wille identificirt. Ferner werden das natürliche und positive
Völkerrecht unterschieden. Denn jenes werde gewonnen, indem
man von der allgemeinen vernünftigen Natur des Staates
ausgehe (§ 5), während das positive den Willen und das Gebot
der Staaten, daher wirkliches Recht und Gesetz enthalte;
was aber diese Staaten als Recht in ihren gegenseitigen Verhältnissen setzen, sei das geltende (positive oder praktische)
Völkerrecht. Auch wird den Staaten nicht blos die Fähig-
keit zugesprochen, das Vernünftige, Gute, Rechte zu erkennen, sondern auch die Pflicht auferlegt, es zu wollen.
Hiermit gelangt Puetter zur Definition des positiven Völkerrechts, das er als den wirklich allgemeinen, freien, natürlichen Staatswillen der souverainen Völker in ihren gegenseitigen Verhältnissen zu anderen Völkern und Staaten
bezeichnet (§ 6). Als Quellen dieses Rechts führt er auf:
1) die durch den einzelnen Staat seinen Unterthanen gegebenen Gesetze für ihr Verhalten gegen andere Staaten, 2) die
Verträge zweier oder mehrerer Staaten, 3) die ohne Vertrag
und Gesetz beobachteten Gebräuche, Sitten und Gewohnheiten und 4) die allgemeinen Völkerrechtsgrund-
sätze und Gesetze, wonach sich die Staaten in ihren gegenseitigen Verhältnissen zu anderen Völkern, wenn es an besonderen Rechtsgesetzen und Normen fehlt, benehmen und

richten, welche aber auch allen völkerrechtlichen Gebräuchen, Verträgen und Staatsgesetzen zum Grunde liegen. Die Rechtskraft, Bedeutung und Beständigkeit dieser Quellen wird geprüft, und in Anbetracht der theilweisen und nur zeitweiligen Verbindlichkeit der drei ersten Quellen nur der letzten, den Völkerrechtsregeln oder Grundsätzen, Allgemeingültigkeit zugesprochen (§ 7 ff.). Dieses Resultat würde von uns vollständig anerkannt werden, wenn Puetter weiter zum Ursprunge der Rechtsgesetze, der eigentlichen und allein so zu bezeichnenden Quelle des Völkerrechts: der internationalen Rechtsüberzeugung der Völker zurückgegangen wäre [322]. Sehr erklärlich ist aber, dass Puetter von der Betrachtung der allgemeinen Rechtsgesetze zur Ermittelung des Grundgedankens, in welchem jene zusammentreffen und um welches sie sich zusammenschliessen, gelangt. Auch wird die principielle Gliederung des Systems sehr richtig als wichtig und nöthig für die Wissenschaft und den Unterricht bezeichnet. Der Ansicht aber: „dass die Erkenntniss und Anerkenntniss des geltenden Völkerrechts bei Nichtstaatsmännern auf keine andere Art sicher zu erreichen sei" (§ 11), können wir nur dann beipflichten, falls wirkliche Beobachtung der das System bildenden Rechtsgesetze nachgewiesen ist. Solchenfalls wird aber das System sowol Staatsmännern als Nichtstaatsmännern in gleicher Weise Autorität und Gesetz sein, denn nur in dieser einen Weise ist die Erbringung und Darstellung des positiven Rechts als des geltenden, nicht als des gelten sollenden möglich. Puetter dagegen hält auch hier, zur Gewinnung eines Systems des prak-

---

[322] Vergl. oben S. 227.

tischen Völkerrechts, an der Nothwendigkeit der Verbindung des philosophischen und positiven Rechts fest. Am schärfsten ist Das ausgesprochen in dem Axiom: nur die richtige Theorie ist praktisch (§ 14)! Indess verlangt doch Puetter dabei nicht von der Praxis, dass sie nicht positive, allgemeine, philosophische Grundsätze gelten lasse, sondern nur, dass sie nichtvernünftige positive Rechtssätze nicht anwende. Puetter verengert somit nur durch das Kriterium der Vernunft das Gebiet der Völkerrechtsgesetze. Immerhin ist er aber der Ansicht, dass die Wissenschaft, selbst bei Darstellung des positiven Rechts, dieses nicht vollständig, sondern nur unvollständig, insoweit es nemlich vernünftig ist, aufzunehmen berechtigt sei. Diese Machtvollkommenheit vermögen wir der Wissenschaft bei dieser Arbeit nicht einzuräumen und verweisen die Kritik des geltenden Rechts in die von der Darstellung des positiven Rechts zu trennende Philosophie über dasselbe.

Zur Beantwortung der Frage: wie das Princip oder das Grundgesetz des praktischen Europäischen Völkerrechts gefunden werden soll, will Puetter gelangen durch Ermittelung der befolgten und anerkannten allgemeinen Völkerrechts-Grundsätze und -Gesetze und des gewollten Grundgesetzes des gegenseitigen Verhaltens der Staaten und Völker, sowie durch Untersuchung der wissenschaftlichen Begründung (§ 15). Die erstere Aufgabe wird zunächst nur durch Aufstellung folgender Sätze gelöst. Weil die Europäischen Staaten souverain seien, fordern sie die Souverainetät und deren, sowie ihrer Rechtschaffenheit Anerkennung; indem aber alle dieselbe Anerkennung verlangen, so bezeugen sie sich gegenseitig die höchste Achtung und Ehre, und lassen die allgemeinen Grundsätze und Gesetze, welche ihrem Verhalten gegen andere Völker zur Richtschnur dienen, unter gleichen Umständen und Verhältnissen auch von anderen Staaten gegen sich anführen und gelten. Wann sie aber über wichtige Staats- und Rechtsfragen verschiedener, entgegengesetzter Ueberzeugung seien, so setze jeder Staat sein Recht, seinen Staatswillen aus und mit eigener Gewalt und Macht (auch Krieg) gegen den anderen durch (§ 16).

Ausführlicher ist die wissenschaftliche Begründung. Nach der Begriffsbestimmung von Recht und Staat, gelangt Puetter zur Darlegung des Grundgesetzes des Völkerrechts. Das Recht wird als das Gesetz des freien Willens in den gegenseitigen Verhältnissen der Freien und Vernünftigen (§ 28), der Staat als der freie Wille der Freien, Vernünftigen selbst gefasst, der sich selbst als ihr freier Wille verwirklicht, weiss und will, der sich selbst als Recht und als rechtlich nothwendige, sittlich-freie Gemeinschaft und die Freiheit ihres rechtlichen Willens will (§ 29), — oder als die freie (vernünftige, rechtliche, gegliederte) Gemeinschaft der den freien Willen wirklich als nothwendig wollenden und thuenden Freien (§ 37). Als Zweck des Staates wird aber erkannt, dass der Staat sich als das sittliche Ganze in und mit allen seinen Theilen und Gliedern zum Zweck habe: Selbstzweck und selbst genügsam sei, da er auch alle Mittel für seinen Zweck in sich selbst habe, keines Anderen, Auswärtigen, Fremden bedürfe (§ 38). Das Grundgesetz des Völkerrechts entwickelt Puetter in folgender Weise: „Das „Grundgesetz des Völkerrechts muss sich aus der vernünfti-„gen Natur und Freiheit des Staates unzweifelhaft ergeben. „Denn wenn das Völkerrecht der wirklich allgemeine, natür-

„liche, freie Staatswille der souverainen Völker in ihren ge-
„genseitigen Verhältnissen und dieser vernünftig-sittlich-
„frei ist, so müssen alle Staaten das vernünftige Rechts-
„gesetz für ihr gegenseitiges Verhältniss und
„Verhalten erkennen und anerkennen: darin überein-
„stimmen und sich dieser Uebereinstimmung vernünftig be-
„wusst sein. In der Wirklichkeit erkennen auch alle
„Europäischen (christlichen) Staaten die allgemeine
„Gültigkeit und Verbindlichkeit des Völkerrechts für
„ihr gegenseitiges Verhältniss und Verhalten an, weil und
„insofern es ihr freier Staatswille ist. Ueber den eigentli-
„chen Inhalt: die Gesetze des Völkerrechts und über deren
„Anwendung auf ihre Verhältnisse walten gleichwohl wie
„über die Form grosse Meinungsverschiedenheiten und Irr-
„thümer ob; nicht sowohl unter den Staaten, als bei den
„Privatrechtsgelehrten (§ 41 u. 42). Mit Recht erhebt jeder
„selbstgenugsame Staat den Anspruch, sich in allen seinen
„Angelegenheiten — auch in dem Verhalten zu anderen
„Völkern durchaus frei zu bestimmen, ohne an die allge-
„meine Willensmeinung der übrigen Souveraine und Völker
„oder an die bisherigen, vielleicht althergebrachten Gebräuche,
„und Weisen oder an seine eigene frühere Willensbestimmung
„und — Aeusserung schlechthin gebunden zu sein. Der
„Staat kann und will auch in seinen gegenseitigen Verhält-
„nissen zu anderen Staaten kein anderes oder höheres Ge-
„setz anerkennen, als seinen freien Willen, wie er sich
„durch seine Vernunft nach seinem Rechte (Verfassung-
„gesetz) zu seinem Wohl selbst bestimmt (§ 43). „Darin
„sind und denken die Staaten indess gar sehr verschieden.
„Die Vernunft ist freilich das allgemein-menschliche oder

„Menschen-Wesen, also allen Menschen und Völker-Staaten
„gemein; aber sie ist nicht stets und überall in allen
„gleichgebildet und die Verschiedenheit der Ver-
„nunftbildung begründet eine wesentliche (qualitative)
„Verschiedenheit der Einsicht und des Willens, also auch
„der Willensbestimmungen. Aber selbst bei gleicher Vernunft-
„bildung, besteht eine Verschiedenheit der Rechte und na-
„mentlich der Verfassungen der Staaten, aber auch bei der
„Gleichheit dieser steht doch die Staatsgewalt und Regierung
„verschiedenen Menschen zu, deren persönliche Ansicht
„und Denkweise schwerlich jemals, selbst unter ganz glei-
„chen Verhältnissen und Umständen ganz gleiche Entschlüsse
„und Handlungen zulassen möchte; die Verhältnisse sind
„aber bei jedem Staate und fast in jedem Falle verschie-
„den und eigenthümlich. Da nun alle Staatsgewalten,
„Souveraine und Regierungen so berechtigt als verpflichtet
„sind für das Wohl ihres Staates nach seinem Recht und
„nach ihrem besten Wissen und Gewissen unter allen Um-
„ständen und Verhältnissen zu sorgen, so ist es natürlich
„und nothwendig, dass ihre Willensbestimmungen häufig von
„einander abweichen, und sich einander widersprechen, wenn
„das Wohl des einen Staats mit dem des andern unverträglich
„erscheint. Ungeachtet alles dessen aber, oder vielmehr gerade
„deswegen, weil alle Staatsgewalten und alle Staaten sich das
„Wohl ihres Volks zum höchsten und Endzweck zu setzen und
„dasselbe mit allen sittlichen Mitteln und auf allen rechtlichen
„Wegen zu erstreben haben, müssen alle und jede ein allge-
„meines Rechts-Gesetz befolgen. Denn da selbst der Staat
„nur Mittel für das eigentliche, wahre Wohl und Heil: die
„freie Sittlichkeit des Volks ist, so wollen und müssen alle

„Staaten und Völker ihre sittliche Freiheit oder die Freiheit
„ihres freien, sittlichen Staatswillens als ihr höchstes
„Gut und Recht und als ihr allgemeines Rechtsgesetz —
„auch in ihrem gegenseitigen Verhältniss und Verhalten, —
„als das Grundgesetz des Völkerrechts anerkennen und
beobachten" (§ 44). — Puetter's Schlusssatz ist nun
folgender. Indem er nachgewiesen haben will, dass der
Europäischen Staatspraxis dasselbe Princip der Staatssouverainetät zum Grunde liege, welches sich auch als Ergebniss des vernünftigen oder natürlichen Völkerrechts aus der
Natur oder dem Begriff des Staats herausgestellt habe, —
und die Wahrheit in der Uebereinstimmung oder Einheit
der allgemeinen Möglichkeit des vernünftigen Denkens und
Gedankens: Begriffes mit der vernünftigen Wirklichkeit des
Dinges und das wahre Recht in der Uebereinstimmung und
Einheit des vernunftnothwendigen Gesetzes mit dem wirklich-
bestehenden und geltenden (positiven) Recht bestehe, — so
müsse die Staatssouverainetät oder die Freiheit des
freien Staatswillens der souverainen Völker das
wahre Grundgesetz des praktischen Europäischen
Völkerrechts sein. Wir wenden hiergegen ein, dass nicht
blos das Princip Puetter's ungenügend ist, sondern auch
die Art des Nachweises desselben und somit der Schluss
selbst ein ungenügender und unerwiesener ist. Wir billigen
es vollkommen, dass die Staaten sich in ihrem äussern Verhalten frei und vernünftig bestimmen sollen, da aber, —
wie ja Puetter selbst anführt, — die Vernunftbildung und
demgemäss der Wille und die Willensbestimmungen der Völker und Staaten, ferner die Verfassungen, die Persönlichkeiten der Staatsgewalt und Regierung, und die Verhältnisse

der Staaten verschieden sind, so ist es den Staaten unmöglich, für ihre gegenseitigen Beziehungen als allgemeines Rechtsgesetz blos die Freiheit ihres freien, sittlichen Staatswillens, welcher ja ganz verschiedene Erfolge aufweist, zu befolgen, sondern es müssen die Staaten, welche völkerrechtliche Beziehungen mit anderen wollen, zu Gunsten dieser, die Unterschiede und die Sonderinteressen ausgleichenden Gemeinschaft, kraft ihrer Souverainetät, so viel beschliessen und beobachten, als zur Begründung und Erhaltung derselben nothwendig ist. Für dieses ihr Verhalten ist daher nicht die Souverainetät, sondern die gewollte Gemeinschaft: die Weltrechtsordnung Grundgesetz, denn sie wollen ja nicht in diesen Beziehungen blos ihr Wohl, sondern auch zugleich auch das anderer Staaten.

Schliesslich geht Puetter zum Erweise Dessen über, dass aus dem allgemeinen Grundgesetz des Völkerrechts: der Freiheit des freien Staatswillens der souverainen Völker alle wahrhaft praktischen Völkerrechtssätze vernünftig folgen und herfliessen. Das geschieht in einem Grundriss des praktischen Europäischen Völkerrechts, dessen Inhalt wir nur im Folgenden darlegen und beiläufig beurtheilen.

Zunächst wird behauptet, dass Völker ohne Staatsverfassung und somit ohne freie Selbstbestimmung, auch nicht souverain sein können, die souverainen werden als Völkerrechtssubjecte bezeichnet (§ 47). Hierbei wird der Begriff der Halbsouverainen (§ 48), des Bundesstaats und Staatenbundes erörtert. Der Bundesstaat wird als souveraines Volk, Völkerrechtssubject, die Staatenbünde werden nur als Fürstenbünde aufgefasst, da verschiedene Völker und Staaten keinen Bundesstaat, ja nicht einmal einen (organisirten)

Staatenbund bilden können, ohne ihre freie Selbstbestimmung oder Souverainetät zu gefährden (§ 49). Ein Volk ohne Souverain oder Obrigkeit sei nicht Staat, also nicht souverain. Da aber die souverainen Völker als Staaten nur durch ihre Souveraine mit einander verkehren, so stelle sich deren gegenseitiges Verhältniss und Verhalten als der eigentliche Inhalt des Völkerrechts dar. Als Aufgabe seiner Abhandlung bezeichnet Puetter: „Das gegenseitige Verhältniss der Staaten und Souveraine oder Staatsgewalten in ihrer Beziehung auf ihren Staat und auf sich selbst, oder aus ihrer Beziehung auf ihren Staat und auf sich selbst als Staatsgewalten, deren gegenseitiges Verhältniss zu einander zu entwickeln und darzustellen". Die Eintheilung des Ganzen wird folgendermaassen motivirt: „Weil der Souverain oder die Staatsgewalt schlechthin berechtigt ist 1) sich selbst, seine Freiheit und Herrlichkeit, Souverainetät im Staat und Volk an sich, 2) die Herrschaft über das Land und Alles, was darin ist — das Staatsgebiet, 3) das Recht der freien Selbstbestimmung im Verhältniss zu anderen Staaten oder die Staatsmacht zu wollen und zu setzen", so sei zu handeln: „I. von der freien Staatsgewalt als solcher oder von der inneren Souverainetät, II. von dem freien Staatsgebiet, III. von der freien Staatsmacht".

Wenn wir schon beim Eingange unserer Schrift (Vorw.) das gegenseitige Sichbedingen des Systems und Princips aussprachen, so bewährt sich dieser Satz an Puetter's Anwendung des Princips auf seinen Grundriss vollkommen. Wie wir Das schon oben ausführten, ist Puetter mit seinem Princip nicht über die Grenze des Staatsrechts hinausgekommen und auch seine gesammte wissenschaftliche Be-

gründung trägt diesen Charakter. So hat denn auch die Gliederung seines Grundrisses nicht über das Staatsrecht hinauskom-
men können. Denn bedürfte es wol noch des Beweises, dass die
innere Souverainetät, das freie Staatsgebiet und die freie
Staatsmacht blos staatsrechtliche Begriffe sind und bleiben, insoweit nicht ein völkerrechtlicher Wille und ein völkerrechtliche Zweckbeziehung hinzutreten? [323]) Kein Staat
kann zwar ohne diese drei Requisite gedacht werden, aber
ist denn damit auch nur ein charakteristisch völkerrechtliches
Requisit gegeben? Wenn wir daher auf die weitere Darlegung des Grundrisses von Puetter verzichten, so geschieht
Das lediglich, weil er, von einem blos staatsrechtlichen Princip ausgehend, überhaupt das Völkerrecht seinem richtigen
Grundgedanken nach zu systematisiren unterliess. Denjenigen aber, welche solche staatsrechtliche Grundlegung des
Völkerrechts für genügend erachten, möge die in sich abgeschlossene und consequente Princip- und Systemlegung
Puetter's erwünscht sein. Wir hoffen, dass der dem Völkerrecht ergebene Verfasser in seinen geschichtlichen Beiträgen fortfahren wird und erst dann, wenn er sein Princip
aus der modernen Völkerrechtsgeschichte untrüglich erwiesen
haben wird, werden wir der Annahme uns zuwenden können:
als sei im Staats- und Völkerrecht nur ein und dasselbe
Princip wirksam und als gliedere sich das System beider in
einer und derselben Ordnung.

Es konnte nicht fehlen, dass Puetter's ernste und in
sich abgeschlossene Forschungen zur Prüfung und Beurtheilung aufforderten. Schon seinen „Beiträgen" wandte sich

---

323) Vergl. oben S. 61 ff.

Wasserschleben [324]) zu. Wir haben uns schon früher über
die völkerrechtlichen Ansichten dieses Gelehrten anerkennend
ausgesprochen [325]) und wollen auf dieselben hier nur hin-
deuten, insoweit sie unmittelbar die Systematik berühren.

Wasserschleben's Ausspruch: dass die Völkerrechtswissenschaft, weil sie bis jetzt keine Rechtsgeschichte, auch
keine Rechtsphilosophie aufzuweisen habe, ist zunächst von
uns vollständig anzuerkennen, da auch wir nur auf Grund
des ermittelten geschichtlichen Bestandes eine philosophische
Betrachtung des Völkerrechts für fruchtbringend erachten.
Nicht minder stimmen wir Dem bei, dass das Völkerrecht
ein wunderliches Gemisch von Abstractionen, frommen Wünschen und positiven Bestimmungen gewesen sei. Sodann
spricht, gleich uns, auch Wasserschleben gegenüber
Puetter aus: „wie der Souverain im Staate durch den
Staatswillen gebunden ist, so nach aussen durch den
allgemeinen Völkerwillen. Dem einzelnen Souverain ist
durch diesen allgemeinen Völkerwillen eine rechtliche Norm
für sein Verhalten zu anderen Staaten gegeben, ohne
dass dadurch seine Souverainetät als aufgehoben gelten
könnte". Bedauern müssen wir indess, dass Wasserschleben, der doch die positive Natur des Völkerrechts
wesentlich historisch begründen will und den mangelnden
Einfluss der historischen Behandlung auf das Völkerrecht
beklagt, dennoch der von Puetter gewollten Verbindung
des positiven und philosophischen Rechts beistimmt. Wenn,
wie Wasserschleben selbst anführt, „das positive euro-

---

324) Richter's Jahrb. XVII. Bd. S. 193 ff. (1845).
325) Vergl. unsere Schrift „de nat. princip. iuris int. gent. positivi.
S. 22.

päische Völkerrecht auf dem übereinstimmenden Rechtsbewusstsein der europäischen Völker in Bezug auf ihre gegenseitigen Verhältnisse beruhe" [326]), also positiv zu begründen
ist, wenn er ferner beklagt, dass das Völkerrecht bisher ein Gemisch von Abstractem und Positiven war, — wie kann der
Verf. da gleichzeitig eine Verbindung des Positiven und
Philosophischen billigen? Wir können zur Vereinigung dieser
Widersprüche nur vermuthen, dass der geehrte Kritiker den
Sinn des Puetter'schen Ausspruchs so gefasst habe, dass
das philosophische Element nur als ein das Positive ordnen-
des, nicht aber als ein dieses kritisirendes und möglicher-
weise eliminirendes auftreten soll. Puetter hat aber, wie
wir ausführlich dargelegt haben, den philosophischen Einfluss
nach beiden Beziehungen hin gewollt und gegen die letztere
müssen wir Einsprache erheben. Die von uns gehegte Ver-
muthung über die Auffassung des Puetter'schen Ausspruchs
Seitens seines Kritikers wird uns aber beinahe zur Gewissheit durch folgenden, beinahe unzweideutigen Satz desselben:
„Es ergiebt sich, dass wir allein auf dem Wege der historischen Ergründung und Erforschung zur Erkenntniss des
heutigen Völkerrechts werden gelangen können, dass nur
die Geschichte uns den Geist und den Charakter des allgemeinen Rechtsbewusstseins der Völker, den inneren Zusammenhang der verschiedenen Auffassungen, und die Nothwendigkeit und Berechtigung der gegenwärtigen nachweisen
kann. Erst auf diesem Grunde und mit dem so gewonnenen Material ist ein System des heutigen praktischen
europäischen Völkerrechts denkbar" [327]). Zweifelhaft kann

---

326) Wasserschleben a. a. O. S. 199.
327) Wasserschleben a. a. O. S. 200.

hier nur erscheinen, ob diejenigen Bestimmungen, für welche
die Nothwendigkeit und Berechtigung nicht nachgewiesen
wird, obgleich sie gelten, dennoch in das System des praktischen Völkerrechts nicht aufgenommen werden sollen. Will
Wasserschleben die Aufnahme davon abhängig gemacht wissen, so stimmt er allerdings mit der von Puetter gewollten
Verbindung des Positiven und Philosophischen vollkommen
und zwar so überein, wie wir diese Verbindung nicht anzuerkennen vermögen.

Auch Stein hat als Kritiker (im Anschluss an Heff-
ter's Völkerrecht [328]) und Wheaton's *hist. d. droit d. g.* [329])
einige Ansichten über das Völkerrecht ausgesprochen, von
denen wir die für unsere Aufgabe wichtigen hervorheben.
Richtig fasst Stein den Staat als Völkerrechtssubject auf,
mit Unrecht erscheint ihm aber als solches auch der einzelne
Mensch [330]). Das Völkerrecht wird auf den Staatsorganis-
mus, anstatt auf die Gemeinschaft der Staaten zurückgeführt,
und die völkerrechtliche Idee zunächst aprioristisch und sodann in historischen Umrissen angedeutet. Das Resultat ist
die Gewinnung des Begriffs des persönlichen Staates als
Grundlage des Völkerrechts. Nicht glaubwürdig erscheint
uns die Prophezeiung, dass Derjenige die neue Epoche
der Wissenschaft des Völkerrechts bilden werde, welcher
zu den Kategorien des Krieges und Friedens den Begriff
der Völkergesellschaft und des Staatenvereins (nach Wolff)
als drittes und höchstes Moment, als die Wahrheit des Staatenlebens hinzufügen werde. Durch Hinzufügung eines dritten

---

328) Hall. Allg. Lit.-Zeit. 1845, Col. 121—125, 130—145.
329) Hall. Allg. Lit.-Zeit. 1847, Col. 506—510, 513—520, 524—528.
330) Vergl. oben S. 210.

äusseren Zustandes wird das System keine dem Völkerrecht eigenthümliche Gliederung erhalten, diese ist uns nur durch Erhebung der Bestandtheile des völkerrechtlichen Rechtsverhältnisses zu Hauptabschnitten gegeben [331]).

Die vorstehend erwähnten Ansichten spricht Stein bei Beurtheilung des Heffter'schen Werkes aus, bei Gelegenheit der Kritik Wheaton's wird die Idee einer Völkerrechtsgeschichte in ähnlicher Weise, wie früher, entwickelt. Die Souverainetätsidee ist, wie bei Hegel und Puetter, die maassgebende. Dabei wird die Geschichte des Völkerrechts aufgefasst als die fortschreitende Verwirklichung der Idee des Rechts, freilich „für die scheinbar ausser ihr liegenden Staatenverhältnisse und Berührungen". So lange diese Idee eine blos staatsrechtliche bleibt, müssen jene äusseren Beziehungen freilich ausserhalb derselben liegend erkannt werden. Indess ist die Geschichte des Völkerrechts nicht die Geschichte jener Souverainetätsidee, sondern der Idee der Völkergemeinschaft: der internationalen Weltrechtsordnung. Diese letztere Idee ergiebt sich auch in Wirklichkeit aus der Geschichte des Völkerrechts, jene aber gehört, wenn sie auf die äusseren Staatenverhältnisse bezogen wird, der vorvölkerrechtlichen Zeit an.

In einem selbstständigen Aufsatz und mit Beziehung auf Puetter hat Hälschner (1844) [332]) über „die wissenschaftliche Begründung des Völkerrechts" gehandelt. Geistreiche und treffende Bemerkungen kennzeichnen diese durchaus anregende Betrachtung. Hälschner schreibt zwar auch

---

331) Vergl. oben S. 209.
332) In Eberty's Zeitschr. f. volksthümliches Recht f. 1844. S. 26 ff.

dem Alterthum ein Völkerrecht zu, indem er aber zugiebt,
dass das Princip desselben das der Rechtsverweigerung gewesen sei und ihm die Anerkennung als Recht gefehlt habe,
nimmt er demselben die wesentlichen Requisite des modernen Völkerrechts. Hälschner führt selbst aus, dass erst
durch die gegenseitige Anerkennung der Völker als freier,
souverainer und gleichberechtigter, die Verhältnisse und Regeln als rechtliche anerkannt worden seien. Wenn er
aber hiervon nur die Möglichkeit einer Völkerrechtswissenschaft abhängig macht, so möchten wir hierdurch vielmehr die Möglichkeit des Völkerrechts selbst bedingen lassen. Die Völkerrechtswissenschaft aber hat sich überhaupt
erst nach dem Entstehen des Völkerrechts bilden können.
Von Hälschner's Darstellungen der Entwickelung der Wissenschaft scheint uns namentlich die Bemerkung über Hegel
sehr zutreffend, dass, wenngleich derselbe das Völkerrecht
in seiner Wirklichkeit auf unterschiedenen souverainen Willen beruhen lasse, es doch eben so gut heissen könnte:
auf einem souverainen Willen, da ja doch bei Hegel die
Rechte der Staaten gegen einander nur in ihrem besonderen Willen ihre Wirklichkeit hätten [333]). Der Nachweis
des Völkerrechts geschieht in eigenthümlicher Weise. Gegenüber der Puetter'schen Selbstgenügsamkeit des Staates
werden die Staaten nur als die Momente einer geistigen
Totalität, des Staatensystems aufgefasst. Dieses Staaten-

---

333) Vergl. oben S. 88, wo es, wie auch bei den Berichtigungen bemerkt werden wird, statt unterschiedenem souverainem Willen — unterschiedenen souverainen Willen heissen muss. Indess hätte hier von Hegel die
Einheit und Vielheit in derselben Bedeutung gebraucht werden können, denn
schon ein unterschiedener Wille setzt das Dasein anderer Willen, von welchen er sich unterscheidet, voraus.

system stehe über den Staaten und hierauf beruhe die Möglichkeit des Völkerrechts. Die Gebote dieser Macht seien die Gesetze des positiven Völkerrechts. Letzte und einzige Quelle des Völkerrechts sei das gemeinsame Rechtsbewusstsein der ein Staatensystem bildenden Völker. Wir möchten aber bezweifeln, dass die völkerrechtlichen Staaten nothwendig als die Glieder eines Staatensystems begriffen werden müssen. Sie können das Völkerrecht anerkennen, sich ihm fügen und doch dabei, ohne ein System zu bilden, neben einander frei bestehen bleiben. Dieses Staatenverhältniss erscheint uns als das eigentlich völkerrechtliche. Einerseits die Freiheit der Staaten — das Völkerrecht anzuerkennen, andererseits aber, nach geschehener Anerkennung, die Verpflichtung es zu beobachten. Nur als eine freie Entschliessung können wir uns die Verpflichtung der souverainen Staaten, das Völkerrecht zu beobachten, denken. Auch das Rechtsbewusstsein der Völker hat nicht ein Staatensystem zur Voraussetzung. Es bildet sich dieses Bewusstsein oder vielmehr es bilden sich die Ueberzeugungen der Völker über ihr gegenseitiges rechtliches Verhalten aus dem Willen, eine Gemeinschaft und zwar eine Weltrechtsordnung zu begründen. Diese Zweckbeziehung scheint uns genügend und bezeichnend: denn der Zweck des Völkerrechts kann schon nach dem Wortverstande kein anderer sein, als ein Recht unter den Völkern und eine durch dieses bedingte Ordnung aufzurichten, welches Recht wir, freilich in einer zu umfassenden Weise, — im Gegensatze zu dem Recht des einzelnen Staates, — Weltrecht oder auch Staatenrecht, die durch dasselbe geschaffene Ordnung aber Weltrechtsordnung genannt haben, da es weder die gesammte Welt, noch alle

Staaten umfasst. Dass aber diese Rechtsüberzeugungen die einzigen Quellen des Völkerrechts seien, glauben wir oben[334]) erwiesen zu haben. Stimmen wir daher diesen Hälschnerschen Ansichten nur modificirt bei, so ist es uns um so erfreulicher, unsere vollständige Beistimmung seinen Ansichten über die Nothwendigkeit einer vollständigen Geschichte des Völkerrechts zur Herstellung eines Systems und über den Einfluss der Philosophie auf dieses beipflichten zu können. Hiernach soll die Philosophie nur ein Element der wissenschaftlichen Behandlung, nimmermehr aber eine Quelle bilden, während in dem Ausspruch: „dass mit dem positiven Völkerrecht auch wieder das Object eines natürlichen gegeben ist", wol nur gemeint sein kann, dass die Philosophie nur über positives Völkerrecht philosophiren, nicht aber solches zu schaffen berufen ist.

Fallati will mit seiner „Genesis der Völkergesellschaft"[335]) einen „Beitrag zur Revision der Völkerrechtswissenschaft" liefern. Er beabsichtigt eine Anwendung der organischen Auffassung des gesellschaftlichen Lebens auf das Völkerrecht. Zur Lösung dieser Aufgabe verfolgt er, da er die Quelle vernünftiger Regeln im Wesen des menschlichen Willens erblickt, diesen durch seine Entwickelungsstufen und erfasst ihn zugleich als lebendige Ganzheit, als Organismus seiner verschiedenen Erscheinungen in drei Parallelen: 1) der Familie und des Bundesstaates, 2) der bürgerlichen Gesellschaft und der Völkergenossenschaft, 3) des Staates und der staatlichen Völkergesellschaft.

---

334) Vergl. oben S. 227.

335) In der Zeitschr. f. d. ges. Staatsw. I, 160 ff., 260 ff. 558 ff.

1) Die Familie und der Bundesstaat. Bei der ersten Parallele gelangt Fallati nur bis in den „Vorhof" des Völkerrechts. Es wird der Wille da zunächst als ein natürlicher gefasst, der in den auswärtigen Angelegenheiten zwar noch von unfreien Beweggründen sich leiten lasse, aber schon die Nöthigung in sich habe, nicht vereinzelt zu stehen, so dass schon das natürliche Bedürfniss die Völker zusammenführe. Ist aber die Willensentwickelung bis zur Bildung eines wirklichen Staates der Einzelnen vorgeschritten, dann geschehe der Uebertritt in das Gebiet des Völkerrechts dadurch, dass die Allgemeinheit des praktischen Geistes durch die im Staate noch nicht überwundene Schranke der Nationalität sich beengt fühle. Staaten aber, welche nicht auf der ganzen natürlichen· Grundlage einer Nationalität ruhen und desshalb weder rechte und volle, besondere Staaten seien, noch einen einzigen ganzen Staat bilden sollen, bleiben zwischen Staat und Staaten in der Mitte stehen und organisiren sich in der Zwitterform des Bundesstaates. Dieser Bundesstaat sei im Wesentlichen der Familie der Einzelnen analog, insofern in ihm durch Gemeinschaft des Hauses oder Blutes verbundene Genossen und Verwandte mit einander leben, die· ausserhalb ihres bundesstaatlichen Kreises weder als Familiensöhne, noch als selbstständig anerkannt würden. Schliesslich meint Fallati, dass, wenn auch dieser Vergleich nicht in alle Einzelheiten sich durchführen lasse, die Parallele dadurch doch nicht beeinträchtigt würde, indem Staaten als moralische· Personen von Einzelmenschen verschieden seien.

2) Die bürgerliche Gesellschaft und die Völkergenossenschaft. In der zweiten Parallele wird die zweite Entwicke-

lungsstufe des Willens als daseiender Egoismus in seiner
Gesammtheit aufgefasst. Hier finde aus der natürlichen
Verbindung der Uebertritt in das Gebiet des Interesse Statt.
Der rechtliche Wille sei als egoistischer in seiner ursprünglichen Form einzelner Wille, der für sich Persönlichkeit in
Anspruch nehme, deren Dasein das subjective Recht sei.
Nach der Verschiedenheit des Gegenstandes der Willensäusserung gliedere sich das Recht. Zunächst beziehe sich die
Persönlichkeit durch sich auf sich im Recht der Selbsterhaltung. Durch die Besonderung der einzelnen Persönlichkeiten aus der allgemeinen Einheit des menschlichen Daseins, erlange die Persönlichkeit unter den übrigen das Recht,
ihre Unabhängigkeit geltend zu machen. Hierzu komme
das Maass der Freiheit: das Recht der Ehre, der Ausdruck
des Maasses der äusseren Gültigkeit, welche ein Individuum
für sich, gegenüber von anderen Personen, besitze. Ferner
beziehe sich die Persönlichkeit durch die Natur auf
sich, um sich in dieser Beziehung als für sich unendlich
gegenüber von anderen Personen, im Sachenrechte darzustellen. Endlich beziehe sich die Persönlichkeit durch
andere Persönlichkeiten auf sich im Recht des Vertrages, insofern zwischen den contrahirenden Persönlichkeiten Willensübereinstimmung vorhanden sei. — Dieses gesammte subjective Recht sei aber blosser Rechtsanspruch,
dem, weil er nicht als Recht von Seiten der anderen Personen anerkannt werde, auch noch keine Pflicht gegenüber
stehe. Nur durch die Verknüpfung der gegenseitigen Interessen sei der Rechtsanspruch unterstützt. Weitere Folge
des Mangels der rechtlichen Natur des Anspruches sei
das Fehlen des rechtlichen Zwanges, wesshalb statt Dessen

jede, freilich durch die Interessen wiederum gemilderte Selbsthülfe eintrete. Wegen dieser Ungenügendheit des subjectiven Rechts, strebe die Persönlichkeit nach voller Anerkennung und das Recht nach voller Verwirklichung vermittelst des Begriffes der Pflicht, die Nothwendigkeit der Anerkennung fremder Persönlichkeit als Trägerin eines rechtlichen Willens. Da diese Pflicht allen Einzelnen neben ihrem subjectiven Recht zufalle und dieses beschränke, so erwachse durch ihre Vermittelung aus dem subjectiven das objective Recht als die durch die Coexistenz der gleichberechtigten Persönlichkeiten bedingte Ordnung der einzelnen Person. Den Inhalt des objectiven Rechts bilde demnach der mit der rechtlichen Pflicht vereinbare Theil des subjectiven Rechts. Hiermit sei erst ein Rechtsverhältniss der Einzelnen und ein Rechtszustand eingetreten. Als solches Rechtsverhältniss sei das objective Recht eine Form der Verbindung der Einzelnen und insofern es die Pflicht enthalte, eine verbindliche Norm ihrer Verhältnisse. Den Anknüpfungspunct für die formelle Entwickelung der Verpflichtung und damit des objectiven Rechts finde der Wille schon in der vor dem Auftreten der rechtlichen Pflicht vorhandenen thatsächlichen Anerkennung der Rechtsansprüche aus Interesse. Da das Interesse auf die Befriedigung der Bedürfnisse gerichtet sei, so sei es dem im Gebiete dieser Befriedigung herrschenden Gesetze überhaupt, also auch mit der Seite der Beziehung auf Andere, welche nur eine besondere Wendung jener allgemeinen Richtung sei, unterworfen. Die thatsächliche Anerkennung fremder Rechtsansprüche aus Interesse bleibe daher, als bejahende Beziehung der Befriedigung der Bedürfnisse auf die ihr subjectives Recht geltend machenden Anderen, ebenso wie die einfache

Befriedigung der Bedürfnisse nicht vereinzelt. Sie trete vielmehr nach derjenigen Seite hin, auf welcher sie als willkührlich erscheine und von welcher sie hier ausgehen müsse, wo der Wille erst eine Nothwendigkeit jener Anerkennung suche, so oft in gleichmässiger Wiederholung auf, als die gleichen Veranlassungen zur Befriedigung des Interesse mittelst solcher Anerkennung wiederkehren. Hierdurch werde, indem das durch diese Anerkennung sich befriedigende Interesse ein gewohntes werde, auch die Anerkennung selbst zur Gewohnheit. Als solche Gewohnheit könne die bejahende Beziehung auf andere Personen auch gesondert vom Interesse fortbestehen, sobald der Menschenwille das Gebiet des subjectiven Rechts betrete. Auf diesem Puncte der Entwickelung müsse aber auch der Wille die Anerkennung fremder Rechtsansprüche als gesonderte Gewohnheit, abgesehen von dem sie ursprünglich herbeiführenden Interesse, festhalten. Denn da jene Beziehung auf Andere nicht blos zunächst verneinende, sondern auch sodann bejahende sei, so müsse auch diese, wenn auch noch nicht zum Bewusstsein gelangt und in ihrer Ausbildung erst einer späteren Stufe angehörend, und daher zunächst ohne selbstständige freie Form, sich zu äussern beginnen. Diese Aeusserung finde aber keine andere Form der bejahenden Beziehung auf fremde Personen vor, als die in der Verfolgung des gewohnten Interesse liegende Gewohnheit der Anerkennung. An diese als Sitte erscheinende gewohnte und im wechselseitigen Verkehr der Einzelnen auf gleiche Weise sich äussernde Anerkennung müsse die Aeusserung der bejahenden Beziehung ihre Entwickelung anknüpfen. Diese Sitte sei demnach der Ausdruck einer gleichmässigen thatsächlichen gegenseitigen Anerkennung der Persönlichkeit, die ihren Grund zwar nicht mehr im Interesse, aber ebensowenig in einem Bewusstsein der Pflicht, sondern lediglich in einer Ahnung des objectiven Rechts habe. Je mehr aber diese Ahnung der Nothwendigkeit einer bejahenden Beziehung des Ich auf andere Personen den Einzelnen sich aufdränge, desto höhere geistige Bedeutung lege der Wille in die Gebräuche und desto verbindlicher erscheine die Sitte. Auf solche Art wachse unmerklich ansteigend, neben dem stärker sich ausbildenden subjectiven Recht, die Verpflichtung heran. Die Geltung dieser Sitte sei zunächst auf Kreise von Einzelnen beschränkt, welche durch gemeinschaftliches Interesse mehrerer zusammengehalten werden. Durch wachsende Lostrennung von diesem Interesse werde die Entstehung einer mehr durch gleiche Sitte verknüpften Gesammtheit möglich. Für die Gleichgesitteten müsse die Sitte der Gesammtheit in gleicher Weise verbindlich sein, weil, welche die gleiche Gewohnheit der Anerkennung fremder Persönlichkeiten haben, auch nothwendig dem in dieser Gewohnheit sich aussprechenden gleichen Streben zum objectiven Recht gleichmässig unterworfen seien. Aus dem der dunklen Natürlichkeit zugewandten Wesen der Gewohnheit gehe übrigens eine grosse Unsicherheit der Sitte und ihrer Verbindlichkeit hervor. Diese Unsicherheit liege zunächst, insofern die Sitte aus Gewohnheiten der Einzelnen in Beziehung auf Andere bestehe, in der Ungewissheit der Gewohnheit der Einzelnen als einzelner Gewohnheit. Die einzelne Gewohnheit sei nemlich dreifach ungewiss: an sich, für die Einzelnen selbst und für die Anderen. Je unsicherer aber die Sitte sei, desto schwächer ihre Verbindlichkeit. Dadurch aber, dass die aus der Sitte folgende Verbindlichkeit allmälig als volle Verpflichtung und ihre Verletzung als objectives Unrecht anerkannt werde, wandle sich die Sitte in Gewohnheitsrecht, in welchem das objective Recht zum ersten Mal als ein Recht in der Wirklichkeit auftrete. Nur durch die gegenseitige gleiche Gewohnheit, eine Sitte als Recht zu erfassen, werde die Sitte Gewohnheitsrecht. Der Grund der Verbindlichkeit des Gewohnheitsrechts, gegenüber von den subjectiven Rechtsansprüchen des Einzelnen, könne aber, wie bei allem objectiven Recht, nur darin liegen, dass es den Willen eines Ganzen im Gegensatz zum Willen seines Theiles ausdrücke. Sei aber zur Gültigkeit des Gewohnheitsrechts nicht der Consens Aller erforderlich, so sei damit der Wille der Mehrheit als für die Minderheit verbindlich behauptet. Dazu werde aber erforderlich die Begrenzung des Kreises der durch dieselbe gewohnheitsrechtliche Sitte Zusammengeschlossenen. Darnach gelte dasselbe Gewohnheitsrecht für alle, welche der nämlichen, auf dem gemeinschaftlichen Boden gleicher Verhältnisse der Natur und des Interesse erwachsenen Genossenschaft angehören. Auch die Grenze der zu einem bestimmten Kreise der Sitte im Allgemeinen zu rechnenden Völker, die als eine sittliche Genossenschaft bezeichnet werden können, sei nur in der Ausdehnung des Bandes zu suchen, welches durch gemeinschaftliches Gebiet oder gemeinsame Abstammung, Aehnlichkeit der religiösen, wissenschaftlichen, künstlerischen Entwickelung und eine in der Art des inneren Staatslebens hervortretende Verwandtschaft — mit einem Worte durch die auf gemeinsamen Grundlagen ruhende gleiche Stufe der Civilisation um eine Anzahl von Völkern geschlungen werde. Bilde nun die europäisch-amerikanische christliche Völkergesellschaft zur Zeit eine solche auf gemeinsamen Grundlagen der Civilisation, trotz der nunmehrigen Getrennt- heit ihres Territoriums ruhende und wesentlich derselben Stufe der Entwickelung internationaler Verhältnisse überhaupt angehörige Genossenschaft, so folge daraus : dass die Ent- scheidung über die Verbindlichkeit eines behaupteten inter- nationalen Gewohnheitsrechts für einen einzelnen christlichen europäischen oder amerikanischen Staat unserer Gegenwart von der Stimmenmehrheit über die Verbindlichkeit derselben im Kreise dieser Genossenschaft, d. h. davon abhänge, ob die Mehrzahl der ihr angehörigen Staaten in ihrer bisheri- gen Handlungsweise den zur Frage gebrachten Anspruch als einen gewohnheitsrechtlich begründeten zu behandeln pflegten. Indess bestehe die Mehrheit, welche das Gewohn- heitsrecht mache, nicht in der Mehrzahl blos der gegen- wärtig existirenden, sondern auch der vergangenen Men- schen oder Völker, denn die Genossenschaft als eine objective historische Erscheinung sei ein in der Geschichte fortleben- des Ganze, dem die Individuen der Gegenwart, welche seine Theile bilden, nur je auf ihrer Stufe dienen. Hierzu werde aber eine bedeutende Mehrheit der Stimmen und eine Ermittelung des Zeitpunctes, wo das Vorhandensein der fraglichen Genossenschaft im Bewusstsein der Zeitgenossen nicht mehr bezweifelt werden könne, gefordert. Erscheine aber eben wegen der Schwierigkeit der Festsetzung dieser Mehrheit und des Zeitpunctes auch das Gewohnheitsrecht als ein innerlich unbestimmtes und äusserlich auf seinem Standpuncte unbestimmbares Recht, so sei es auch noch kein rechtes Recht, sondern nur ein im Werden begriffenes,

unfertiges, halbes Recht. Diese Natur des Gewohnheitsrechts
klar festzuhalten, sei die erste Bedingung der richtigen Erkenntniss unseres heutigen Völkerrechts, weil es in der
Hauptsache nicht weiter als bis zur Stufe des Gewohnheitsrechts, ja zum grossen Theil nur bis zu derjenigen der Sitte
entwickelt sei. Erst das vertragsmässige oder autonomische
Recht begründe ein sicheres Rechtsverhältniss und einen
festen Rechtszustand, indem dem Rechtsanspruch die Pflicht
sich zugeselle, indess könne dieser Vertrag freilich nur für
die Contrahenten und ihre Rechtsnachfolger gelten. Trotz
dem bleiben neben dem regelmässigen Recht das Gewohnheitsrecht und die Sitte bestehen; namentlich sei hinsichtlich
seines Inhalts das Gewohnheitsrecht durch seine Anknüpfung
an die Sitte auf diese und das vertragsmässige Recht in
ähnlicher Weise auf das Gewohnheitsrecht fortwährend angewiesen. Die vertragsmässige Regelung der Entscheidung
des Kampfes zwischen Recht und Unrecht bilde das autonomische Processrecht, namentlich sei der Krieg ein Völkerprocess und sollte daher das gewohnheitsrechtliche Kriegsrecht im System des Völkerrechts ausdrücklich als Völkerprocessrecht dem Völkerprivatrecht, welches die persönlichen Rechte der Existenz, Unabhängigkeit und Ehre, so
wie das Sachen- und Obligationenrecht in sich umfasse,
entgegengestellt werden. — Aber die Gebiete des Interesse
und des Rechts bedürften der Vermittelung, dazu müssten
sie als vereinte Seiten des Einen Geistes ein äusseres Dasein
in einer besonderen Gestalt gewinnen. Dazu müsse das Recht
auf seine streng einseitige, seinem Begriffe nach, von der
Befriedigung der Bedürfnisse absehende Richtung so weit
Verzicht leisten, bis es mit der andererseits entsprechenden

Nachgiebigkeit des Interesse, welches zu Gunsten des abstracten Ich von der Befriedigung willkührlich geschaffener
Bedürfnisse zurücktreten müsse, zusammentreffe. In solcher
Ausgleichung komme eine Willenserscheinung zum Dasein,
welche als Einheit von Interesse und Recht beide
umfasse und sich darum als eine über beiden stehende dritte
Hauptstufe der Entwickelung des egoistischen Willens kund-
gebe. Diese Willenserscheinung sei die Policei im allge-
meinsten Sinne des Wortes, sofern darunter das thätige
Bestreben verstanden werde, das Wohl der Einzelnen als
den aus der Vermittelung des objectiven Rechts und des
Gesammtinteresse hervorgehenden Zustand der bürgerlichen
Gesellschaft auf irgend welche Weise in's Leben zu führen
und darin zu erhalten. Die Thätigkeit des policeilichen
Willens sei eine dreifache. Zuerst suche derselbe als
Wohlfahrtspolicei das leibliche Wohl zu fördern durch
Beseitigung der Möglichkeit einer Hemmung der allgemeinen
Befriedigung der Bedürfnisse, durch Regulirung des Verhältnisses der Production und Consumtion. Ferner suche der
policeiliche Wille die Zufälligkeit der Verwirklichung eines
objectiven, durch die Angriffe des Unrechts immer wieder
in seiner Ruhe und Reinheit gestörten und verletzten und
erst gerichtlich wieder herzustellenden Rechts möglichst zu
beseitigen, indem er bestrebt sei, das Wohl der Einzelnen
auch durch ungestörte Aufrechthaltung des Rechtszustandes
mittelst der sogenannten Sicherheitspolicei zu bewerk-
stelligen. Der Culturpolicei endlich crübrige, die trotz
Wohlfahrts- und Sicherheitspolicei der Befriedigung geistiger
Bedürfnisse noch besonders im Wege stehenden Hindernisse
aus dem Wege zu räumen. Ihre Aufgabe sei, den Zugang

zur Kunst, Religion und Wissenschaft, überhaupt die freie
Ausbildung der ästhetischen, intellectuellen und moralischen
Anlagen der Völker zu erleichtern. Die Form der Policei
sei wesentlich eine rechtliche, aber weil das formlose Interesse, obwol zum Wohl erhöht in ihr sich hauptsächlich
geltend mache, eine formlosere als die des eigentlichen Rechts
selbst. Auch das Policeirecht trete nicht nur als policeiliche Sitte, policeiliches Gewohnheitsrecht und autonomisches
Policeirecht auf, sondern mache sich auch gegen das policeiliche Unrecht durch policeiliches Urtheil in Fehde, Schieds-
gericht und autonomischer Rechtspflege geltend. Auch diese
autonomische Rechtspflege setze einen Kreis von Menschen
voraus, welche dasselbe Wohl erstreben, dasselbe Bedürfniss
hinsichtlich der Befriedigung ihrer leiblichen und geistigen
Bedürfnisse und dieselbe Entwickelungsstufe des abstracten
Rechtsbewusstseins theilen, denn sonst würden sie nicht zur
Aufrechthaltung eines beide vermittelnden Gerichts geschrit-
ten sein. Ein solcher Kreis könne aber immer nur ein besonderer sein, als besonderer sei er aber der eigentliche Boden
organischer Entwickelung. Das besondere Wohl bilde den
Kern eines neuen Organismus, den der Wille erschaffe, indem er die Vermittelung von Recht und Interessen nun auch
als Ganzes vertragsmässig zu gestalten gedrungen sei und
die Corporation trete in's Leben. Im Völkerrecht ent-
sprächen nun der physischen Wohlfahrtspolicei der Zoll-
und Handelsverein, der Sicherheitspolicei das System des
politischen Gleichgewichts und der Culturpolicei das Inter-
ventionsbündniss. Das Wesentliche aller dieser Formen aber
fasse der Staatenbund nach Analogie der Corporation ge-
staltend zusammen. Die Handelsverträge würden nur im

Interesse der sich bildenden gemeinsamen Handelsinteressen geschlossen, bei ihnen sei blosses leibliches Interesse in der Form des Rechts, aber noch kein policeiliches Bestreben vorhanden. Ein Zollverein würde aber zum Schutz der Production nach dem Grundgedanken des gemeinsamen Schutzes irgend eines Interesse gegen Dritte eingegangen und bei diesem sei daher das policeiliche Element wirksam. Die Contrahenten beförderten gegenseitig ihr Wohl, ihr Gesammtinteresse gegenüber von einem, demselben feindlichen, aber vom objectiven Recht geduldeten Privatinteresse. Sie thäten das in einer nicht widerrechtlichen, sondern Recht und Interesse vermittelnden Weise und übten dadurch einen Act der Wohlfahrtspolicei. Die Grundidee des politischen Gleichgewichts sei aber eine solche Ausgleichung und Abwägung der Macht verschiedener Staaten, dass durch die Uebermacht eines Einzelnen die Sicherheit der übrigen nicht gefährdet werde. Die Eingehung eines solchen Bündnisses erscheine zwar als eine treffliche, sicherheitspoliceiliche Anstalt, aber der wirkliche Angriff von zweifelhaftem, policeirechtlichem Werthe. Diese Zweifelhaftigkeit werde noch grösser, wenn Angriffsbündnisse mit culturpoliceilicher Absicht von solchen Staaten eingegangen würden, welche sich nicht sowol durch die physische Uebermacht eines anderen Staates, als durch seine innere, auf ihr Inneres rückwirkende Entwickelung in der übrigen gehemmt und bedroht glauben. Auch hier übe zunächst der einzelne Staat die policeiliche Aufrechthaltung seines Wohls mit vereinzelten Maassregeln; allmälig aber träten die Gleichinteressirten zusammen und verbänden sich erst zu gemeinsamer Abwehr gleichmässig gefühlter Unbill, indem sie zugleich unter sich die Unterlassung ähnlicher

Benachtheiligung ihrer höheren Interessen stipuliren, bis sie
endlich bei wachsender Belästigung durch die Richtungen
des fremden Staates sich zu Interventionsbündnissen im en-
gern Sinne veranlasst sähen und zu ihrer Ausführung genöthigt glaubten, um die Quelle des Uebels zu verstopfen.
Alle diese Formen der Völkerpolicei seien aber unzureichend
zur Herstellung einer das Wohl der Völker allseitig schü-
zenden Ordnung der Dinge. Ihr Hauptmangel sei, dass sie
zunächst nur das Wohl, das Privatinteresse der Verbündeten
beabsichtigen. Jeder Staat könne sich gegen solche Maassregeln vertheidigen und insofern er die Schranke des objectiven Rechts nicht dabei verletze, stehe er auf einer
höheren Stufe als jene, denn er vertrete das Recht gegen das
Interesse. Wenn daher die Beschränkung der policeilichen
Sorge auf die verbündeten Staaten als ein Mangel erscheine,
so sei dieser zu heben durch Hinzunahme der Staaten,
gegen welche die sicherheitspoliceilichen Maassregeln gerichtet
seien. Hierdurch entstehe ein Staatenbund, dessen Grundlage das gemeinschaftliche Wohl aller Theilnehmer sei.
Dieser policeiliche Organismus erscheine als oberste Gestalt
dieser ganzen Entwickelungsstufe des Willens, die als Periode und Seite der Bildung einer Völkergenossenschaft
der bürgerlichen Gesellschaft der Einzelnen parallelisirt worden und es stelle sich der Staatenbund in diesem Sinne auf
eine Linie mit der Corporation. Aber auch mit der Errei-
chung des Staatenbundes sei kein, die ganze Völkergesellschaft umfassender und ihre Besonderheiten vermittelnder
Organismus gewonnen. Denn indem derselbe auf demselben
Boden gemeinsamer leiblicher und geistiger Interessen und
desselben wesentlichen Rechtsbewusstseins durch freien und

20

dauernden Vertrag aller theilnehmenden Völker zu Stande kommen solle, sei er auf einen nicht allzuweiten Kreis von Staaten angewiesen, da nur bei einem solchen jene nothwendigen Voraussetzungen eintreten könnten. Eben desswegen könne er aber als blos particulaire Organisation der Völkergesellschaft dem Streben des praktischen Menschengeistes nach allgemeiner organischer Entwickelung ebensowenig genügen, als die Corporation in der Gesellschaft der Einzelnen. Wie diese zum Staate, so finde sich jene getrieben zu einer staatlichen Völkergesellschaft als ihrer letzten Gestalt fortzuschreiten.

3) Der Staat und die staatliche Völkergesellschaft. Der Wille strebe in diesen eine Organisation an, welche die Familie und bürgerliche Gesellschaft in sich aufnehme und dieselben zwar ihrer unbedingten Geltung beraube, aber nur um sie andererseits durch Beziehung auf eine höhere Einheit zu erhöhen. Es müssen die, jenen niedrigeren Kreisen zum Grunde liegenden Principien, dort die natürliche und objective Gebundenheit, hier die subjective Freiheit zu einem objectiv-subjectiven, natürlich freien Bande der Gesellschaft fest und eng verschmolzen werden. Das Dasein dieses Bandes sei der Staat. Der allgemeinste Ausdruck der staatlichen Einheit sei die Verfassung, der Totalwille des Staates, eine vollkommene Objectivität und wegen ihres Totalwillens souverain. Da die Verfassung die Aufgabe habe, die ideelle Totalität des Willens in nationaler Richtung zur Herrschaft im gesellschaftlichen Leben zu bringen, müsse sie auch als Gewalt in äusserlicher Thätigkeit auftreten. Die Arten dieser Gewalt seien die gesetzgebende, die Regierungsgewalt und die, beide vermittelnde: die souveraine Gewalt. Der Wille suche unausgesetzt sowol in der Familie als der bürgerlichen

Gesellschaft die staatliche Einheit und es finden sich in beiden Vorbildungen derselben, nur könnten sie in der ersten wegen der zu einseitig natürlichen, unaufgeschlossenen Enge ihres Wesens, in der letzten wegen der allzu subjectiven und mitteflüchtigen Richtung des Willens nicht zu der freien und vollendeten Einheit gelangen, welche die über diese beiden Gebiete hinausgeschrittene Entwickelung des Willens im Staate in Anspruch nehme. Man habe daher zu unterscheiden die uneigentlichen Staatsformen: die familiäre und bürgerlich-gesellschaftliche und die eigentliche: die staatliche Staatsform. Die familiäre sei die patriarchalische und ihre Abarten: die Despotie, Theocratie; der patriarchalischen Staatsform entspreche der Bundesgenossenstaat, die sich vom Bundesstaat nur durch ihre grössere Ausdehnung unterscheide. Den Abarten entspräche die Völkerdespotie oder Universalmonarchie und Völkertheocratie. Indess sei bei diesen das Bewusstsein noch gar nicht vorhanden, dass man in der Völkergesellschaft sich befinde. Da nun aber familiäre Staatsformen der sich weiter entwickelnden bürgerlichen Gesellschaft nicht genügen, so führe die Befriedigung der geistigen Bedürfnisse zu einer gesonderten Beschäftigung, wodurch sich die ständische Organisation über alle Gebiete der bürgerlichen Gesellschaft hin ausdehne. Durch die festere Gestaltung der Bande bilden sich Kasten, welchen die Erblichkeit und die auf gemeinsame Abstammung gegründete Einheit den Charakter einer staatlichen Gesellschaftsform aufdrücke. Zum Entstehen des Kastenstaates sei aber das Vorherrschen einer der Kasten erforderlich. Dagegen gehöre dem Gebiet des Interesse der auf den Besitz gegründete Lehensstaat.

In diesen beiden Staaten, insbesondere im letzteren, sei das Recht als ausgebildete Form der öffentlichen Verhältnisse schon deutlich zu erkennen, denn die nicht herrschenden Kasten und die Lehnsleute haben Rechte gegenüber den Kasten und dem Lehnsherrn. Als Grund der staatlichen Einheit trete aber das Recht in diesen Staatsformen noch nicht voran, daher suche bei weiterer Entwickelung die bürgerliche Gesellschaft im Recht selbst und zwar stufenweise im rein subjectiven Recht, im Gewohnheitsrecht, im autonomischen Recht die staatliche Einheit. Die der Herrschaft des rein subjectiven Rechts entsprechende Staatsform sei die demokratische Republik, sowol theoretisch unmöglich als praktisch unausführbar, gleichbedeutend der Anarchie. Die dem Gewohnheitsrecht entsprechende Staatsform sei die aristokratische Republik, wesentlich Adelsrepublik, und dem autonomischen Recht entspräche die Repräsentativ-Republik. Alle diese Formen seien im Völkerrecht ohne Belang. Die policeiliche Staatsform sei der Form nach keine andere als die rechtliche. Ein Vergleich mit der Völkergesellschaft ergäbe kein Analogon für den Kastenstaat, dagegen seien die Universaldespotie, wie die Universaltheokratie im Mittelalter in den Völkerlehnsstaat übergegangen, dessen Spitze die herrschende Person im mächtigsten Staat sei. Der Republik der Einzelnen entspreche zwar auch in dreifacher Abstufung die Völkerrepublik, obgleich nur in den ersten Anfängen. Am einfachsten wiesen die gemässigten Staatsformen auf eine Organisation der Völkergesellschaft hin, weil ihnen die Möglichkeit einer Modification der Souverainetät zum Grunde liege. Eine dem eigentlichen Staate der Einzelnen oder vielmehr der ihm entsprechenden staat-

auf dem Grunde einer genetischen Anschauung der Völkerverhältnisse mit wissenschaftlicher Sicherheit ruhen könne.
Indess werde diese Methode erst mit Erfolg angewandt, die
ihr zu Grunde liegende Ansicht ausführlicher und in weniger harter Form mit historischen und in's Einzelne gehenden
Erläuterungen dargelegt werden müssen, um auf eine aus-
gebreitetere Anerkennung rechnen zu können. Auch sei
der Verf. weit entfernt hinsichtlich aller Einzelheiten in den
durchgeführten Parallelen die Meinung zu hegen, das Richtige getroffen zu haben, wie er denn überhaupt es für eine
Selbsttäuschung halte, dass ein Einzelner so grossen Aufgaben philosophischer Natur mehr als zum Theil genügen könne.

Wenn wir die Fallati'schen Parallelen in ihrem Ent-
wickelungsgange nicht in der sonst beobachteten Kürze vorgeführt haben, so thaten wir Das nicht blos in Rücksicht
auf die durchweg geistreiche, und daher überall ansprechende,
und spannende Durchführung der gestellten Aufgabe, sondern auch in Anbetracht der eigenthümlichen Auffassung
und Darstellung, die uns fast immer eine wortgetreue Wiedergabe abnöthigten. Sollen wir, der uns gestellten Aufgabe gemäss, ein Urtheil über diese ungewöhnliche Leistung
fällen, so wird dieses selbstverständlich nur auf Grund der
von uns mehrfach vertretenen Anschauungen geschehen können, wobei auch wir dem verehrten Verfasser beistimmen,
dass auch unser Dafürhalten die grosse Aufgabe nur zum
Theil wird begreifen können.

Wenn der Verf. seine Aufgabe in Parallelen löste, welche
er indess bis in alle Einzelheiten richtig durchgeführt zu
haben, in anzuerkennender Anspruchslosigkeit, sich nicht an-
maasste, so wollen wir nicht in Abrede nehmen, dass im

Einzelnen, d. h. an einzelnen Ausführungen, abgesehen von dem Werth der Parallelen, viel Treffliches dadurch erbracht worden sei. Denn uns dünkt, dass auch in diesem Falle die Parallelen mehr den Unterschied als die Aehnlichkeit der verglichenen Gegenstände an den Tag gebracht haben, und ferner scheint uns, wie wir später ausführen werden, nur die zweite Paralle auf ein völkerrechtliches Resultat hinzuführen. — Wir wenden uns zunächst zum Ausgangspunct der Betrachtung. Der Verf. hat den Willen durch seine verschiedenen Entwickelungsstufen verfolgt und gewiss war das der richtige Weg, um den für das Völkerrecht maassgebenden Regulator zu entdecken. Auch charakterisirt er ganz zutreffend als Wesen des eigentlichen Völkerrechts: das rechtliche Moment und zwar das objectiv rechtliche, ferner bespricht er die Quellen und endlich erkennt er auch, dass im Völkerrecht eine modificirte Souverainetät in die Erscheinung trete. Aber was uns unberücksichtigt scheint, ist der Zweck des Völkerrechts. Statt Dessen hat zwar der Verf. der Form der Verbindung seine Aufmerksamkeit zugewandt, aber eine solche Gesammtform ist, unseres Erachtens, für Staaten, die das Völkerrecht anerkennen und üben, gar nicht vorhanden. Denn ein jeder Staat steht frei neben dem anderen da und ihre Verbindung ist nur begründet auf der gegenseitigen Beobachtung des von ihnen gesetzten Rechts, dessen Verpflichtungen sie zu erfüllen übernommen haben und dessen Berechtigungen ihnen zu Theil werden. Als vollkommenste Form, als die der Zukunft, erkennt Fallati die Völkermonarchie, in welcher ein Staat, jedoch unter freier Anerkennung der übrigen in Gemeinschaft mit Vertretern derselben den ganzen Völkerstaat einer rechtlich und natürlich verbundenen Völkergesammtheit zu beherrschen habe. Aber verträgt sich wol diese Form mit der unter allen Bedingungen aufrecht zu haltenden Souverainetät eines jeden einzelnen, das Völkerrecht setzenden, anerkennenden und ausführenden Staates? Eine solche Unterordnung unter einen Staat, der herrschen soll, erscheint uns völkerrechtswidrig und tritt nicht einmal in dem Staatenbunde in die Erscheinung, dessen Willensäusserung doch nur das Resultat der freien Entschliessungen eines jeden einzelnen, denselben bildenden Staates ist. Durch Vertretung der übrigen Staaten bei jenem einem herrschenden Staat kann dem Mangel der fehlenden freien Entschliessung schwerlich abgeholfen werden, denn das Herrschen schliesst die Berücksichtigung der Meinungen dieser Vertreter zwar nicht aus, aber die blosse Berücksichtigung genügt nicht in einem völkerrechtlichen Verbande, ein jedes Glied muss einen maassgebenden, bestimmenden Einfluss, einen gleichen Antheil an der Herrschaft haben. So sind wir denn nicht im Stande, Fallati's Schlussresultat beizustimmen. — Die Rückwirkung der Fallati'schen Anschauungen auf die Methode des Völkerrechts scheint uns für diese ebenfalls keine günstige zu sein, wenigstens verbürgt sie nicht die sichere Existenz des Völkerrechts in der Gegenwart und darum muss es der Wissenschaft, wenn sie die Positivität des Rechts begründen will, doch vor Allem zu thuen sein. Denn nach Fallati's Auffassung ist nur das Recht der Zukunft wahrhaft objectives Recht, das der Vergangenheit nur subjectives. Ist nun jenes offenbar nach Fallati's eigenen Ausführungen erst das eigentliche, so hat auch die Gegenwart mindestens kein wahrhaft objectives Recht, also auch kein wahrhaft wirkliches aufzuweisen. Wenn nun die Methode ferner nachweisen soll, was im gegebenen Zustande stehen gebliebenes subjectives Recht und was noch nicht gereiftes, künftig objectives sei, so wollen wir diese Thätigkeit der philosophischen Forschung als unfruchtbar keineswegs bezeichnen, sondern als Aufgabe der Philosophie über das Völkerrecht gern erkennen. Aber wie wird denn das Völkerrecht der Gegenwart gewonnen? Etwa durch Unterscheidung des Gewohnheitsrechts und autonomischen Rechts? Diesen Weg, will es uns bedünken, hat Fallati gewiesen, aber hierdurch gelangen wir wiederum zu keinem sicheren Inhalt. Denn nach Fallati sollen das Gewohnheitsrecht und die Sitte an wesentlicher Unsicherheit laboriren, noch kein rechtes Recht darstellen und erst das vertragsmässige oder autonomische Recht ein sicheres Rechtsverhältniss begründen. Wenn nun aber dessenungeachtet, wie Fallati selbst angiebt, dieses Vertragsrecht nur für die Contrahenten und ihre Rechtsnachfolger gültig sei und das Gewohnheitsrecht, ja oft nur die Sitte in der Hauptsache das Völkerrecht der Gegenwart entwickelt habe, welche sichere Quelle bleibt da diesem Völkerrecht? Und trotz dem, dass das objective, wirkliche, autonomische Recht der Zukunft vorbehalten bleibt, sollen doch alle die früheren Entwickelungsstufen auch völkerrechtliche sein? — Wir kommen zum Schluss: neue Zweifel hat Fallati angeregt, befriedigende Aufschlüsse über die Gültigkeit des Völkerrechts und die Art der Gewinnung desselben hat er uns nicht geboten. Wir bemerken ferner in Bezug auf die eigentliche Systematik: dass Fallati ein materielles und formelles Völkerrecht unterscheidet, jenes aber theilweise in privatrechtlicher Weise als Sachen- und Obligationenrecht auffasst und bei

diesem blos das Verfahren, nicht die Organe berücksichtigt.
Doch hat Fallati Das nur im Vorübergehen angeführt, sein
Augenmerk war hauptsächlich darauf gerichtet, die Familie,
die bürgerliche Gesellschaft und den Staat im Völkerrecht
oder als Stufen desselben wiederzufinden und Das, glauben
wir, ist ihm nicht gelungen. Denn der der Familie analoge
Bundesstaat ist zwar im Einzelnen nach aussen auch noch
heute ein völkerrechtliches Subject, wie jeder nicht so zu-
sammengesetzte Staat und jedem in dieser Beziehung auch
ganz gleich, es konnte daher in dieser Form, weder früher
noch jetzt, eine Vorstufe für das Völkerrecht entdeckt werden; im Gegentheil wurden durch die Zusammenfügung mehrerer Staaten, dem Völkerrecht mehrere neben einander bestehende, nach aussen freie und selbstständige Staaten ent-
zogen, die durch rechtlichen Verkehr unter einander ein
Völkerrecht hätten erzeugen können. Zutreffender ist in
der Parallele der bürgerlichen Gesellschaft und der Völkergenossenschaft der Vergleich einer durch dieselbe gewohnheitsrechtliche Sitte zusammengeschlossenen bürgerlichen Gesammtheit, in welcher die Mehrheit über die Verbindlichkeit
dieses Rechts entscheidet, mit der Völkergesellschaft der
Gegenwart, der europäisch-amerikanisch-christlichen. Indess
ist doch auch hier der wesentliche Unterschied vorhanden,
dass die letztere Gesellschaft in allen Fragen souverain und
die erstere nur in Bezug auf die Gültigkeit eines Gewohnheitsrechts entscheiden kann. Am zutreffendsten wäre vielleicht die dritte Parallele des Staates und der staatlichen
Völkergesellschaft, aber die letztere ist ja nur eine fingirte,
eine Gestalt der Zukunft und dass sie wenigstens dem gegenwärtigen Begriffe vom Völkerrecht und seiner wesentlichen

Voraussetzung·: der Gleichberechtigung neben einander bestehender Staaten, nicht entspreche, glauben wir oben erwiesen zu haben. Hiermit hätten wir Belege für unseren Satz : dass auch diese Parallelen mehr den Unterschied der verglichenen Gegenstände als ihre Aehnlichkeit an den Tag gebracht, geliefert, wenn überhaupt durch das blosse Parallelisiren von Entwickelungsstufen die Entdeckung von Aehnlichkeiten bedingt ist oder schon das blosse Nebenhergehen genügt.

Müller-Jochmus [336]) hat das Wesen und die Entwickelung des Völkerrechts festzustellen getrachtet. Er bezweifelt zunächst nicht, dass das Völkerrecht von den ältesten Zeiten her, wenn auch in anderer Weise, bestanden habe und gleichzeitig mit dem Staatsrecht entstanden sei, denn es gebe keine Gemeinschaft ohne Recht und zum Verkehr seien die Staaten frühzeitig genöthigt gewesen, denn es könne kein Staat ohne den andern staatlich existiren. Hierdurch ist, unseres Erachtens, nur das Bestehen thatsächlicher internationaler Beziehungen, nicht das rechtlicher erwiesen. Das Völkerrecht wird sodann verschiedenartig eingetheilt. Zunächst wird ein positives und natürliches unterschieden. Positiv sei nicht das äusserlich Bestehende und Gesetzte im Gegensatz zu dem, welches der natürliche Sinn der Völker noch zu erschliessen habe, sondern das innerlich Nothwendige, welches ihnen die Wege für ihre Entwickelung, in der ihre Freiheit bestehe, vorzeichne. Das Vernünftige, wahrhaft Historische, sei das Positive. Wider-

---

336) Vergl. seinen Aufsatz in Pölitz's (Bülau's) Jahrb. d. Gesch. u. Politik, X. Jabrg. II. Bd. (1847) S. 41 ff. und seine Schrift: „Das allgemeine Völkerrecht", Leipzig, 1848.

sprechend sagt der Verf. an einer anderen Stelle : erst durch
die solidarische Verantwortlichkeit des ganzen europäischen Staatensystems für die Rechte der Einzelnen, wie der
Gesammtheit, hätte das Völkerrecht eine Garantie erhalten,
sei es überhaupt ein wirklich positives geworden. Unverkennbar wird ein Mal die innere Nöthigung, das andere
Mal das äussere Moment der Verantwortlichkeit als Kriterium
für das positive Recht angenommen. Der Begriff des natürlichen wird durch die Unterscheidung eines allgemeinen
und besonderen Völkerrechts gewonnen. — Die Verschiedenheit des Völkerrechts wird aus der Verschiedenheit der
Nationalität abgeleitet. Die Summe des Uebereinstimmen-
den sei das Naturrecht, das Verschiedene sei durch die
individuellen Lagen und Anschauungen hervorgebracht und
in dem besonderen Völkerrecht enthalten, indem ein
Völkertheil, etwa die Völker eines Erdtheiles, ein System
von Regeln unter sich ausbilden, die ihrem Interesse und
ihrem Bildungsgrade angemessen sind. In noch engerem
Sinne unterscheidet Müller-Jochmus ein besonderes
Völkerrecht, wenn er von dem Völkerrecht eines einzelnen
Staates spricht, weil in demselben eigenthümliche Gestaltun-
gen entgegentreten. Richtiger aber nennt er dieses Recht
an einer anderen Stelle äusseres Staatsrecht, indem er
diesem ein äusseres Staatenrecht entgegensetzt, welche
Bezeichnung er überhaupt für die dem Begriff des Völkerrechts angemessene hält. Unter dem äusseren Staatsrecht
versteht er dann den Inbegriff der Regeln, welche der einzelne Staat für den Verkehr mit anderen Staaten selbstständig aufgestellt habe, abgesehen von jedem Anerkenntniss
seitens des Letzteren, während er als äusseres Staatenrecht

die Summe derjenigen Verkehrsgrundsätze begreift, welche auf dem Anerkenntniss verschiedener oder aller Staaten beruhen und allgemeine Geltung haben. Bei der Feststellung des Verhältnisses zwischen dem positiven und natürlichen Recht, räumt er ein Mal dem letzteren einen entschiedenen Vorrang ein, indem er es als die letzte Quelle zur Entscheidung des Conflicts positiver Regeln anerkennt und spricht ein anderes Mal nur dem System von Völkerverkehrs-Regeln, welche unter den Gesichtspunct der äusseren Verbindlichkeit gebracht worden seien, die Natur des Rechts zu. Ja es wird ferner ausdrücklich anerkannt, dass durch die Verpflichtung, mittelst welcher die Staaten sich zur Aufrechthaltung eines Inbegriffs von Regeln als ihr Recht verbindlich gemacht hätten, ein allgemeiner Wille sich kund gebe, der die Quelle alles Rechts sei, sobald er erkennbar geworden. Welche Quelle ist nun da die vorzüglichere, das Naturrecht oder der allgemeine Wille? Wir haben die Beantwortung dieser Frage in dem die Quellen des Völkerrechts behandelnden Abschnitt gesucht. Müller-Jochmus nimmt drei Quellen an: 1) das Religions- und Sittengesetz, welches auch in dem Bewusstsein des Volkes die Grenzen ziehe, innerhalb deren es sich in der Richtung zu anderen Völkern bewegen soll. 2) Das innere Recht, privates oder öffentliches. Dieses auf dem Boden der Religion und Sitte entstandene Recht gewähre nur noch eine weitere Ausführung der Rechte des Staates an den Staat. Die Gesetzgebungen aller Völker seien mit Bestimmungen über das Verhalten gegen auswärtige Staaten, wenigstens gegen deren Unterthanen versehen. 3) Die auf Religion und Recht beruhende Gewohnheit, welche sich erst ausspreche im anhal-

tenden Verkehr verschiedener Völker. Durch diesen Verkehr
würden Sitte und Gesetz verschiedener Völker vermittelt
und ausgeglichen, das Recht des Staates zu einem Recht
der Staaten umgebildet und in diesen ein gemeinsames Bewusstsein gesetzt. Dieses Bewusstsein sei die reichste
Quelle des Völkerrechts, dessen positive Gesetze in
seinen Aeusserungen liegen. Es habe selbst Macht über
durch ihr Alter geweihte Gewohnheiten und feierlich geschlossene Verträge. Auch lasse sich aus Verträgen das
Völkerrecht nicht unmittelbar schöpfen. Nur wenn sie auf
einem für den Völkerverkehr allgemein als rechtlich
recipirten Gedanken beruhen und aus ihnen Analogien zu
begründen seien, welche den dauernden Willen der Staaten
erkennen lassen, würden ihre Principien Beachtung finden
müssen. Seien sie dem Recht und dem jetzt oder später
herrschenden Völkerbewusstsein entgegen, so habe die
Wissenschaft sie als antiquirt zu betrachten. Habe ferner
der Vertrag eine Besonderung zum Zweck, so gelte er nur
als Quelle für das äussere Recht der bestimmten Staaten,
welche sich ihm als Contrahenten oder sonst durch ausdrücklichen Consens unterworfen hätten. An sich bedürfe aber
das Völkerrecht zu seiner Existenz der Verträge nicht, da
es mittelst seiner absoluten Nothwendigkeit bestände.
Seine Existenz lasse sich genugsam begründen in dem wirklichen Leben der Völker. Dieses sei der beste Probstein
des Völkerrechts, und das grosse Buch, in welchem der
Rechtsgelehrte das Völkerrecht suchen und aus welchem er
es in wissenschaftlicher Form entwickeln und daraus die
Aeusserungen des Staatensystems zu einem System von Rechts-
wahrheiten erheben solle, sei die Geschichte. Soll die Geschichte

aber wirklich lehrreich werden, so müsse sie bis an ihre Anfangspuncte gehen. Die Staaten müssten in ihrem Gesammtzusammenhange als Glieder einer *civitas maxima* aufgefasst werden, denn der Universalstaat bestehe zwar als das Ganze einer Vielheit zunächst nur im Begriff, aber dessen Nothwendigkeit sei, dass er sich realisire. Wir ersehen hieraus, dass Müller-Jochmus das geschichtlich nachgewiesene Völkerbewusstsein, wenn auch nicht als die einzige, so doch als die reichste Quelle des Völkerrechts ansieht und wir können uns hiermit, wenn wir statt dieses ferneren Ursprungs, den näheren, die internationale Rechtsüberzeugung setzen, nur wiederholt einverstanden erklären. Das natürliche Recht scheint daher bei der namentlichen Behandlung der Quellen in den Hintergrund getreten zu sein. — Der Verf. will ferner mit seiner geschichtlichen Arbeit für das System des Völkerrechts vorbereitende Momente bieten. Denn wenn auch damit viel gewonnen sei, dass die reiche Materie in die Ordnung eines Systems komme, so lasse sich doch nicht läugnen, dass ein System wenig Nutzen gewähren könne, wenn man unterlassen habe, das Material kritisch zu durchdringen. In der geschichtlichen Forschung, die beim Völkerrecht, dessen Nerv die Geschichte sei, die erste Voraussetzung bilde, lägen vorzugsweise die Mängel, welche uns nur bedenklich von einem positiven und noch bedenklicher von einem allgemeinen Völkerrecht sprechen liessen. Wäre dasselbe aber nicht mindestens etwas positives, so würde es den Anspruch auf selbstständige wissenschaftliche Behandlung nicht haben, es würden die völkerrechtlichen Verhältnisse der Rechtsphilosophie subsumirt werden. In diesen Aussprüchen ist noch viel anschaulicher das Verhältniss

des positiven und philosophischen Rechts, namentlich auch
zur Gewinnung eines positiven Systems dargelegt, indem
ausdrücklich die historisch kritische Forschung als Grund-
voraussetzung dafür bezeichnet wird. Was daher in Bezug
auf die Auffassung des Positiven als ungewiss hat erscheinen
können, indem anfänglich die Identificirung desselben mit
dem Philosophischen als beabsichtigt sich auswies, muss hier
der bestimmt ausgesprochenen Ansicht weichen, nur bleibt
freilich eine solche, wenn auch nur dem herkömmlichen
Sprachgebrauch widerstrebende Bezeichnung des Vernünftigen durch das Positive und die Identificirung des Vernünftigen mit dem Historischen ein nicht zu übersehender Mangel.

Haben wir hiermit im Ganzen uns mit der Auffassung
von Müller-Jochmus einverstanden erklären können, so
müssen wir schliesslich noch bezweifeln, dass das allgemeine Völkerrecht, wie Müller-Jochmus es als ein von
Alters her fortgehendes und ununterbrochenes auffasst, wirklich in solcher Continuität existirt habe, und in solcher
Weise wird dargestellt werden können und dass, wenn diese
Arbeit vollzogen wäre, sie, — was ja der Verf. will, — als
eine Vorarbeit für das System des Völkerrechts wird gelten
mögen, indem ein solches System doch nur für eine von
einem übereinstimmenden Grundgedanken getragene Zeit
aufzuführen möglich ist. Dass aber dieser Grundgedanke
für alle Zeiten kein übereinstimmender sei, scheint uns
Müller-Jochmus nicht blos durch sein Zugeständniss, dass
das Völkerrecht sich in verschiedener Weise gestalte,
sondern auch schon durch seine begonnene Forschungen hinreichend erwiesen zu haben, wofür wir als schneidendsten
Beleg nur anführen, dass der Verf. auch China in den Kreis

seiner Betrachtung gezogen hat. Auch sind wir ferner nicht damit einverstanden, dass ein jedes Volk und ein jeder Staat ein Völkerrecht habe, dass überhaupt von dem Völkerrecht eines besonderen Staates geredet werden könne. Es scheint uns Das durchaus eine *contradictio in adiecto* zu sein. Müller-Jochmus weist selbst sehr treffend nach, wie erst durch den Völkerverkehr eine Ausgleichung verschiedener Sitten und Gesetze vor sich gehe und hierdurch das Staatenrecht erst entstehe, wie kann da also von dem Völkerrecht eines einzelnen Staates, da ja dieses überhaupt durch die Ausgleichung der Rechtsanschauungen mehrerer bedingt ist, und erst dieser Ausgleichung nachfolgt, die Rede sein? Zugleich erweist sich auch durch diese Art der Heranbildung des Völkerrechts die Unmöglichkeit der gleichfalls von Müller-Jochmus behaupteten gleichzeitigen Entstehung des Staats- und Völkerrechts, denn wenn durch die Ausgleichung der staatsrechtlichen Anschauungen die völkerrechtlichen entstehen sollen, so müssen doch jene nothwendig früher da sein als diese und somit ist denn auch jene Behauptung durch des Verf. eigene Entwickelung entkräftet worden.

Schon die vorstehend geprüften Forschungen, namentlich die von Stein und Hälschner, entbehren der Seitenblicke auf die Literatur des Völkerrechts nicht, aber an einem vollständigen Bilde fehlte es und doch war durch Anschluss an die früheren Resultate das Werden der Zukünftigen bedingt. So war es denn eine nicht genug anzuerkennende Leistung Robert v. Mohl's, dass er solche Vollständigkeit, wenn auch auf die neuere Zeit beschränkt, erbrachte [337]).

---

337) In der ersten Uebersicht in d. Zeltschr. f. d. ges. Staatswissensch.

Seine umfassenden Studien führten den Leistungen aller Forscher auf dem Gebiete des Völkerrechts Unterstützung zu,
denn es ward nunmehr möglich, den Reichthum der Literatur
und zwar nicht blos in Bezug auf eine Nation, sondern
auf fast alle Nationen zu überblicken. Die Völkerliteratur
des Völkerrechts trat hierdurch in einem zusammenhängen-
den Ganzen als Gesammtwerk der Völker in die Erscheinung,
wurde gleichzeitig zum Gesammteigenthum und bot neue Ge-
sichts- und Vergleichspuncte dar, die von fruchtbarer Rückwirkung auf alle kommenden Leistungen werden mussten.
Sollte eine solche Arbeit aber einen bleibenden Werth beanspruchen, so musste ein Plan derselben vorgezeichnet und
durchgeführt werden. Diese Planlegung kurz darzustellen
und zu erörtern, erachten wir für die dieser Schrift gebotene Aufgabe, denn eine völkerrechtliche Literairgeschichte
ist eine Entwickelung der wissenschaftlichen Gestaltung des
Völkerrechts, und von dieser können wir in einer der Systematik desselben gewidmeten Arbeit schwerlich absehen.
Für die eigentliche Systematik gewährt uns freilich solche
Planlegung wenig unmittelbare Anknüpfungspuncte, aber die
Systematik hat es eben mit der Ordnung eines bestimmten Stoffes zu thuen und diesen Stoff selbst in seiner Wesenheit und der Art der Gewinnung konnten die kritischen
Beleuchtungen einer Literairgeschichte nicht ausser Acht
lassen.

(1846) wird die Literatur der 12—15 Jahre vorher berücksichtigt, in d. Gesch.
der Staatsw. (1855, Bd. I.) sind die neueren Leistungen ergänzend hinzuge-
treten und ist jener Zeitabschnitt durch das zweite Viertel des laufenden Jahrhunderts ersetzt worden. Dieser Umstand und überhaupt die weitere Ausführung der zweiten Leistung hat uns bestimmen müssen, in unserer Darstellung und Beurtheilung an diese anzuknüpfen.

v. Mohl behandelt die Literairgeschichte des Völkerrechts zuerst in vier Abschnitten. I. Geschichtliche Werke;
II. Systeme; III. Monographien; IV. Sammlungen von Staatsverträgen, sodann blos in drei, den drei erstgenannten entsprechenden, indem der vierte passend dem ersten einge-
reiht ist. Uns geht hier zunächt an das an Grundanschauungen bei Beurtheilung der Systeme und das im Schlusswort
Ausgesprochene. Die zur Erlangung einer Darstellung erforderliche Zusammenfügung zerstreut liegender Behauptungen
kann freilich leicht als eine unberechtigte Störung des Zusammenhanges angesehen werden, aber sie bleibt das einzige
Mittel zur Gewinnung der Anschauungen eines Autors, den
wir um so weniger übergehen dürfen, als er unter den Publicisten unserer Zeit eine hervorragende Stelle einnimmt.

v. Mohl hat sich zunächst über das Grundprincip des
Völkerrechts dahin ausgesprochen, dass er der Puetter-
schen Zurückführung des Völkerrechts auf die subjective
vernünftige Freiheit eines jeden einzelnen Staates nicht beistimmen könne, da diese Grundlage entweder nur zu einem
Chaos von Willkübr und zu völliger Aufhebung des Völkerrechts als eines wesentlich gemeinschaftlichen Rechts
führe, oder durch dialectische Künste der subjectiven Freiheit wieder ein innerlich nothwendiger objectiver Inhalt gegeben werden müsse, und es dann einfacher und klarer
sei, diesen gleich aufzuführen und an die Spitze zu stellen
und nicht Forderungen, sondern auch Pflichten als Gegenstand des Völkerrechts anzuerkennen [338]). Dagegen erkennt
v. Mohl an, dass v. Kaltenbórn's Erhebung der objectiv

---

338) v. Mohl, Gesch. d. Staatsw. S. 382.

vernünftigen Ordnung des Zusammenlebens verschiedener Staaten zu einer Grundlage hinleite, auf welcher man zu sachlich richtigen Grundsätzen, zu einer richtigen Umschreibung des Völkerrechts und zu einer verständigen Eintheilung kommen könne [339]. Als Zweck des Völkerrechts will v. Mohl die Fallati'sche Selbstvernichtung des Völkerrechts bis zum Aufgehen in ein Welt-Staatsrecht, da das getrennte Fortbestehen der Staaten das des Völkerrechts bedinge, nicht gelten lassen [340], sondern erkennt vielmehr die Anstrebung einer Weltrechtsordnung an [341]. Der Einfluss der Philosophie auf die Systeme des positiven Völkerrechts ist nicht ganz eben so unzweideutig dargelegt. Zunächst nemlich kann es erscheinen, als ob v. Mohl eine Verbindung des Positiven und Philosophischen erstrebt habe, sodann als ob er das Letztere nur als ein Element zur Systematisirung des Ersteren will. Denn es wird zuvörderst erklärt, dass bei keinem System des positiven Völkerrechts der völlige Ausschluss des Philosophischen möglich sei, wol könne ein ausschliessend philosophisches Lehrgebäude gegeben werden, allein blos positives internationales Recht genüge nicht zu einem wissenschaftlich organischen Ganzen, und sei die gebührende Berücksichtigung der philosophischen Lehren bei jedem solchen Werke eine eigene wichtige Frage [342]. Hier ist doch offenbar gemeint, der Philosophie nicht blos einen form- sondern auch inhaltgebenden Einfluss auf das System des positiven Völkerrechts zu gewähren. Bei einer

---

339) v. Mohl a. a. O. S. 381.
340) v. Mohl a. a. O. S. 380.
341) v. Mohl a. a. O. S. 452.
342) v. Mohl a. a. O. S. 391.

anderen Gelegenheit wird dagegen das geschichtliche Moment als Voraussetzung der Gültigkeit des positiven Völkerrechts anfänglich so stark betont, dass der Philosophie dort nur eine construirende Thätigkeit des Positiven eingeräumt scheint. Aus dem später Angeführten kann man aber einen weiter gehenden Einfluss der Philosophie entnehmen. v. Mohl rügt nemlich die Wheaton'sche Methode bei Abfassung seines Völkerrechtssystems, weil er mit einigen rechtsphilosophischen Sätzen beginne und diesen unmittelbar als belegende Beispiele oder etwa auch als gewohnheitsrechtliche Beschränkungen mehr oder weniger zahlreiche Fälle aus dem wirklichen Völkerleben beifüge. Auf diese Weise könne weder ein ächt wissenschaftliches, noch ein praktisch zuverlässiges positives Völkerrecht zu Stande kommen. Ein solches könne nur der geschichtlich nachweisbare Ausdruck des gemeinsamen Rechtsbewusstseins der christlichen Völker der Neuzeit über das Rechtsverhalten unabhängiger Staaten zu einander sein. Wie sollte aber der Beweis dieses Bewusstseins und der Inhalt desselben gegeben werden, durch die Aufstellung irgend welcher beliebiger rechtsphilosophischer Sätze und eine eben so willkührliche Beifügung von einzelnen Thatsachen. Jene Sätze könnten recht wohl den Staaten europäischer Gesittung ganz unbekannt und widrig sein; die Thatsachen aber nur Ausnahmen oder Missbräuche und Missgriffe. Aber selbst, wenn Beides thatsächlich nicht der Fall wäre, so sei noch gar kein Beweis geliefert, dass sie wirklich als positive Maassregeln anerkannt würden. Wenn zwar die Beiziehung des philosophischen Rechts als nöthig anerkannt worden zur Zustandebringung eines vollständigen wissen-

schaftlichen Systemes des positiven Völkerrechts, so sei doch
ein grosser Unterschied zwischen der Errichtung eines Ge-
bälkes von dürren Naturrechtssätzen, deren Zwischenräume
mit thatsächlichen Beispielen ausgefüllt werden, und einem
philosophischen Begreifen des positiven Rechtsbewusstseins, einer Kritik desselben vom Standpuncte des philosophischen Gedankens, endlich einer Aufstellung rein
philosophischer Sätze, als solcher, wo sich ein positiver Stoff nicht auffinden lasse [343]). — Man ersieht aus
den vorstehend angeführten Aussprüchen des verehrten Verfassers leicht, dass er anfänglich für ein positives Völkerrecht geschichtlichen Nachweis verlangt, dann aber sowol
eine philosophische Kritik des Positiven als eine Ausfüllung
der Lücken des positiven Völkerrechts durch das philosophische gewährt. Da nun die vorstehend erwähnten Aussprüche
an die Besprechung eines Systems geknüpft sind, so
würde wol die Auslegung zutreffen, dass zur Gestaltung des
Systems des Positiven nicht blos der philosophischen Kritik
Einfluss verstattet, sondern dass auch die Aufnahme philosophischer Sätze in dasselbe befürwortet wird. Gegen das
Erstere müssten wir von unserem Standpuncte dann Einsprache erheben, wann die philosophische Kritik hierbei
auch bestehende positive Sätze aus dem System des positiven
Völkerrechts zu elidiren berechtigt sein sollte, während wir,
wenn sie nur begriffsmässige Anordnung demselben bringen
soll und in einem vom positiven System getrennten Ganzen
dessen Inhalt ihrer Kritik als Philosophie des Rechts unterziehen wollte, gegen solche Thätigkeit Nichts einzuwenden

---

343) v. Mohl a. a. O. S. 399 ff.

haben. Dagegen erscheint uns, wie schon mehrfach von uns hervorgehoben worden ist[344]), die Aufnahme philosophischer Sätze in ein positives System aus mehrfachen Gründen bedenklich. Wir verkennen nicht, dass zur Zeit für manche Fragen die Völkerpraxis noch nicht entscheidende Grundsätze zur Geltung gebracht, und dass durch vernachlässigte geschichtliche Nachforschung manche andere noch nicht an den Tag gebracht und der Wissenschaft überantwortet sind, aber weder im ersteren, noch im letzteren Falle scheint uns philosophische Stellvertretung verstattet. Gerade durch solche philosophische Lückenbüsser hat das wissenschaftliche Gewissen sich beruhigt und ist die Lückenhaftigkeit, da der wahre und mangelhafte positive Bestand nicht in einem Ganzen zur Anschauung gekommen ist, oft übersehen oder unterschätzt worden. Wir glauben auch, dass der geehrte Verf., welcher den Mangel einer vollständigen Geschichte des Völkerrechts beklagt[345]), selbst zum Frommen der Theorie und Praxis Nichts sehnlicher herbeiwünscht, als die historische Ausfüllung derjenigen Lücken, welche gewiss schon zur Zeit in solcher Weise ausgefüllt werden könnten, wenn die auf dem Gebiete der Völkerrechtswissenschaft thätigen Kräfte es nicht vorgezogen hätten, anstatt die mühsame Wanderung durch die Geschichte der Thatsachen anzutreten, aus ureigener Kraft des rein philosophischen Gedankens das Völkerrecht zu erschaffen. Ja wir belegen diesen unseren Glauben durch einen früheren Ausspruch v. Mohl's: „Jeden Falles aber ist zu wünschen,

---

344) Vergl. oben S. 229.
345) v. Mohl a. a. O. S. 468.

dass wir ein ausführliches Werk erhalten möchten, welches das positive Völkerrecht in seiner ganzen jetzigen Entwickelung und mit Berücksichtigung aller bedeutenden Vorfälle und Entscheidungen der Neuzeit darlegte" [346]. Ist nun hiermit eine Darstellung des Völkerrechts der Gegenwart gemeint, welche wir uns nicht anders als in der Gestalt eines Systems denken können, so wären unsere Erwartungen dieselben.

Auch über die eigentliche Systematik hat v. Mohl einige Andeutungen gegeben, die wir nicht glauben übergehen zu dürfen. Auf eine Aeusserung hatten wir schon oben [347] Gelegenheit nehmen müssen, einzugehen, da sie für das daselbst beförderte Unternehmen unserer Arbeit selbst von Wichtigkeit ist und daher schon dort berücksichtigt werden musste. v. Mohl erkennt aber ferner nicht nur die Nothwendigkeit einer Materialkritik, einer solchen, welche systematisch und vollständig aufräumte, erläuterte und gründete, an, sondern beklagt auch den Mangel einer nach den richtigen Grundanschauungen systematisirten Darstellung des Geltenden, sowie eines ausführlichen Werkes, welches in alle Einzelheiten geschichtlich, kritisch, dogmatisch eingienge. Hat nun v. Mohl selbst für ein objectives Princip sich erklärt und die Weltrechtsordnung als Zweck erkannt, so wären schon hierdurch wichtige Anleitungen zur Systematisirung gewonnen, da jene Grundgedanken bei dem gegenseitigen Sichbedingen von Princip und System für dieses von unverkennbarer Bedeutung sind. Indess hat v. Mohl auch

---

346) v. Mohl in d. Zeitschr. f. d. ges. Staatsw. a. a. O. S. 91.
347) Vergl. oben S. 12 Anm. 18.

ausserdem, gegenüber der v. Kaltenborn'schen Ordnung,
die Eintheilung der Lehren nach den drei Beziehungen der Souverainetät der Staaten: des Rechtes und der Pflicht des Verkehrs
mit Anderen und der Ordnung der Gemeinschaft dem Grund-
satze einer objectiven Auffassung gemässer erklärt und hiermit eine nähere Andeutung für die Systematik gegeben.
Jedoch haben wir die drei Bestandtheile des völkerrechtlichen Rechtsverhältnisses als maassgebend für die Systematik
erachten müssen, und begeben uns um so eher der Beurtheilung des v. Mohl'schen Vorschlages, als dieser nur gelegentlich ausgesprochen und nicht weiter ausgeführt worden ist.

Wurden nun alle völkerrechtlichen Schriftsteller v. Mohl
für sein literairisches Gesammtbild zu Dank verpflichtet und
sind die von ihm verkündeten Urtheile und gewonnenen Resultate gewiss schon manchem Streben seitdem Anregung
zur Umkehr oder zum Fortschreiten gewesen, so erwarb sich
doch ein nicht minderes Verdienst, wenn auch in anderer
Weise, v. Kaltenborn durch seine bekannte und gediegene
Kritik der völkerrechtlichen Grundbegriffe und der Systematik.
Konnte es auch nicht fehlen, dass er hier und da nicht Beistimmung fand, so ist doch schon durch die vielfache Berücksichtigung seiner vorzüglichen Leistung ihre Bedeutung
für die Wissenschaft unverkennbar an den Tag gelegt worden. Schon in unserer früheren Schrift hielten auch wir uns
für verpflichtet, das Verdienstvolle der v. Kaltenborn'schen
ersten Forschung anzuerkennen und auch in dieser hatten wir
bereits mehrfach dazu Gelegenheit. Bekennen wir doch gerne,
dass wir selbst zur kritischen Umschau auf dem Gebiete
der Völkerrechtswissenschaft durch v. Kaltenborn's Kritik
angeregt wurden und sowol unsere frühere als jetzige Schrift

nur den Zweck verfolgen, das von ihm Begonnene, weiter
auszuführen. Dass wir hiermit, allen seinen einzelnen Anschauungen und Urtheilen beitreten zu wollen, erklären,
wird Niemand weder aus unserer früheren Schrift, noch aus
der jetzigen entnehmen können, auch ist, wenn Zwei Dasselbe thuen, es nimmer Dasselbe. Es ist noch viel kritische
Arbeit auf dem Gebiet der Völkerrechtswissenschaft übrig
und so möge denn eine vielseitige Betheiligung ebensowenig
für ein Näherrücken an das Ziel als unzweckmässig erscheinen, als eine Verschiedenheit der Ansichten die Entwickelung
der Wahrheit wird behindern können.

In alle Einzelheiten der v. Kaltenborn'schen Kritik
hier einzugehen, kann nicht unsere Absicht sein, wir heben
nur die Behandlung des Verhältnisses des positiven zum
philosophischen Völkerrecht, des Princips und der Systematik
heraus.

v. Kaltenborn erachtet als die vorliegenden Haupt-
aufgaben : 1) den Versuch einer historischen Entwickelung
der völkerrechtlichen internationalen Idee, einer Geschichte
des Völkerrechtslebens, um darauf alles Uebrige zu basiren.
Von dieser Arbeit sieht er aber einstweilen sich genöthigt,
Umgang zu nehmen und liefert statt Dessen eine genetische
Entwickelung der völkerrechtlichen Literairgeschichte, um
mit der gehörigen Begründung die besonderen Anforderungen an die heutige Völkerrechtswissenschaft stellen zu können ; 2) die Gewinnung fester, dem internationalen Leben
wahrhaft eigenthümlicher Principien für die Wissenschaft des
Völkerrechts, um auf einem sicheren Fundamente eine vollen-
dete Systematik des völkerrechtlichen Stoffes zu unternehmen, womit gleichsam als Probe jener allgemeinen Grundsätze,

eine principielle Beleuchtung der wichtigsten Völkerrechts-
institute zu verbinden wäre. (Krit. d. Völkerr. S. 14 ff.)
Wäre von dem geehrten Verf. die zuerst angedeutete Aufgabe in der vollkommeneren Weise gelöst worden, so hätte
die Lösung der zweiten ein entschieden sichereres Fundament
gewonnen, denn ein auf geschichtlich nachgewiesenen Principien ruhendes System des Positiven ist das einzige zur
Geltung geeignete. Indess ist nicht zu verkennen, dass jene
geschichtliche Durchführung der internationalen Idee erst
dann mit Erfolg wird versucht werden können, wenn das
gesammte umfassende, dazu erforderliche Material schlüssig
gesammelt sein wird, denn erst dann wird aus der Vergleichung der in dem internationalen Leben zur Geltung ge-
langten Grundgedanken der wahre und wirkliche, immer
mehr hervortretende ermittelt werden. Dass nun aber dieser
kein anderer als ein internationaler und rechtlicher sei, Das
nehmen auch wir mit v. Kaltenborn an (Krit. d. Völkerr.
S. 12), aber die nähere Charakterisirung desselben ist damit noch nicht gewonnen, und diese ist es, die wir aus der
Geschichte des internationalen Lebens nachweisen müssen.
Zwar wird uns das Hauptmoment der Idee auch dadurch
noch näher rücken, dass wir die Zweckbestimmung des Völkerrechts, als welche wir die Weltrechtsordnung erkannten,
in's Auge fassen, aber auch hier kann wiederum nur der
Nachweis der Art das Nähere erbringen. Unternahm nun
v. Kaltenborn statt der geschichtlichen Beweisführung eine
blos, aber freilich so umfassend wie nie früher ausgeführte,
literairgeschichtliche, so ist auch diese unverkennbar lehrreich, denn nicht blos die Thaten der Völker, auch die Gedanken der hervorragendsten Geister derselben, die oft jene

Thaten hervorriefen, bilden die Geschichte des Werdens und rechtlichen Gestaltens der internationalen Beziehungen.

Seine Grundansicht über das Verhältniss des philosophischen zum positiven Recht deutet v. Kaltenborn schon in den Aussprüchen (Krit. d. Völkerr. S. 28) an : „Erst auf Grundlage der historischen und positiv systematischen Forschungen hätte sich naturgemäss die Philosophie des Völkerrechts, das s. g. natürliche Völkerrecht erheben sollen, um mehr als eine blosse subjective Theorie, als ein willkührliches Product der Individualität des Autors zu sein. Das philosophische Völkerrecht hat aus der Erkenntniss des innersten positiven Lebens hervorzugehen, und diese ist erst durch eine gründliche historische Forschung und Bearbeitung möglich. Die Philosophie des Völkerrechts musste nichts Anderes sein als die höchste Blüthe und das letzte Resultat aller wissenschaftlichen Forschung über das Völkerrecht." Hierauf wird zwar die Vermischung des Positiven und Philosophischen in Rücksicht auf die nur durch schwierige wissenschaftliche Combination zu gewinnende Gewohnheit und das Fehlen allgemeiner Völkerverträge in früherer Zeit entschuldigt, aber nicht gerechtfertigt, denn eine wissenschaftliche Scheidung jener beiden Sphären sei eben so nothwendig als möglich (K. d. V. S. 33 ff.). Das Verhältniss wird weiter durchgeführt. Die philosophische Doctrin habe von der positiven den innersten, durch historische Forschungen errungenen Kern des Materials zu empfangen, dagegen entlehne die positive Doctrin von der philosophischen die leitenden Grundsätze, die Form und die Methode zur Gewinnung eines wahrhaft wissenschaftlichen Systems des positiven Stoffes (K. d. V. S. 97.) Der höchste Standpunct der wissenschaftlichen

Auffassung und Bearbeitung des Rechtsstoffes sei aber: den positiven Stoff auf gewisse leitende Grundsätze, auf seine höchsten Principien zurückzuführen, ihn principiell zu erforschen, zu stützen, zu läutern, zu ordnen, zu gliedern und somit zu einem in der eigenthümlichsten Natur der Völkerrechtsverhältnisse begründeten Systeme zu organisiren (K. d. V. S. 128). v. Kaltenborn unterscheidet sehr wohl eine Philosophie des Völkerrechts und eine philosophische Bearbeitung des positiven Völkerrechts, aber er verlangt auch für jene eine objective, historische Basis. Aufgabe der positiven Völkerrechtsdoctrin sei, die positiven Eigenthümlichkeiten in möglichster Treue und Vollständigkeit darzustellen und zu einer allgemeinen Theorie zusammenzufassen. Die philosophische Erhebung der positiven Theorie bestehe nur darin, bei voller Anerkennung jener besonderen Eigenthümlichkeit, Mannichfaltigkeit, Irregularität und Zufälligkeit des positiven Stoffes nach den durch die Philosophie des Völkerrechts gewonnenen obersten Principien, nach den durch eben dieselbe aufgestellten Gliederungen ein System von positiven Satzungen aufzuerbauen. Die Schranke wie das innerste Wesen einer solchen positiven Systematik bildeten die mit Nothwendigkeit anzukennenden und darzulegenden Eigenthümlichkeiten, Irregularitäten und Zufälligkeiten des praktischen Lebens, indess seien dieselben durch eine lebensfrische Doctrin möglichst zu überwinden (K. d. V. S. 132). — v. Kaltenborn scheint uns hierin das Verhältniss der Philosophie zum positiven Völkerrecht sehr treffend angedeutet zu haben, wir können uns mit dieser Ausführung nur vollständig einverstanden erklären und glauben, dass, wenn diese Verhältnissbestimmung in Zukunft von den völ-

kerrechtlichen Systematikern festgehalten wird, wir zu einem
historisch begründeten und philosophisch gegliederten System
des positiven Völkerrechts gelangen müssen.

Dagegen müssen wir hier, wie auch früher [348]) gegen
die Aufstellung z w e i e r Principien für das Völkerrecht Einsprache erheben, nicht bloss desshalb, weil auch wir, gleich
P u e t t e r [349]), annehmen, dass ein System nur auf e i n e m
Princip beruhen könne, sondern auch desshalb, weil es gerade Wesen des völkerrechtlichen Princips ist, eine objective
Modification des Subjectiven zu sein. v. K a l t e n b o r n hat
Beides, sowol das Zumodificirende als das Modificirende
geboten. Jenes ist die Souverainetät, dieses die internationale Gemeinschaft. Weil nun unverkennbar beide Ideen im
Völkerrecht thätig sind, hat v. K a l t e n b o r n jene als subjectives, diese als objectives Princip erkannt (K. d. V. S. 266 ff.),
aber die Vermittelung beider fehlt und diese scheint uns in
dem internationalen Rechtsprincip zu liegen. v. K a l t e n -
b o r n hält zwar das objective Princip für das wesentliche
und ursprüngliche, während das subjective nur jenes ge-
nauer bestimmen solle. Aber wir glauben, einen Schritt
weiter vorgehen zu dürfen. Wir meinen, da das objective
Princip das wesentliche sei, es auch das subjective modificiren müsse und nicht umgekehrt, denn die objectiv modificirte Souverainetät erscheint uns als die eigenthümlich
völkerrechtliche im Gegensatz zu der nicht modificirten, blos
staatsrechtlichen. Ist nun aber das objective Princip das
wesentliche und zwar nicht blos ein i n t e r n a t i o n a l e s über-

---

348) In unserer Schrift „*de natura princip. iur. int. gent. posit.*"
S. 36 ff.

349) Vergl. P u e t t e r in d. Zeitschr. f. d. ges. Staatsw. Bd. IV. S. 549.

haupt, sondern insbesondere ein rechtliches, so scheint uns in dem internationalen Rechtsprincip, welches eben durch den Zusatz „international" sich von jedem anderen Rechtsprincip unterscheidet, das maassgebende Princip für das internationale oder Völkerrecht gegeben und hinreichend ausgedrückt zu sein.

Für selbstverständlich halten wir es aber, dass, so wie bei Puetter das Princip, so auch bei v. Kaltenborn die Principien dessen Systematik bedingen mussten, und so unterscheidet er denn, nach einem in anzuerkennender Weise angeordneten allgemeinen Theile, im speciellen Theile solche internationale Rechtsverhältnisse, die vorzugsweise aus dem subjectiven Princip, der Souverainetät der Staaten abzuleiten seien und solche, welche vorzugsweise aus dem objectiven Princip, der internationalen Gemeinschaft folgen. Dass v. Kaltenborn hierin consequent gewesen sei, ist bei der maassgebenden Rückwirkung des Princips auf das System nicht zu verkennen, aber erkannten wir nicht die von ihm aufgestellten Principien an, so vermögen wir auch nicht, die nach diesen organisirte Systematik anzuerkennen. Wir könnten daher, wie bei Puetter, auch in Bezug auf v. Kaltenborn die weitere Erörterung der Systematik unterlassen, wenn nicht v. Kaltenborn uns, trotz seiner principiell nicht anzuerkennenden Systematik, einige zu berücksichtigende Einzelheiten geboten hätte, welche wir als seine und neue Gedanken zu bezeichnen nicht anstehen.

v. Kaltenborn handelt (K. d. V. S. 294 ff.) in seinem „allgemeinen" Theile von den Subjecten, den Trägern der internationalen Verhältnisse, von den Staaten und Souverainen, von den Objecten, den Gegenständen dieser Rechtsverhältnisse,

und von den Formen und Ereignissen, durch welche jene
Subjecte und diese Objecte in solche Verbindung treten,
dass daraus internationale Rechtsverhältnisse entstehen, von
den Völkerrechtsgeschäften und analogen Beziehungen. Demgemäss rechnet er dahin: 1) schriftlichen und mündlichen
Verkehr aller Art, 2) die zu diesem Verkehr benutzten Organe oder die internationalen Beamten, Congresse etc.,
indess nur in allgemeiner Charakteristik, nicht in Bezug auf
ihre Rechtverhältnisse; 3) die zufälligen Gründe des internationalen Verkehrs durch erlaubte und unerlaubte Handlungen und Verletzungen; 4) das Herkommen; 5) die Verjährung; 6) den Verlust der internationalen Rechte. Indem
wir die drei Glieder des Rechtsverhältnisses im Allgemeinen
anerkennen, glauben wir, dass der Ausdruck „Act" für die
Herstellung der Beziehung der Subjecte und Objecte bezeich-
nender sei. Namentlich ist darin das Moment der freien
Handlung des Willens ausgedrückt, da wir im Völkerrecht von unfreiwilligen Handlungen, durch welche die
Subjecte zu den Objecten in Beziehungen treten sollen, nicht
glauben reden zu können. Denn wenn auch dieser freie
Wille zu Gunsten der internationalen Gemeinschaft sich rechtlich verpflichtet hat, so ist doch die Uebernahme dieser,
sowie aller aus der Verpflichtung abzuleitenden Verbindlichkeiten ein freier Act der Souverainetät, denn die Beobachtung des Völkerrechts kann nicht erzwungen, nur frei be-
schlossen sein. Demnach entstehen auch nur den Willenshandlungen, nicht den Formen und Ereignissen die internationalen
Rechte. Insbesondere ist auch das blos Formelle nicht der
Begründungsact selbst, sondern nur die äussere Weise
desselben, der innere Grund für die Begründung ist stets

eine Willenshandlung; von dem Völkerwillen unabhängige Ereignisse aber können zwar den Willen vielfach bestimmen und modificiren, aber Rechte können sie, ohne dass der Wille hinzutritt, nie begründen, denn die Begründung der Rechte muss stets eine freie und bewusste sein. Dagegen sind nicht blos die erlaubten Handlungen Ausdruck des völkerrechtsgemässen und unerlaubte Handlungen und Verletzungen Ausdruck des völkerrechtswidrigen Willens, sondern es drückt auch das Herkommen den Willen der Völker aus und es beruht auch die Verjährung, — falls sie überhaupt im Völkerrecht zulässig sein sollte, was wir bezweifeln, — entweder auf dem verzichtenden oder erwerbenden Willen. Uebersichtlicher könnten daher alle diese verschiedenen Willenserscheinungen zusammengefasst als Acte oder als Begründungsarten völkerrechtlicher Rechtsverhältnisse charakterisirt werden. Vollständig einverstanden sind wir dagegen damit, dass in einer dem allgemeinen Theil vorausgehenden „Einleitung" auf historischem und auf speculativem Wege die Existenz, die allgemeine Natur, die obersten Principien, das Gültigkeitsgebiet, die Quellen, die Literatur, die Hülfswissenschaften des Völkerrechts zur Gewinnung eines Fundaments für das nachfolgende System dargelegt werden.

Im „speciellen" Theile unterscheidet v. Kaltenborn in der bereits oben von uns angedeuteten Weise die aus dem subjectiven und objectiven Princip abgeleiteten Rechtsverhältnisse. Als die ersteren sollen die Ausflüsse, Consequenzen, Anwendungen und Modificationen der Souverainetät im internationalen Leben, die Selbstständigkeit, Unabhängigkeit, Gleichheit der Staaten, die Modificationen derselben, das Staatseigenthum u. s. w. behandelt werden. Mit

22

der Eintheilung der aus dem objectiven Princip abgeleiteten
Rechtsverhältnisse ist v. Kaltenborn noch nicht zum Abschlusse gekommen und giebt demnach nur versuchsweise
folgende Classificationen: *A*. Die persönlichen Beziehungen der Souveraine; *B*. Die eigentlichen Staatenverhältnisse: 1) von dem Verkehr der Staaten zu
Wasser und zu Lande; 2) vermögensrechtliche Verhältnisse
der Staaten unter einander; 3) Verhältniss der Regierungs-
rechte des einen Staates zu denen des anderen und zwar:
4) Wirksamkeit der Staatsgewalt in Bezug auf fremde Unterthanen und Forensen und 5) in fremden Gebieten, so
der gerichtlichen Erkenntnisse. Hierher gehören auch die
Völkerrechtsservituten; 6) gegenseitige Vereinigung mehrerer
fremden staatlichen Gewalten in Bezug auf einzelne Hoheitsrechte, wie Zollhoheit, Kriegshoheit, Policeihoheit, Posthoheit
und Münzhoheit; 7) einseitige oder vertragsmässige Ein-
mischung in die auswärtigen oder in die inneren und auswärtigen Angelegenheiten fremder Staaten von Seiten eines
Staates oder der ganzen Staatengemeinschaft; 8) der Staatenbund, als eine höhere Erscheinung der unter 6 charakterisirten Rechtsverhältnisse; 9) der Bundesstaat als eine politische Einigung von Staaten auf der Grenze zwischen staatsrechtlichen und völkerrechtlichen Zuständen. *C*. Das internationale Beamtenrecht als das Recht der Organe für
die internationale Thätigkeit der Staaten und Souveraine (das
Ministerium der auswärtigen Angelegenheiten und die diplomatischen Agenten). Alle diese internationalen Rechtsverhältnisse will v. Kaltenborn als materielles Völkerrecht
von den übrigen Völkerrechtsmaterien ganz bestimmt scheiden,
indem diese als formelles Völkerrecht oder Völkerpro-

cessrecht zusammenzufassen wären. Die durch dieses geschaffenen neuen, selbstständigen Rechtsverhältnisse seien: das Recht der Neutralität, die Zwischenherrschaft und Usurpation. Da sich aber die völkerrechtlichen Streitigkeiten auf dreierlei Weise schlichten lassen, so seien die hingehörigen Völkerrechtsmaterien nach drei Gliederungen abzuhandeln. I. Friedliche Vermittelung, besonders auch durch Zuziehung, Betheiligung dritter Mächte; II. Uebergänge zum Kriege durch Retorsion und Repressalien; III. das Rechtsmittel des Krieges. An das Kriegsrecht wären die Verhältnisse der Neutralität, der Usurpation und Zwischenherrschaft anzureihen.

Wenn v. Kaltenborn selbst gesteht, dass ihm v. Martens Leitstern für seine Darstellung gewesen sei (K. d. V. S. 301), so finden wir doch bei ihm so viel Besseres und Richtigeres, dass wir seiner Systematik Eigenthümlichkeit zu vindiciren uns für vollkommen berechtigt halten müssen. Wir bekennen gerne, dass die v. Kaltenborn'sche Anordnung als die einzige wahrhaft eigenthümlich-völkerrechtliche uns stets erschienen ist, wenngleich wir bei näherer Beprüfung und dem Versuche, den Stoff ihr gemäss zu ordnen, zu einigen Abweichungen uns veranlasst sahen. Sollten diese gebilligt werden, so wird uns immer nur die weitere Durchführung fremder Planlegung zugebilligt werden können. Denn v. Kaltenborn verdanken wir namentlich folgende wichtige Grundlagen. Zunächst leuchtet uns die von ihm unternommene Scheidung des materiellen und formellen Völkerrechts vollständig ein und sodann schien uns die dem Kriege im formellen Völkerrecht gewährte Stellung eine äusserst gelungene. Letzteres war dadurch, dass der Krieg bereits

22 *

als Rechtsmittel aufgefasst ward, allerdings schon angebahnt, indess wurde die Einreihung des Krieges in das formelle Völkerrecht selbstverständlich erst durch die Anwendung des bestehenden Gegensatzes des materiellen und formellen Rechts auf das Völkerrecht möglich. Diese Anwendung zuerst versucht zu haben, bleibt unstreitig v. Kaltenborn's Verdienst, denn Wolff's (oben S. 38), Höpfner's (oben S. 76), Gros' (oben S. 92) und Ahrens' (oben S. 123) Anfänge enthielten nur Andeutungen.

Was wir aber geändert sehen möchten, ist die Anordnung im Einzelnen. v. Kaltenborn selbst hat das völkerrechtliche Rechtsverhältniss zuerst und viel vollkommener als v. Martens (oben S. 72), welchem das Bindeglied fehlte, construirt. Dass wir als dieses nur Acte, nicht Formen und Ereignisse anzuerkennen vermögen, haben wir bereits dargelegt. Diese drei Bestandtheile des Rechtsverhältnisses möchten wir zu Haupttheilen des materiellen Völkerrechts erheben [350]), während wir das formelle Völkerrecht als die Lehre von den Organen und dem Verfahren betrachten. Hiermit treten wir der v. Kaltenborn'schen Anordnung gegenüber. Zunächst können wir die aus zwei Principien für ein System abgeleiteten Ordnungen der Verhältnisse aus dem subjectiven und objectiven Princip ebensowenig wie diese Principien selbst gelten lassen, auch ist Das aus dem subjectiven Princip Abgeleitete sehr wohl in unserem ersten Theile als Recht der Subjecte zu behandeln. Sodann möchten wir die aus dem objectiven Princip abgeleiteten Verhältnisse in folgender Weise unseren Haupttheilen einordnen.

---

350) Vergl. oben S. 63 ff.

Die Beziehungen der Souveraine wären bei den Subjecten,
also im ersten Theile abzuhandeln. Der Verkehr der Staaten
zu Wasser und zu Lande gehört, insoweit er ein Recht auf
den Verkehr begründet, gleichfalls in das Recht der Subjecte und zwar wesentlich in das der Staaten. Die vermö-
gensrechtlichen Verhältnisse der Staaten gehören dem Recht
der Objecte, dem zweiten Haupttheile des materiellen Rechts
an. Dagegen fassen wir die Wirksamkeit der Staatsgewalt
in Bezug auf fremde Unterthanen und auf Forensen, die in
fremden Gebieten und die gegenseitige Vereinigung mehrerer fremden staatlichen Gewalten in Bezug auf einzelne
Hoheitsrechte als Concessionen der völkerrechtlichen Souverainetät zu Gunsten der internationalen Rechtsverfolgung
und des internationalen Verkehrs auf und handeln sie desshalb bei den Rechten der Subjecte ab, indem wir den
Rechten an sich deren Modificationen folgen lassen. Die Intervention dagegen, die uns auch nur als völkerrechtliches
Rechtsmittel berechtigt scheint, verweisen wir in das formelle
Recht, ebenso das internationale Beamtenrecht; erst durch
dieses letztere gelangt das formelle Recht zu seinem ersten
Hauptbestandtheile, denn das Völkerprocessrecht muss, wie
jedes Processrecht, sich gliedern in die Lehre von den Organen und dem Verfahren. Wir finden darin, gegenüber
v. Kaltenborn, umsoweniger ein Bedenken, als der geehrte
Verf. selbst die Gesandten ausdrücklich als Organe bezeichnet
hat, dass sie freilich nicht die einzigen Organe seien, haben
wir an einem andern Ort dargelegt [351]. Auch glauben wir,
die drei Rubriken der Mittel des Verfahrens auf zwei reduciren

---

[351] Vergl. oben S. 218.

zu dürfen. Der Gegensatz scheint uns nemlich nicht in dem Friedlichen und Kriegerischen, sondern im Gütlichen und Gewaltsamen (oben S. 65) zu liegen. Zu dem letzteren rechnen wir dann auch die Retorsion und die Repressalien, und somit bewegt sich das Verfahren nur in zwei Gegensätzen.

Wir müssen es bei diesen Bemerkungen bewenden lassen und werden ein vollständigeres Urtheil über die Richtigkeit derselben durch den im zweiten Bande dieses Werkes dargelegten ausgeführten Entwurf des Völkerrechts, sowol des materiellen, als formellen ermöglichen. Doch bekennen wir gerne, allenfalls zunächst nur eine andere Anordnung in Vorschlag gebracht zu haben, halten auch durch das von uns Gebotene und zu Bietende die Sache der Systematik noch keineswegs für erledigt und werden begründeten Einreden stets Prüfung und Berücksichtigung angedeihen lassen.

Dass im Anschluss an v. Kaltenborn's Systematik von einem geachteten Völkerrechtslehrer Deutschlands, Joseph Pözl, ein „Grundriss zu Vorlesungen über europäisches Völkerrecht" (1852) herausgegeben ward, erweist uns sowol die Mangelhaftigkeit früherer Anordnungen, als die bereitwillige Aufnahme der v. Kaltenborn'schen. Wenn wir diesen Grundriss als den einzigen neuerer Zeit besprechen [352]), so geschieht es nicht blos desshalb, weil er uns vorzüglicher, namentlich methodischer als alle früheren erscheint, sondern weil er auch von den uns zugekommenen

---

[352]) v. Mohl führt noch andere Grundrisse (Gesch. der Staatsw. I. S. 382 ff.) an. Indess haben wir den von Kolderup. Rosenvinge und Bentham nicht zur Hand gehabt, und die Grundrisse von Michelsen und Winter, welche nur Abtheilungen geben, zu erörtern uns nicht für berechtigt gehalten, da die Gründe, welche die Verfasser zu ihrer Anordnung bestimmten, in keiner Weise uns bekannt geworden sind.

der einzige einigermaassen ausgeführtere ist, nicht blos in Ueberschriften sich bewegt, sondern ausser schätzbaren Literaturnachweisen auch einige, öfter auf die Systematik sich beziehende Bemerkungen enthält.

Nach einer, Begriff und Wesen, die Genesis, Quellen und Hülfsmittel beim Studium des Völkerrechts, erörternden Einleitung, wendet sich Pözl zum ersten Theile des Systems: „Allgemeine Grundsätze", dessen erster Abschnitt von den Subjecten, der zweite von den Objecten, der dritte aber von den auf dem Völkerrecht beruhenden Rechten im Allgemeinen handelt. Der zweite Theil ist den einzelnen Rechtsverhältnissen gewidmet und zwar behandelt dessen erster Abschnitt „materielles Völkerrecht" und der zweite: die Mittel und das Verfahren zur Erledigung völkerrechtlicher Streitigkeiten, und wird dessen Inhalt namentlich als völkerrechtlicher Process bezeichnet. Es ist schon hieraus ersichtlich, dass Pözl, gleich v. Kaltenborn, nach Voraussendung einer Einleitung fast gleichen Iuhalts, auch im allgemeinen Theile zunächst von den Subjecten und Objecten, dann aber nicht, wie v. Kaltenborn, von den Formen und Ereignissen, sondern von den auf dem Völkerrecht beruhenden Rechten handelt. Sehr richtig rechnet Pözl, im Gegensatz zu Heffter, zu den Suhjecten des Völkerrechts nicht den Menschen an sich und den Staatsangehörigen als solchen. Dagegen können wir aus bereits oben angegebenen Gründen [353]) die Hinzuzählung der Familie des Regenten und der diplomatischen Personen nicht billigen. Ferner hat Pözl die Staatenvereine nicht blos, wie v. Kaltenborn, im besonderen

---

353) Vergl. oben S. 210 ff.

Theile bei den Staatenverhältnissen, sondern auch schon im allgemeinen behandelt. Indess scheint uns in Bezug auf diese Arten von Staaten in das Völkerrecht weiter Nichts hineinzugehören als die Darlegung der Art, in welcher sie sich als Subjecte des Völkerrechts darstellen und das geschieht wol am passendsten bei der Aufzählung der verschiedenen Arten von Staaten einzig und allein im allgemeinen Theile, denn im Uebrigen haben die Staatenvereine nach aussen gleiche Rechte und Verbindlichkeiten wie alle übrigen Staaten und beziehen sich demnach die im besonderen Theile zu erörternden Rechte der Staaten in gleicher Weise auch auf sie. Die sonstige Darlegung der inneren Natur der Staatenvereine muss Gegenstand des inneren Staatsrechts oder eines vergleichenden allgemeinen Staatsrechts bleiben und gehört dem Staatenrecht oder Völkerrecht nicht an. In dem dritten Abschnitt des allgemeinen Theiles handelt Pözl, zwar übersichtlicher als v. Kaltenborn, von der rechtlichen Natur (I.), den Entstehungsgründen (II.), den Formen der Entstehung, Erhaltung, Verfolgung (III.) und Erlöschung (IV.) der auf dem Völkerrecht beruhenden Rechte, indem er namentlich die Handlungen und den Besitzstand als Entstehungsgründe aufführt, aber wir hätten gewünscht, dass die Handlungen oder Acte als Bindeglied gegenüber den Subjecten und Objecten mehr coordinirt hervorgetreten wären als maassgebender Bestandtheil des dritten Abschnittes. Denn der Besitzstand muss nicht, wie bei Pözl geschieht, den Handlungen coordinirt, sondern ihnen subordinirt werden, indem er nur als Ergebniss unverkennbarer Willensacte im Völkerrecht in Betracht kömmt. Alle völkerrechtlichen Rechtsverhältnisse beruhen auf dem Willen, erst

wenn dieser allseitig sicher gestellt ist, sind jene selbst
sicher begründet. Hierauf würde es uns wohlangebracht
scheinen, in einem vierten Abschnitt zunächst von den
gleichfalls materiellen Rechtsgrundsätzen der Erlöschung
und sodann in einem fünften Abschnitt nicht blos von den
durch Pözl aufgeführten Bestandtheilen des formellen Rechts,
d. h. von den Formen der Entstehung, Erhaltung und Verfolgung, sondern überhaupt von dem gesammten formellen
Recht, namentlich von den Organen und dem Verfahren zu
handeln, denn der Gegenstand dieser beiden letztgenannten
Abschnitte ist offenbar den Acten zu coordiniren.

In dem materiellen Völkerrecht werden als Rechte der
einzelnen Subjecte des Völkerrechts behandelt die Rechte
der Staaten *(A)*, sodann wird übergegangen zu der völkerrechtlichen Stellung der Staatenvereine *(B)*, der Regenten und ihrer Familie *(C)* und der Beamten *(D)*.
Dass wir hier nur von den Staaten und Regenten handeln
würden, geht theilweise daraus hervor, dass wir nur sie als
Subjecte des Völkerrechts anerkennen, theilweise daraus,
dass unseres Erachtens nach die Staatenvereine gerade in
ihrer völkerrechtlichen Stellung nur im allgemeinen Theile
zu charakterisiren sind. Zu bemerken ist, dass Pözl nicht,
wie v. Kaltenborn, die aus dem subjectiven und objectiven Rechtsprincip entstehenden Rechtsverhältnisse scheidet.
Dagegen handelt Pözl zunächst die allgemeinen Rechte
der Staaten (I.) ab und sodann die besonderen (II.). Als
allgemeine werden das Recht der Persönlichkeit, der Freiheit,
Unabhängigkeit und Gleichheit der Staaten aufgeführt. Bei der
Behandlung der besonderen Rechte hat Pözl, so viel uns
bekannt, in einer neuen Weise zunächst von dem völker-

rechtlichen Verhältnisse der Elemente des Staates (1) und sodann von den Rechten der Staaten am Meere (2) gehandelt. In ersterer Beziehung wird aber nur von dem Verhältniss des Staatsgebiets und der Staatsangehörigen gehandelt und es fehlt das dritte Element: die oberste Staatsmacht. Hiergegen könnte eingewandt werden, dass dieser später bei den Rechten der Regenten eine Erörterung zu Theil wird. Aber abgesehen davon, dass Solches nicht in coordinirter Weise geschieht, erscheint uns die Unterscheidung der allgemeinen und besonderen Rechte, insbesondere auch die Art der Vertheilung der letzteren als keine die Systematik befördernde. Zunächst nemlich müssen wir die besonderen Rechte, wenn sie überhaupt völkerrechtliche sein sollen, für eben so allgemein halten als die ausdrücklich so bezeichneten, denn in Bezug auf das Staatsgebiet ist es doch unbezweifelt, dass ein jedes unter der ausschliesslichen Herrschaft der betreffenden Staatsgewalt steht. Aber auch die Verhältnisse der Staatsangehörigen können durch das Völkerrecht nur in übereinstimmender, daher allgemeiner Weise festgestellt werden, und endlich sind auch die Rechte der Staaten am Meere, auch selbst bei den Eigenthumsmeeren, insoweit sie als völkerrechtlich anerkannte gelten sollen, allgemeine. Wir möchten dagegen in Gemässheit der von uns in Vorschlag gebrachten Dreitheilung des materiellen Völkerrechts, die auf die Staatsangehörigen bezüglichen Rechte, — welche nur insoweit im Völkerrecht in Betracht kommen können, als sie Abweichungen von dem ausschliesslichen Souverainetätsrecht eines jeden einzelnen Staates zu Gunsten des internationalen Verkehrs und der internationalen Rechtsordnung aller Staaten enthalten, als Modificationen der Souverainetät bei dem Recht der Subjecte behandelt wissen, während wir die Rechte in Bezug auf das Staatsgebiet und am Meere in den zweiten Haupttheil: das Recht der Objecte, verweisen.

Pözl hat ferner im materiellen Völkerrecht den Rechten der einzelnen Subjecte des Völkerrechts (I. Cap.) die Gründe, aus welchen besondere Rechte der Staaten entstehen (II. Cap.), coordinirt. Wir könnten uns hiermit einverstanden erklären, wenn auf die Behandlung der Subjecte die der Objecte gefolgt wäre und die Entstehungsgründe den Acten gleichgeachtet worden wären. Zu den bei Heffter (S. 25) aufgezählten Gründen: die Verträge, die Occupation, der unvordenkliche Besitzstand, das Herkommen und die Besitzergreifung, fügt Pözl noch die völkerrechtswidrigen Handlungen und Verletzungen des Völkerrechts hinzu und hat hiermit alle möglichen Entstehungsgründe namhaft gemacht. Dass sie sämmtlich als Willenshandlungen charakterisirt werden können, darüber besteht bei uns kein Zweifel und insoweit stimmen wir Pözl in Bezug auf zwei Hauptabtheilungen des materiellen Völkerrechts bei und vermissen nur die dritte, die der Objecte.

Der zweite Abschnitt des Grundrisses, welcher den Mitteln und dem Verfahren zur Erledigung völkerrechtlicher Streitigkeiten gewidmet ist, lässt zwar, wie bei v. Kaltenborn, den einem Process sonst eigenthümlichen ersten Theil, die Organe, — welche von beiden geehrten Verf. im materiellen Völkerrecht abgehandelt werden, — vermissen, aber das dem Völkerrechtsprocess sonst Angehörende ist daselbst behandelt. Nur können wir der inneren Eintheilung nicht ganz beitreten. Es wird nemlich im ersten Capitel von den völkerrechtlichen Streitigkeiten und den Mitteln zu ihrer Erledigung im Allge-

meinen, im zweiten vom Kriege und im dritten von der
Neutralität gehandelt. Im ersten Capitel ist sodann der Beilegung von Streitigkeiten durch Verständigung (I.) coordinirt
die Anwendung von Selbsthülfe (II.), wobei die Retorsion, Repressalien und die Blokade Berücksichtigung finden. Zunächst
will es uns bedünken: als könnten die drei Capitel solchergestalt
einander nicht coordinirt werden. Denn es gehört der Krieg doch
wol auch zu den Mitteln der Erledigung der völkerrechtlichen
Streitigkeiten und musste daher diesen subordinirt und den übrigen Mitteln, sowol der Beilegung durch Verständigung als den anderen Mitteln der Selbsthülfe coordinirt werden, denn auch der
Krieg ist ja ein Mittel, insbesondere der Selbsthülfe und
zwar das äusserste. Sodann aber möchte auch die Neutralität weder den völkerrechtlichen Streitigkeiten und den Mitteln zur Erledigung derselben, noch dem Kriege coordinirt
werden können. Denn das Verhältniss der Neutralen ist erst
ein in Veranlassung des Krieges entstehendes, also auch bei
diesem selbst, aber nicht neben ihm abzuhandelndes. Bei
der Entwickelung des Begriffes der Kriegführenden muss auch
der der Nichtkriegführenden hervorgehoben werden. Haben wir
somit dem Gegenstande des dritten Capitels eine Aufnahme
in den Inhalt des zweiten gewährt, so bleibt uns noch übrig
das erste und zweite Capitel gebührend zu ordnen. Dazu
scheinen uns aber keine anderen Kategorien geeigneter als die
des gütlichen und gewaltsamen Verfahrens (vergl. oben S.
65), wo dann also die Pözl'sche erste Unterabtheilung des ersten
Capitels: von der Beilegung von Streitigkeiten durch Verständigung, der ersten Kategorie, und die zweite: von der Anwendung der Selbsthülfe, — die wir nur als eine gewaltsame
uns denken können, — der zweiten Kategorie entsprechen

würde. In dem der Selbsthülfe gewidmeten Capitel würden dann alle die einzelnen völkerrechtlichen Arten derselben namhaft gemacht werden müssen, indem von der Retorsion zu den Repressalien, dem Embargo, der Blokade und endlich zum Kriege vorgeschritten wird.

Wenn wir auch, wie aus dem Vorstehenden sich ergiebt, im Einzelnen sowol v. Kaltenborn's als Pözl's Systematisirungen nicht haben beistimmen können, so haben doch unsere in Vorschlag gebrachten Anordnungen mit denen dieser Autoren die meiste Verwandtschaft. Einig sind wir zunächst in der Abtheilung des gesammten Völkerrechts in materielles und formelles und fast übereinstimmend ist von uns das völkerrechtliche Rechtsverhältniss construirt worden. Während früher die Trennung des materiellen und formellen Rechts nur durch Wolff, Höpfner, Gros und Ahrens angedeutet und die Construction des völkerrechtlichen Rechtsverhältnisses nur durch v. Martens versucht und von Schmelzing angedeutet worden ist (vergl. oben S. 242 u. 235 ff.). Uebereinstimmend ist ferner von uns die Theilung des materiellen Rechts in einen allgemeinen und speciellen Theil gefordert. Dagegen ist die Art der Systematisirung des speciellen Theiles des materiellen Völkerrechts und des formellen eine abweichende. v. Kaltenborn hat zunächst in Gemässheit der zwei von ihm gesetzten Principien die aus dem subjectiven und objectiven stammenden Verhältnisse unterschieden. Sowol Pözl als wir haben diese Anordnung nicht befolgt. Pözl hat die Subjecte und Acte zu maassgebenden Kategorien für die Systematisirung des speciellen Theiles des

materiellen Völkerrechts erhoben, wir haben noch den dritten
Bestandtheil des Rechtsverhältnisses: die Objecte hinzugefügt.
Uebereinstimmend haben v. Kaltenborn und Pözl in das
materielle, nicht aber in das formelle Völkerrecht die Organe
hineingenommen, dagegen haben wir diese Hinzuziehung als
nothwendig zur Vervollständigung des Processes erkannt. Es
sind ferner als Gegenstände des Verfahrens, wenn auch in
anderer Ordnung und Benennung, übereinstimmend anerkannt
worden: das gütliche Verfahren und das gewaltsame, namentlich Retorsion, Repressalien, Embargo, Blokade und
der Krieg.

Schon diese partielle und in mehreren wichtigen Puncten
stattfindende Uebereinstimmung regt uns zur Hoffnung an,
dass die Nothwendigkeit der Abscheidung des Völkerrechts
in ein materielles und formelles, — welche auch durch Fallati schon angedeutet ward, — der in den drei Gliedern:
Subjecte, Objecte und Acte gegebenen Construction des völkerrechtlichen Rechtsverhältnisses, und endlich der von uns
erstrebten und von Pözl theilweise vollzogenen Erhebung
der Glieder des Rechtsverhältnisses zur maassgebenden Eintheilung für den speciellen Theil des Völkerrechts und dass
die von uns allein gewünschte Eintheilung des Processes
in die zwei Haupttheile: die Organe und das Verfahren, —
immer allseitiger werden erkannt und gebilligt werden, damit das Völkerrecht dadurch zu einer seinem eigenthümlichen
Wesen und dem Lehr- und Lernbedürfniss gleichmässig entsprechenden Systematik gelange. Ist doch nach v. Ompteda
von den kritischen Forschern des Völkerrechts die Abtheilung in das Friedens- und Kriegsrecht nur durch Stein
und die privatrechtliche Nachbildung nur durch Fallati

wieder aufgenommen worden, während wir gesehen haben,
dass die erstere Abtheilung noch in den Darstellungen neuerer
Zeit von Saalfeld, Kent, Wheaton, Wildman, Schmalz,
Klüber, Oppenheim und Heffter recipirt worden ist und
die letztere von Zachariä, Ahrens, Schmelzing und
Heffter (S. 243). Sind nun zwar mit diesen Resultaten
die neuesten kritischen Forschungen über die bisherigen Anordnungen des Völkerrechts hinausgeschritten und können
sie andererseits ihre eigentliche Bewährung erst in einem
nach dieser Ordnung gegliederten und vollständig ausgeführten System erlangen, so mag doch der Kritik hier, wie
überall, nicht verdacht werden, dass sie zunächst nur den
Weg gewiesen hat und das Urtheil über den Werth ihrer
Andeutungen der zukünftigen Bearbeitung des Völkerrechts
in Anleitung derselben anheimstellt.

Ist ferner in den Darstellungen des Völkerrechts, namentlich auch denen dieses Jahrhunderts noch immer ein zu
grosser Einfluss der Philosophie auf das System des positiven
Völkerrechts gegönnt worden, so haben auch die Forschungen
zur richtigen Begrenzung der philosophischen Einwirkung sich
noch nicht durchweg erheben können und ist namentlich Puetter entschieden für die fernere Verbindung des Positiven und
Philosophischen in die Schranken getreten. Dagegen bleibt
die Wissenschaft v. Kaltenborn für die lichtvolle Darstellung des Verhältnisses der Philosophie zum positiven Völkerrecht für alle Zeiten zum Dank verpflichtet, wie denn auch
Achenwall, Warnkönig, Ahrens, Fichte d. j., Oppenheim, Manning, Wildman und Hälschner dieses
Verhältniss in treffenden Zügen charakterisirt haben (vergl.
oben S. 68 u. 240).

War ferner in neuerer Zeit von Zachariä und Heffter die Trennung des Rechtlichen und Politischen vollzogen (vergl. oben S. 242), so muss doch auch schon v. Ompteda die Forderung dieser Abscheidung nachgerühmt werden und ist sodann unter den Forschern neuerer Zeit diese Frage als eine gelöste kaum mehr berührt worden, nur bei Fallati findet eine Annäherung an das Politische Statt, wenngleich eine Vermischung beider Sphären ihm in keiner Weise Schuld gegeben werden kann.

Demgemäss ist auch für das Völkerrecht das Rechtsprincip immer übereinstimmender gefordert worden, nur ist die nähere Präcisirung desselben in abweichender Weise geschehen. Das Ausgehen vom Wesen des Staates ist in übereinstimmender Weise und am ausdrücklichsten von Hegel, Puetter und Stein gefordert worden, dagegen hat v. Kaltenborn zum Princip der Souverainetät das der internationalen Gemeinschaft gefügt und ist endlich von uns zur Vermittelung beider das internationale Rechtsprincip ausersehen worden, dessen nähere Gestaltung wir der Kritik der geschichtlichen Forschung anheimstellen müssen, wie denn auch v. Kaltenborn die internationale Idee in ihrer Wesenheit geschichtlich nachgewiesen wissen will.

Zur näheren Charakterisirung des Princips ist die Erkenntniss des Zwecks des Völkerrechts gewiss unmaassgeblich nothwendig. Hierin weichen nun aber, sowie früher, die Darstellungen und philosophischen Systeme, so auch die Forschungen neuerer Zeit von einander ab. Die Wolff'sche *civitas maxima* ist noch Manchem ein Ideal und ist dieselbe in Fallati's Völkermonarchie nach Art der constitutionellen Staatsform, nur in verjüngter Erscheinung wieder aufgetreten.

Dagegen sind denn namentlich Puetter, v. Mohl und v. Kaltenborn entschieden für das selbstständige, freie Nebeneinanderbestehen der Staaten aufgetreten und hat v. Mohl, namentlich in Uebereinstimmung mit uns, bei Gelegenheit einer fast zu gleicher Zeit behandelten gleichen Frage (des Asylrechts), die „Weltrechtsordnung" als den Zweck des Völkerrechts erkannt. Dem Grundgedanken nach erkannten dieselbe als Zweck schon früher Pölitz, Zachariä, Bitzer, Ahrens, Fichte d. j., Heffter und Oppenheim (vergl. oben S. 241). Aber nicht blos dem Grundgedanken und dem Zweck, auch der Quelle des Völkerrechts haben die Forschungen sich immer entschiedener zugewandt und übereinstimmend ist durch Wasserschleben, Hälschner, Müller-Jochmus, v. Mohl, v. Kaltenborn (vergl. dessen K. d. V. S. 231) das Rechtsbewusstsein der Völker als solche erkannt worden, an dessen Stelle wir als bestimmteren Ursprung die internationale Rechtsüberzeugung haben geglaubt setzen zu müssen (vergl. oben S. 227 ff.). Aber die äusseren Erscheinungsformen des durch diese Ueberzeugungen bestimmten Völkerwillens: das Herkommen und die Verträge sind in ihrem wahren Werthe für das positive Recht noch nicht hinreichend festgestellt worden. Auch ist die schwierige Frage über die Machtstellung der Wissenschaft zum positiven Völkerrecht noch wenig berührt. .

Erkennen wir daher aus den geprüften literarischen Leistungen, dass die Nothwendigkeit der Beseitigung der von uns aufgeführten Mängel der Systematik (S. 12) immer mehr gewürdigt worden sei, so glauben wir doch, dass zu einer wahrhaften Umbildung der Systematik die Einigung über folgende wichtige Fragen der Zukunft vorbehalten bleibt:

1) über das Verhältniss der Philosophie zum Völkerrecht;

2) über das Verhältniss der Wissenschaft zum Völkerrecht;

3) über die wahre Quelle des Völkerrechts;

4) über das Princip des Völkerrechts;

5) über die Abscheidung des materiellen und formellen Rechts;

6) über die Construction des völkerrechtlichen Rechtsverhältnisses und die demgemäss zu vollziehende Systematisirung des materiellen Völkerrechts;

7) über die Systematisirung des formellen Völkerrechts.

Dass aber die Lösung dieser Fragen wesentlich gefördert werden würde durch eine geschichtliche Nachweisung des geltenden Princips, kann bei der Rückwirkung des Princips auf das System keinem Zweifel unterliegen. Jedenfalls beanspruchen aber die gebotenen Leistungen die Mitwirkung vieler und tüchtiger Kräfte.

Möge daher das Völkerrecht, das an Heffter einen sorgfältigen Sammler und Darsteller des Stoffes, an Puetter und v. Kaltenborn ernste Forscher über das Princip, an v. Kaltenborn und Fichte d. j. geistvolle Begründer des Verhältnisses der Philosophie zum Völkerrecht, an v. Kaltenborn und Pözl fortschreitende Systematiker und an v. Mohl und v. Kaltenborn ausgezeichnete kritische Literairhistoriker gefunden hat, ähnliche Kräfte wie diese in nächster Zeit zu Mitarbeitern erhalten an den grossen, der Völkerrechtswissenschaft verbleibenden historischen, principiellen und systematischen Aufgaben. Hat unsere Forschung in systematischer Beziehung hierzu anregen können, so wird unser Streben seinen schönsten Lohn und einen Ersatz gefunden haben, denn mühsam ist der Weg durch die lange Reihe der Darstellungen und Meinungen, und verantwortlich ist das Sammeln, Prüfen und Beurtheilen, da Täuschungen bei jeder, zuletzt doch, trotz alles Strebens nach Objectivität, subjectiv gefärbten Auffassung nicht ausbleiben können.

Berichtigungen.

S. 7 Z. 10 v. u. statt ‚Staatslebens‘ lies ‚Staatenlebens‘.
— — — 4 v. o. — ‚Ickstadt‘ lies ‚Ickstatt‘.
— 28 — 5 v. o. — ‚Bielefeldt‘ lies ‚Bielefeld‘.
— 37 — 13 v. u. — ‚Ickstadt's‘ lies ‚Ickstatt's‘.
— 46 — 1 v. o. — ‚dagen‘ lies ‚dagegen‘.
— — — 3 v. u. ist das zweite ‚des‘ zu streichen.
— 57 — 11 v. o. — ‚bezweifelde‘ lies ‚bezweifelnde‘.
— 71 — 15 v. o. — ‚Völkerrecht‘ lies ‚Völkerrechts‘.
— 73 — 12 v. u. — ‚heutige‘ lies ‚neueste‘.
— 78 — 16 v. o. — ‚Gesandtschaftsrechts‘ lies ‚Vertragsrechts‘.
— 79 — 8 v. o. ist vor ‚im Zusammenhange‘ hinzuzufügen ‚einigermaassen‘.
— 83 — 13 v. o. statt ‚urspünglich‘ lies ‚ursprünglich‘.
— 87 — 4 v. o. — ‚bei jenem‘ lies ‚bei diesem‘.
— — — 5 v. o. — ‚bei diesem‘ lies ‚bei jenem‘.
— 88 — 3 v. o. — ‚unterschiedenem souvorainem‘ lies ‚unterschiedenem souvorainem‘.
— 121 die letzte Zeile statt ‚unter dem Völkerrecht‘ lies ‚unter den Völkern‘.
— 122 Z. 11 v. o. statt ‚letzerer‘ lies ‚letzterer‘.
— 147 — 13 v. o. — ‚Wildmann‘ lies ‚Wildman‘.
— 177 — 2 v. u. — ‚Aufassung‘ lies ‚Auffassung‘.
— 191 — 3 v. u. — ‚Wildmann‘ lies ‚Wildman‘.
— 307 — 7 v. o. — ‚Paralle‘ lies ‚Parallele‘.

Durch den Unterzeichneten sind von demselben Verfasser zu
beziehen:

Das Asylrecht und die Auslieferung flüchtiger Verbrecher.
Dorpat, 1853. Preis 25 Ngr.

De natura principiorum iuris inter gentes positivi. Dorpati
Livon. MDCCCLVI. Preis ½ Rthlr.

E. J. Karow.

Druck von H. Laakmann in Dorpat.

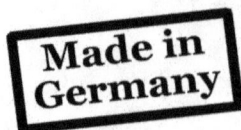

www.ingramcontent.com/pod-product-compliance
Lightning Source LLC
Chambersburg PA
CBHW061124220326
41599CB00024B/4159